微分積分入門

桑村雅隆 著

東京 裳華房 発行

INTRODUCTION TO CALCULUS

by

MASATAKA KUWAMURA

SHOKABO
TOKYO

|JCOPY| 〈出版者著作権管理機構 委託出版物〉

まえがき

　本書は，大学1年次で学ぶ微分積分の基本的な内容を，高等学校で数学 III を履修していなくても理解できるように，平易にまとめたものである．

　本書の構成は標準的なものであり，高等学校で学ぶ数学 III の内容を少し拡張して，多変数の微分積分を加えたものになっている．第1章で分数関数，無理関数，3角関数，指数関数，対数関数などの基本的な性質を簡単にまとめ，第2章で数列の極限を扱う．さらに，第3章と第4章で1変数関数の微分と積分を，第5章と第6章で多変数関数（主に2変数関数）の偏微分と重積分を説明する．微分積分を1変数関数と多変数関数の場合に分けて学ぶときは，第3章から第6章まで順に読み進めばよい．また，微分法と積分法に分けて学ぶ場合には，第3章と第5章を読んだ後に，第4章と第6章を読めばよい．

　本文中の「問」は理解を助けるためのものであるから，読者は自ら解いてみるようにしてほしい．章末の練習問題は理解を確実にするためのもので，標準的な問題を集めた．また，「発展」はやや進んだ内容を扱っているので，読み飛ばしてもかまわない．

　本書の執筆にあたり，多くの微分積分の教科書を参考にさせて頂きました．また，科学研究費補助金・基盤研究（B）「大学における数理情報教育に求められている課題の分析とその改善に関する研究」（代表・船越俊介神戸大学発達科学部教授，平成16年～18年度）の支援を受けました．最後に，裳華房の細木周治，新田洋平氏には本書の出版に際して大変お世話になりました．厚くお礼申し上げます．

2008年10月

桑村 雅隆

目　　次

まえがき ……………………………………………………………… iii

目　　次 ……………………………………………………………… iv

第 1 章　いろいろな関数

1.1　実数 ……………………………………………………………… 1

1.2　関数とグラフ …………………………………………………… 4

　　1.2.1　関数 ……………………………………………………… 4

　　1.2.2　偶関数と奇関数 ………………………………………… 5

1.3　グラフの平行移動 ……………………………………………… 6

1.4　合成関数と逆関数 ……………………………………………… 7

　　1.4.1　合成関数 ………………………………………………… 7

　　1.4.2　逆関数 …………………………………………………… 8

1.5　分数関数 ………………………………………………………… 11

1.6　無理関数 ………………………………………………………… 12

1.7　3 角関数 ………………………………………………………… 14

　　1.7.1　弧度法 …………………………………………………… 14

　　1.7.2　3 角関数の定義と性質 ………………………………… 15

　　1.7.3　3 角関数のグラフ ……………………………………… 17

　　1.7.4　3 角関数の加法定理 …………………………………… 18

　　1.7.5　3 角関数の合成 ………………………………………… 20

　　1.7.6　逆 3 角関数 ……………………………………………… 21

　　1.7.7　逆 3 角関数のグラフ …………………………………… 22

- 1.8 指数関数 ……………………………………………………… 23
  - 1.8.1 指数法則 ………………………………………………… 23
  - 1.8.2 指数関数 ………………………………………………… 24
- 1.9 対数関数 ……………………………………………………… 25
  - 1.9.1 対数の定義と性質 ………………………………………… 25
  - 1.9.2 対数関数のグラフ ………………………………………… 26
- 練習問題 ……………………………………………………………… 27

第 2 章　数列の極限

- 2.1 数列 …………………………………………………………… 29
- 2.2 数列の極限 …………………………………………………… 31
- 2.3 無限級数 ……………………………………………………… 37
- 練習問題 ……………………………………………………………… 41

第 3 章　微　分　法

- 3.1 微分法の考え方 ……………………………………………… 43
- 3.2 関数の極限 …………………………………………………… 47
- 3.3 関数の連続 …………………………………………………… 54
- 3.4 導関数 ………………………………………………………… 58
- 3.5 導関数の計算公式 …………………………………………… 62
- 3.6 合成関数と逆関数の微分法 ………………………………… 66
  - 3.6.1 合成関数の微分法 ………………………………………… 66
  - 3.6.2 逆関数の微分法 …………………………………………… 68
- 3.7 3 角関数と逆 3 角関数の微分 ……………………………… 70
  - 3.7.1 3 角関数の微分 …………………………………………… 70
  - 3.7.2 逆 3 角関数の微分 ………………………………………… 74
- 3.8 指数関数と対数関数の微分 ………………………………… 75
  - 3.8.1 指数関数の微分 …………………………………………… 75

3.8.2　対数関数の微分 ………………………………………… 76
3.9　接線と平均値の定理 ……………………………………………… 79
　　3.9.1　接線と法線 ……………………………………………… 79
　　3.9.2　平均値の定理とロルの定理 …………………………… 80
3.10　関数の増減と極値 ………………………………………………… 84
3.11　不定形の極限 ……………………………………………………… 88
3.12　高次導関数 ………………………………………………………… 90
3.13　曲線の凹凸 ………………………………………………………… 91
3.14　近似式 ……………………………………………………………… 96
3.15　パラメータ表示と微分法 ………………………………………… 102
3.16　速度と加速度 ……………………………………………………… 105
　　練習問題 ……………………………………………………………… 107

第4章　積　分　法

4.1　不定積分 …………………………………………………………… 111
4.2　定積分 ……………………………………………………………… 115
4.3　置換積分法 ………………………………………………………… 123
　　4.3.1　不定積分の置換積分 …………………………………… 123
　　4.3.2　定積分の置換積分 ……………………………………… 126
4.4　部分積分法 ………………………………………………………… 128
　　4.4.1　不定積分の部分積分 …………………………………… 128
　　4.4.2　定積分の部分積分 ……………………………………… 129
4.5　いろいろな関数の積分計算 ……………………………………… 132
4.6　定積分の定義（リーマン積分） ………………………………… 135
4.7　曲線の長さ ………………………………………………………… 139
4.8　立体の体積 ………………………………………………………… 140
4.9　回転体の側面積 …………………………………………………… 143
4.10　パラメータ表示と積分法 ………………………………………… 145

4.11	広義積分 ………………………………………………………	147
4.12	微分方程式の初等解法 …………………………………………	150
	4.12.1　変数分離法 ……………………………………………	151
	4.12.2　定数変化法 ……………………………………………	153
	4.12.3　定数係数 2 階線形微分方程式 ………………………	155
練習問題	…………………………………………………………………	159

第 5 章　偏　微　分

5.1	平面上の点集合 …………………………………………………	161
5.2	2 変数関数 ………………………………………………………	163
5.3	2 変数関数の極限 ………………………………………………	164
5.4	関数の連続性 ……………………………………………………	167
5.5	偏微分と偏導関数 ………………………………………………	168
5.6	全微分 ……………………………………………………………	171
5.7	接平面 ……………………………………………………………	176
5.8	合成関数の微分法 ………………………………………………	179
5.9	高次偏導関数 ……………………………………………………	183
5.10	近似式 ……………………………………………………………	185
5.11	極値問題 …………………………………………………………	189
5.12	陰関数 ……………………………………………………………	194
5.13	条件付き極値問題 ………………………………………………	201
練習問題	…………………………………………………………………	203

第 6 章　重　積　分

6.1	重積分の定義と性質 ……………………………………………	207
6.2	累次積分 …………………………………………………………	211
	6.2.1　長方形領域の場合 ………………………………………	211
	6.2.2　一般の領域の場合 ………………………………………	214

6.3 変数変換 …………………………………………………… 218
6.4 広義重積分 ………………………………………………… 224
6.5 3重積分 …………………………………………………… 226
6.6 面積と体積 ………………………………………………… 230
6.7 表面積 ……………………………………………………… 232
6.8 ガンマ関数とベータ関数 ………………………………… 237
練習問題 ………………………………………………………… 240

付　　録

付録A　2項定理 ……………………………………………… 242
付録B　e の定義と対数関数の微分 ………………………… 243
付録C　平面の方程式 ………………………………………… 245
付録D　ベクトルの外積 ……………………………………… 245
付録E　ランダウの記号 ……………………………………… 247

問 題 解 答 ……………………………………………………… 249

索　　引 ………………………………………………………… 268

ギリシア文字 …………………………………………………… 270

第 1 章

いろいろな関数

ここでは，いくつかの基礎的な用語の意味を説明し，関数の基本的性質をまとめておく．関数のグラフの平行移動，偶関数と奇関数，合成関数と逆関数の考え方を述べる．また，分数関数，無理関数，3 角関数，逆 3 角関数，指数関数，対数関数の性質をまとめておく．

1.1 実数

最初に，高等学校で学んだ実数の性質を簡単にまとめておく．$1, 2, 3, \ldots$ という**自然数**に，0 および $-1, -2, -3, \ldots$ を合わせたものを**整数**という．2 つの整数 m, n $(m \neq 0)$ の比 $\dfrac{n}{m}$ で表される数を**有理数**という．整数 n は $\dfrac{n}{1}$ と表されるから有理数に含まれる．有理数は，

$$\frac{3}{4} = 0.75, \quad \frac{1}{99} = 0.0101010101\ldots$$

の前者のような**有限小数**か，または後者のような，同じ数の並びが無限に続く**無限小数（循環小数）**で表すことができる．一方，無限小数には，

$$\sqrt{2} = 1.41421356237309\ldots$$

のように循環小数で表せないものがある．このような数を**無理数**という．有理数と無理数を合わせて**実数**という．

実数の性質を理解するために，無限にのびた直線 ℓ を考える．

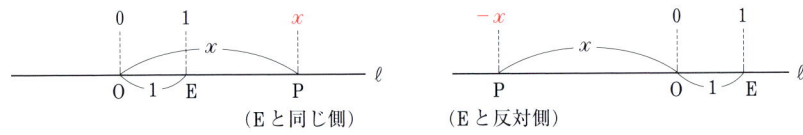

直線 ℓ 上に 1 点 O をとり，実数 0 を対応させたとき，O を直線の**原点**という．原点 O の右側に O と異なる点 E をとる．O と異なる直線 ℓ 上の点 P に対し，線分 OE の長さを単位として，線分 OP の長さを測ると正の実数 $x \left(= \dfrac{\text{OP の長さ}}{\text{OE の長さ}} \right)$ が定まる．このとき，P が O の右側にあれば x を，左側にあれば $-x$ を点 P に対応させると，直線 ℓ 上の各点に対して 1 つの実数が定まる．このようにして，実数と対応づけられた直線を**数直線**という．

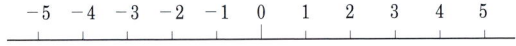

数直線上で，点 P に対応する実数 x を P の**座標**という．また，実数 x に対応する数直線上の点 P と原点 O との距離を x の**絶対値**といい，$|x|$ で表す．$x \geqq 0$ の場合は $|x| = x$ であり，$x \leqq 0$ の場合は $|x| = -x$ である．例えば，$|3| = 3$，$|-4| = -(-4) = 4$ である．

数直線に切れ目がないことから，実数は連続的に存在していることがわかる (実数の連続性)．また，実数には大小関係があることもわかる．実際，2 つの実数 a, b に対応する数直線上の点をそれぞれ A, B とするとき，点 A が点 B より左側にあれば，$a < b$ と定義できる．

2 つの実数 $a, b \ (a < b)$ について，$a < x < b$ をみたす実数 x 全体の集合を**開区間**といい，(a, b) で表す．また，$a \leqq x \leqq b$ をみたす実数 x 全体の集合を**閉区間**といい，$[a, b]$ で表す．

開区間 (a, b) 　　　　閉区間 $[a, b]$

1.1 実数

このほか，$a < x \leqq b$, $a \leqq x < b$, $a < x$, $x \leqq b$ などをみたす実数 x 全体の集合を，それぞれ $(a, b]$, $[a, b)$, (a, ∞), $(-\infty, b]$ などで表す．また，実数全体の集合を $\mathbf{R} = (-\infty, \infty)$ で表す．これらを総称して**区間**といい，I などの記号を用いて表す．なお，端点の一方だけを含む区間を**半開区間**ということもある．

▶ **注意** ∞ は「無限大」を意味する記号で，「インフィニティ」と読む．

$a \neq -\infty$, $b \neq \infty$ のとき，区間 (a, b), $[a, b]$, $(a, b]$, $[a, b)$ は**有限区間**とよばれる．実数 $\mathbf{R}$ の部分集合で，有限区間に含まれるものを**有界集合**という．例えば，

$$\left\{1, \frac{1}{2}, \frac{1}{3}, \frac{1}{4}, \ldots, \frac{1}{n}, \ldots\right\}$$

は有限区間 $[0, 1]$ に含まれるから，有界集合である．有限区間は有界集合である．また，(a, ∞), $(-\infty, b]$ のような区間を**無限区間**ということもある．

▶ **発展** 実数 $\mathbf{R}$ の部分集合 A に対して，A のどの元よりも大きい実数が存在するとき，A は**上に有界**であるという．集合 A が上に有界であるとき，A の任意の元 a に対して，

$$a \leqq m$$

となる実数 m のうちで最小のものを A の**上限**といい，$\sup A$ で表す．

同様に，実数 $\mathbf{R}$ の部分集合 A のどの元よりも小さい実数が存在するとき，A は**下に有界**であるという．集合 A が下に有界であるとき，A の任意の元 a に対して

$$a \geqq \ell$$

となる実数 ℓ のうちで最大のものを A の**下限**といい，$\inf A$ で表す．

例えば，上の集合 $A = \left\{1, \frac{1}{2}, \frac{1}{3}, \frac{1}{4}, \ldots, \frac{1}{n}, \ldots\right\}$ の上限は $\sup A = 1$，下限は $\inf A = 0$ である．有界集合は，上に有界かつ下に有界な集合である．

1.2 関数とグラフ

1.2.1 関数　一般に，2つの変数 x, y があって，x の値を決めると y の値がただ1つ定まるとき，y は x の**関数**であるという．例えば，

$$y = 2x + 1$$

のように，変数 y が変数 x の式で表されるときには，x の値を決めると y の値がただ1つ定まるので，この y は x の関数である．

y が x の関数であるとき，x を**独立変数**，y を**従属変数**といい，変数 x のとる値の範囲をこの関数の**定義域**，y のとる値の範囲をこの関数の**値域**という．上の例において，

$$y = 2x + 1 \quad (0 \leqq x \leqq 4)$$

と表せば，この関数の定義域は $0 \leqq x \leqq 4$ であり，値域は $1 \leqq y \leqq 9$ である．

y が x の関数であることを，$y = f(x)$ のように表す．また，関数 $y = f(x)$ において，$x = a$ に対応する y の値を $f(a)$ で表し，$x = a$ における関数 $f(x)$ の**値**という．例えば，上の関数は

$$f(x) = 2x + 1 \quad (0 \leqq x \leqq 4)$$

のように表すことができる．このとき，$x = 3$ に対応する y の値は

$$f(3) = 2 \cdot 3 + 1 = 7$$

である．

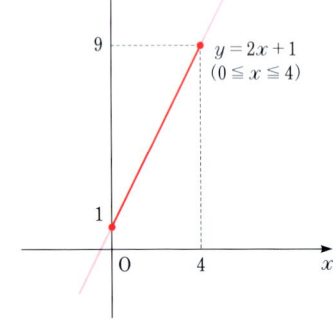

関数 $y = f(x)$ に対し，$y = f(x)$ をみたす xy 平面上の点 (x, y) 全体がつくる図形を，関数 $y = f(x)$ の**グラフ**という．上で述べた関数のグラフは，図のような線分である．

1.2.2 偶関数と奇関数 関数 $f(x) = x^2$ のグラフは y 軸に関して対称である．このとき，

$$f(-x) = (-x)^2 = x^2 = f(x)$$

が成り立つ．一般に，$f(-x) = f(x)$ をみたす関数 $f(x)$ を**偶関数**という．偶関数のグラフは y 軸に関して対称である．

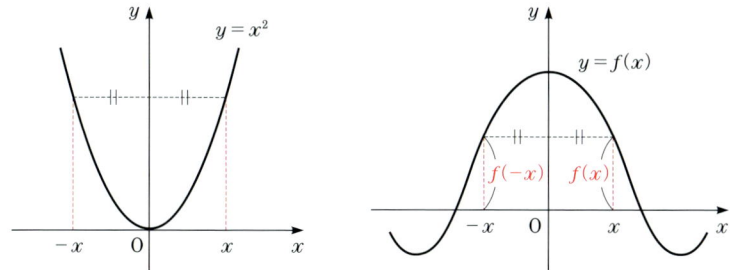

また，関数 $f(x) = -2x$ のグラフは原点に関して対称である．このとき，

$$f(-x) = -2(-x) = 2x = -f(x)$$

が成り立つ．一般に，$f(-x) = -f(x)$ をみたす関数 $f(x)$ を**奇関数**という．奇関数のグラフは原点に関して対称である．

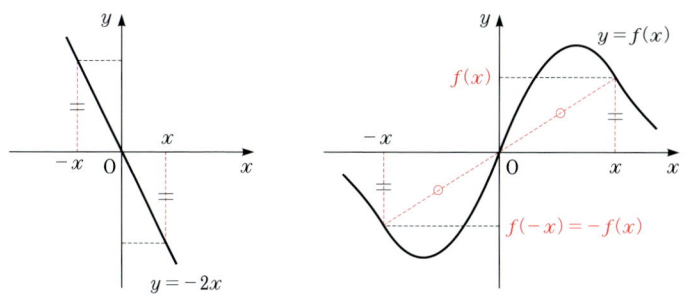

1.3 グラフの平行移動

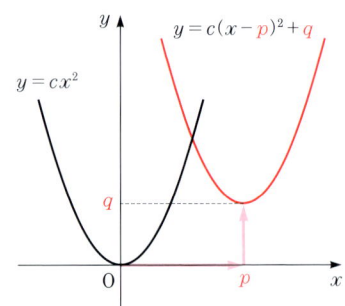

高等学校で学んだように，関数 $y = c(x-p)^2 + q$ のグラフは，関数 $y = cx^2$ が表す放物線を x 軸方向に p, y 軸方向に q だけ平行移動したものである．

$y = c(x-p)^2 + q$ が

$$y - q = c(x-p)^2$$

と変形できることに注意すれば，一般に，次の定理が成り立つことがわかる．

定理 1.1

関数 $y = f(x)$ のグラフを x 軸方向に p, y 軸方向に q だけ平行移動したものは次式で与えられる：

$$y - q = f(x - p).$$

【証明】 $y = f(x)$ 上の点 (a, b) を x 軸方向に p, y 軸方向に q だけ平行移動して得られる点 (x, y) は，

(3.1) $$x = a + p, \quad y = b + q$$

で与えられる．求めるものは，y と x の間に成り立つ関係式である．

点 (a, b) は $y = f(x)$ 上にあるから $b = f(a)$ をみたす．一方，(3.1) より

$$a = x - p, \quad b = y - q$$

である．これを $b = f(a)$ に代入すると $y - q = f(x - p)$ を得る．

◆ **問 1.1** 次の関数を平行移動せよ．

（1） $y = 3x + 2$ 　　　（x 軸方向に -1, y 軸方向に 2）

（2） $y = -x^2 + x + 6$ 　　（x 軸方向に 3, y 軸方向に -2）

1.4 合成関数と逆関数

1.4.1 合成関数　例えば，2つの関数 $f(x) = x+1$, $g(x) = x^2$ に対して，

$$y = f(x), \quad z = g(y)$$

とおくと，z と x の間には

$$z = g(f(x)) = g(x+1) = (x+1)^2 = x^2 + 2x + 1$$

という関係が成り立つ．

一般に，2つの関数 f, g が与えられたとき

$$y = f(x), \quad z = g(y)$$

をもとに，新しい関数 $z = g(f(x))$ がつくられる．この関数を f と g の**合成関数**といい，$g \circ f$ と書く．すなわち，

$$(g \circ f)(x) = g(f(x)).$$

▶ **注意**　2つの関数 f, g を合成するときは，順番が大切である．実際，上の例では，

$$(g \circ f)(x) = g(f(x)) = g(x+1) = (x+1)^2,$$
$$(f \circ g)(x) = f(g(x)) = f(x^2) = x^2 + 1$$

となり，$g \circ f$ と $f \circ g$ は一致しない．一般には，$g \circ f \neq f \circ g$ である．

▶ **注意**　2つの関数 f, g を合成して新しい関数 $g \circ f$ をつくるとき，f の値域は g の定義域に含まれていなければならない．例えば，2つの関数

$$f(x) = -x^2 \ (x > 0), \quad g(x) = \sqrt{x} \ (x > 0)$$

を考えると，関数 f の値域は負の実数全体となり，関数 g の定義域である正の実数全体には含まれていない．したがって，$g \circ f$ は定義されない．

◆ **問 1.2** 2つの関数 $f(x) = x^2 + 1$, $g(x) = 2x - 1$ に対して，合成関数 $(g \circ f)(x)$ と $(f \circ g)(x)$ を求めよ．

◆ **問 1.3** 次の2つの関数 f, g に対して，合成関数 $g \circ f$ は定義できるか．定義できる場合は，$(g \circ f)(x)$ を求めよ．

（1） $f(x) = 3x - 1 \ (0 \leqq x \leqq 1)$, $\quad g(x) = -x + 2 \ (-1 \leqq x \leqq 1)$

（2） $f(x) = 3x - 1 \ (0 \leqq x \leqq 1)$, $\quad g(x) = -x + 2 \ (-2 \leqq x \leqq 2)$

（3） $f(x) = x^2 \ (-1 \leqq x \leqq 1)$, $\quad g(x) = x + 1 \ (0 < x \leqq 1)$

1.4.2 逆関数 変数 y が変数 x の関数として $y = f(x)$ と表される関係にあるとき，逆に，x が y の関数になっている場合がある．例えば，関数 $y = x^2 \ (x \geqq 0)$ においては，$c \geqq 0$ のとき，$y = c$ となる x の値は $\sqrt{c}$ のただ1つである．すなわち，0以上の y の値を1つ定めると，それに対応する x の値がただ1つ定まるので，x は y の関数であり，

$$x = \sqrt{y} \quad (y \geqq 0)$$

のように表される．

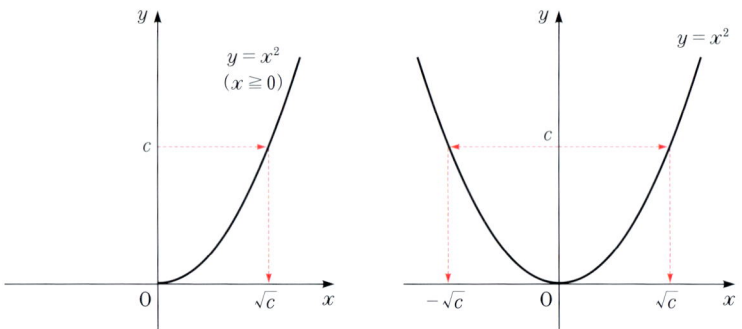

▶ **注意** 関数 $y = x^2$ の定義域を **R**（すなわち，実数全体）とすると，$c > 0$ のとき，$y = c$ となる x の値は $\pm\sqrt{c}$ であり，y の値 c に対応する x の値が1つに定まらない．よって，この場合，x は y の関数にならない．

一般に，関数 $y = f(x)$ の定義域を A，値域を B として，B に属する任意の実数 c に対して，$y = c$ となる x の値が，A の中にただ 1 つ存在するとき，x は y の関数になる．この関数を

$$x = f^{-1}(y)$$

と表し，$y = f(x)$ の**逆関数**という[1]．ただし，逆関数を表すときには x と y を交換して

$$y = f^{-1}(x)$$

とすることが多い．例えば，上で述べた関数 $f(x) = x^2 \ (x \geqq 0)$ の逆関数は $f^{-1}(x) = \sqrt{x}$ である．

関数 $y = f(x)$ とその逆関数 $y = f^{-1}(x)$ では，定義域と値域が入れ替わる．すなわち，$y = f^{-1}(x)$ の定義域は B，値域は A となる．

例題 1.1

関数 $f(x) = 2x + 4 \quad (-2 \leqq x \leqq 2)$ の逆関数を求めよ．

【解】 この関数の値域は $0 \leqq y \leqq 8$ である．$f(x) = y$ とおき，x について解く．$2x + 4 = y$ より

$$2x = y - 4 \qquad \therefore \quad x = \frac{1}{2}y - 2$$

である．$0 \leqq y \leqq 8$ であることに注意して，x と y を交換すれば

$$f^{-1}(x) = \frac{1}{2}x - 2 \quad (0 \leqq x \leqq 8).$$

◆ **問 1.4** 関数 $f(x) = -\frac{1}{3}x + 2 \ (0 \leqq x \leqq 1)$ の逆関数を求めよ．

---

[1] 0 でない実数 a の逆数 $\dfrac{1}{a}$ は a^{-1} のように表されるが，逆関数の記号をそれと混同してはならない．すなわち，$f^{-1}(x)$ は $\dfrac{1}{f(x)} \ (= \{f(x)\}^{-1})$ とはまったく異なる．

逆関数のグラフについて，次の定理が成り立つ．

定理 1.2

関数 $y = f(x)$ のグラフと逆関数 $y = f^{-1}(x)$ のグラフは，直線 $y = x$ に関して対称である．

【証明】 逆関数の性質から

$$b = f(a) \iff a = f^{-1}(b)$$

という関係が成り立つ．よって，点 (a, b) が関数 $y = f(x)$ のグラフ上にあることは，点 (b, a) が関数 $y = f^{-1}(x)$ のグラフ上にあることと同値である．点 (a, b) と点 (b, a) は直線 $y = x$ に関して対称であるから，定理が成り立つ．

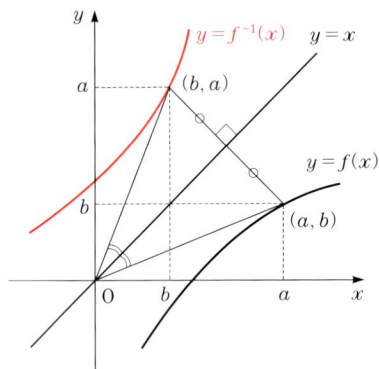

◆ **問 1.5** 関数 $f(x) = 3x - 2$ $(-1 \leqq x \leqq 1)$ の逆関数のグラフを書け．

1.5 分数関数

分数式を用いて定義される関数を**分数関数**という．k を 0 でない定数とするとき，分数関数

$$y = \frac{k}{x}$$

のグラフは，下の図のような双曲線で，原点に関して対称である（奇関数）．また，この双曲線の漸近線は，x 軸と y 軸である．

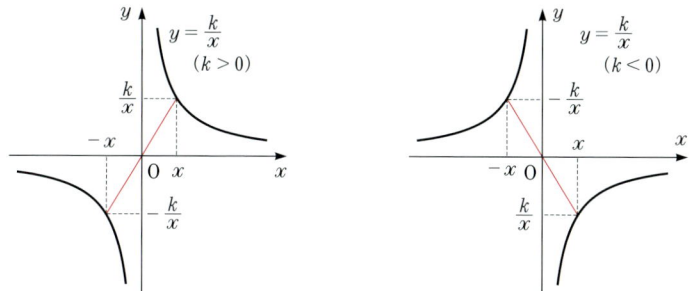

分数関数 $y = \dfrac{k}{x-p} + q$ のグラフは，双曲線 $y = \dfrac{k}{x}$ を x 軸方向に p，y 軸方向に q だけ平行移動した曲線で，漸近線は 2 直線 $x = p$，$y = q$ である．

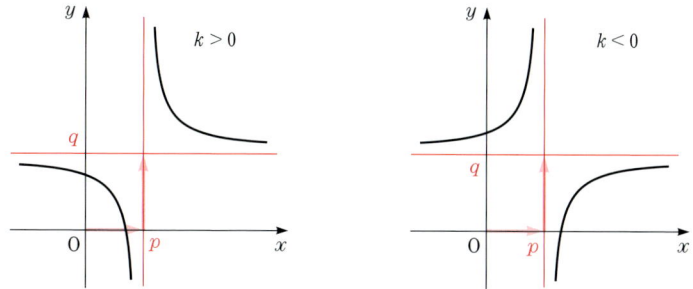

例題 1.2

分数関数 $y = \dfrac{2x+3}{x+1}$ のグラフを書け．

【解】 $\dfrac{2x+3}{x+1} = \dfrac{2(x+1)+1}{x+1} = \dfrac{1}{x+1} + 2$

であるから，この分数関数は

$$y = \dfrac{1}{x-(-1)} + 2$$

と表される．よって，そのグラフは，双曲線 $y = \dfrac{1}{x}$ を x 軸方向に -1，y 軸方向に 2 だけ平行移動したもので，図のようになる．

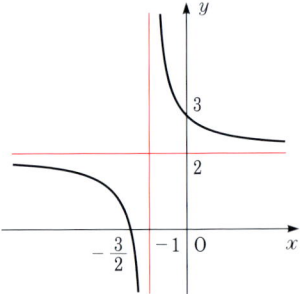

◆ 問 **1.6** 分数関数 $y = \dfrac{x-2}{2x+1}$ のグラフを書け．

上の例題を見ればわかるように，一般に，分数関数 $y = \dfrac{ax+b}{cx+d}$ は $y = \dfrac{k}{x-p} + q$ の形に変形できる．

1.6 無理関数

$\sqrt{x}$，$\sqrt{2x+1}$ などのように根号の中に文字を含む式を**無理式**といい，無理式で表される関数を**無理関数**という．

8ページで説明したように，無理関数 $y = \sqrt{x}$ は，関数 $y = x^2$ $(x \geqq 0)$ の逆関数で，そのグラフは下図のようになる．

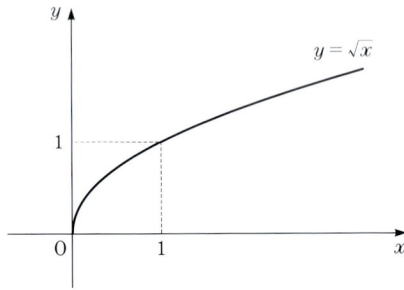

▶ **注意** 無理数と同様に，無理関数を実数の範囲で考える限り，〔根号内〕$\geqq 0$ でなければならない．

一般に，無理関数 $y = \sqrt{ax}$ のグラフは下図のようになる．

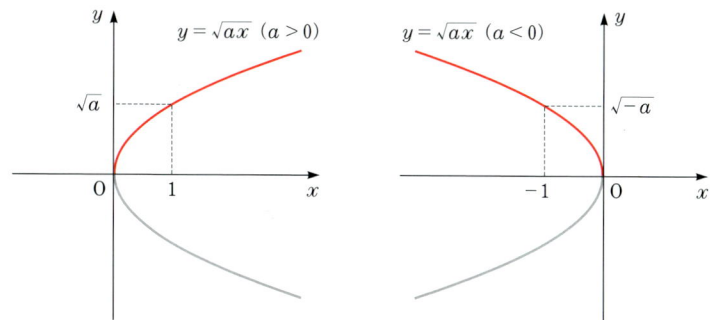

無理関数 $y = \sqrt{ax}$ は，次の性質をもつ．

- $a > 0$ のとき，定義域は $\{x \mid x \geqq 0\}$，値域は $\{y \mid y \geqq 0\}$ である．x の値が増加すると y の値も増加する．
- $a < 0$ のとき，定義域は $\{x \mid x \leqq 0\}$，値域は $\{y \mid y \geqq 0\}$ である．x の値が増加すると y の値は減少する．

◆ 問 1.7　無理関数 $y = -\sqrt{ax}$ は，どのような性質をもつか．

例題 1.3

関数 $y = \sqrt{2x - 4}$ のグラフを書き，関数の定義域と値域を述べよ．

【解】 $y = \sqrt{2(x - 2)}$ であるから，この関数のグラフは $y = \sqrt{2x}$ のグラフを x 軸方向に 2 だけ平行移動したもので，図のようになる．

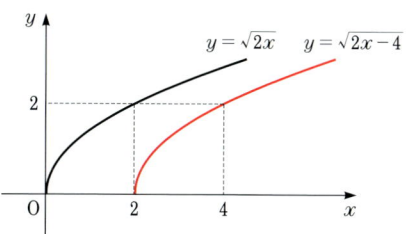

また，定義域は $\{x \mid x \geqq 2\}$，値域は $\{y \mid y \geqq 0\}$ である．

一般に，無理関数 $y = \sqrt{ax+b}$ について，

$$\sqrt{ax+b} = \sqrt{a\left(x+\frac{b}{a}\right)} = \sqrt{a\left(x-\left(-\frac{b}{a}\right)\right)}$$

であるから，そのグラフは $y = \sqrt{ax}$ を x 軸方向に $-\dfrac{b}{a}$ だけ平行移動した曲線である．

◆ 問 **1.8** 次の関数のグラフを書け．また，定義域と値域を述べよ．
(1) $y = \sqrt{2x-1}$　　(2) $y = \sqrt{2-x}$　　(3) $y = -\sqrt{x+3}$

1.7　3角関数

1.7.1　弧度法　半径 1 の円 (**単位円**という．円周の長さは 2π) を考える．左図をみればわかるように，長さ ℓ の弧に対する中心角を $\alpha°$ とすると，ℓ と α の間には $\dfrac{\alpha°}{360°} = \dfrac{\ell}{2\pi}$ の比例関係が成り立つから，次の表が得られる．

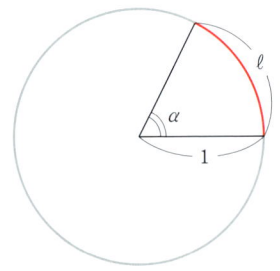

α	$0°$	$90°$	$180°$	$270°$	$360°$
ℓ	0	$\dfrac{\pi}{2}$	π	$\dfrac{3}{2}\pi$	2π

この表より，$180°$ と π を同一視でき，角の大きさを単位円周上の対応する円弧の長さで測ることができることがわかる．このように，角の大きさを単位円周上の対応する円弧の長さで測る方法を**弧度法**といい，**ラジアン**（radian；記号は rad）という単位で表す．度数と弧度の間には次の関係式が成り立つ：

$$180° = \pi \text{ ラジアン}.$$

◆ 問 **1.9** 次の角を，度数は弧度に，弧度は度数に，それぞれ書き直せ．
(1) $15°$　　(2) $135°$　　(3) $\dfrac{\pi}{5}$　　(4) $\dfrac{5\pi}{3}$

半径 r, 中心角 θ ラジアン, 弧の長さ ℓ の扇形を考えよう. 半径 1, 中心角 θ ラジアンの扇形の弧の長さは θ であるから, 右図をみればわかるように $1 : r = \theta : \ell$ となる. よって,

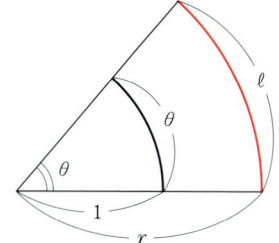

$$\ell = r\theta$$

が成り立つ.

◆ **問 1.10** 上図の扇形の面積は $S = \dfrac{1}{2}r^2\theta$ であることを示せ.

以後, 角の大きさは弧度法を用いて表し, 単位ラジアンを省略して記すことにする.

1.7.2 3角関数の定義と性質 座標平面上に, 原点 O を中心とする半径 r の円を描く. x 軸の正の部分を始線として, そこから角 θ だけ回転[2]した動径をとり, 円との交点を P(x, y) とする. このとき,

$$\frac{x}{r}, \quad \frac{y}{r}, \quad \frac{y}{x}$$

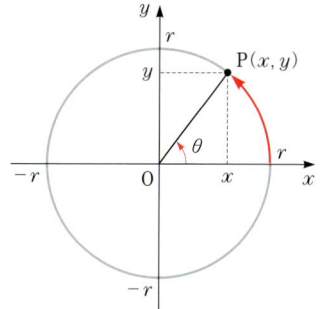

はいずれも θ の値だけで定まる. すなわち, θ の関数である. これらの関数を, それぞれ,

$$\cos\theta, \quad \sin\theta, \quad \tan\theta$$

と表し, θ の **余弦関数**, **正弦関数**, **正接関数** といい, まとめて **3角関数** という. ただし, $\tan\theta$ は $\theta = \dfrac{\pi}{2}$ や $\theta = -\dfrac{\pi}{2}$ のように, $x = 0$ となるような θ の値に対しては定義されない. cos は **コサイン** (cosine), sin は **サイン** (sine), tan は **タンジェント** (tangent) とよばれる.

---

[2] 回転には 2 つの向きがあるが, 時計の針の回転と逆の向きを正の向き, 時計の針の回転と同じ向きを負の向きといい, 動径の回転は角の大きさに符号をつけて表す. また, 動径が 1 回転以上する場合も考える.

上の定義に現れる円において，$r=1$（単位円）で考えると，3 角関数は次のように定義される：

$$\cos\theta = x, \quad \sin\theta = y, \quad \tan\theta = \frac{y}{x}.$$

これより，次の関係式が直ちに得られる：

$$\cos^2\theta + \sin^2\theta = 1, \quad \tan\theta = \frac{\sin\theta}{\cos\theta}.$$

◆ 問 **1.11** 次の角 θ に対して，$\cos\theta$, $\sin\theta$, $\tan\theta$ の値を求めよ．
（1） $\dfrac{5\pi}{6}$ （2） $-\dfrac{5\pi}{4}$ （3） 3π （4） $-\dfrac{7\pi}{2}$

◆ 問 **1.12** 次をみたす角 θ を求めよ．ただし $0 \leqq \theta < 2\pi$ とする．
（1） $\cos\theta = \dfrac{1}{2}$ （2） $\sin\theta = \dfrac{\sqrt{3}}{2}$ （3） $\tan\theta = 1$

単位円を利用すると，3 角関数の性質を導くことができる．例えば，角 $\theta + \pi$ の表す動径と角 θ の表す動径は，原点 O に関して対称な位置にあるから，

$$\cos(\theta + \pi) = -\cos\theta, \quad \sin(\theta + \pi) = -\sin\theta, \quad \tan(\theta + \pi) = \tan\theta$$

が成り立つ．また，右図で角 θ の表す動径を OP とし，直角 3 角形 OHP を原点の周りに $\dfrac{\pi}{2}$ 回転したものを 3 角形 OKQ とする．点 P の座標を (x, y) とすると，点 Q の座標は $(-y, x)$ であるから，

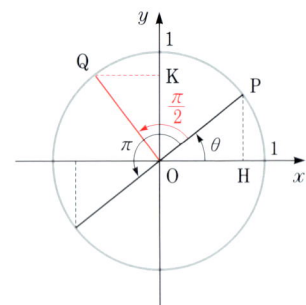

$$\cos\left(\theta + \frac{\pi}{2}\right) = -\sin\theta, \quad \sin\left(\theta + \frac{\pi}{2}\right) = \cos\theta$$

が成り立つ．

◆ 問 **1.13** 次の関係式が成り立つことを示せ．

$$\cos(\pi - \theta) = -\cos\theta, \quad \sin(\pi - \theta) = \sin\theta, \quad \tan(\pi - \theta) = -\tan\theta$$

$$\cos\left(\frac{\pi}{2} - \theta\right) = \sin\theta, \quad \sin\left(\frac{\pi}{2} - \theta\right) = \cos\theta.$$

1.7.3　3角関数のグラフ

$y = \cos x$ のグラフ　2π を周期とする周期関数．定義域は実数全体，値域は $-1 \leqq y \leqq 1$．グラフは y 軸に関して対称（偶関数）．

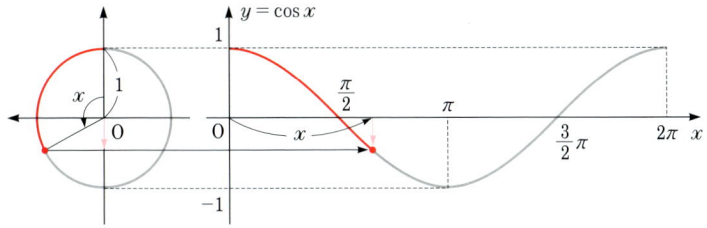

$y = \sin x$ のグラフ　2π を周期とする周期関数．定義域は実数全体，値域は $-1 \leqq y \leqq 1$．グラフは原点 O に関して対称（奇関数）．

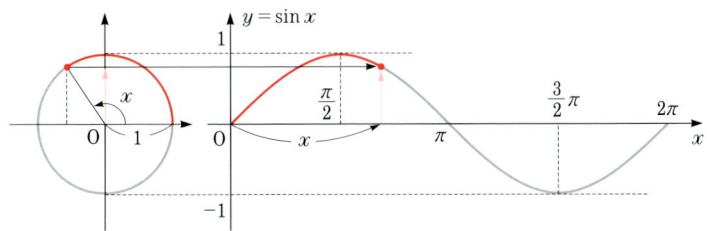

$y = \tan x$ のグラフ　π を周期とする周期関数．定義域は $x = \dfrac{\pi}{2} + n\pi$ ($n = 0, \pm 1, \pm 2, \dots$) を除く実数全体，値域は実数全体．グラフは原点 O に関して対称（奇関数）．直線 $x = \dfrac{\pi}{2} + n\pi$ ($n = 0, \pm 1, \pm 2, \dots$) がグラフの漸近線．

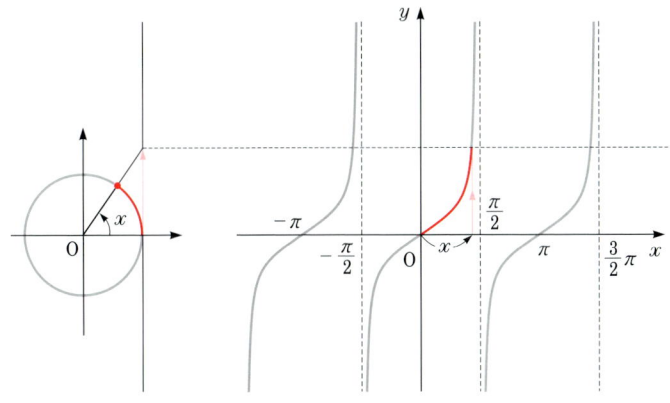

▶ **注意** 一般に，関数 $f(x)$ において，0 でない定数 p があって，等式

$$f(x+p) = f(x)$$

が定義域のすべての x について成り立つとき，$f(x)$ を**周期関数**といい，p をこの関数の**周期**という．このとき，$f(x+2p) = f((x+p)+p) = f(x+p) = f(x)$ であるから，$2p$ も周期である．同様に，$3p, 4p, \ldots$ も $-p, -2p, \ldots$ も周期である．したがって，周期関数においては，周期は無数にあるが，普通，単に周期といえば，正の周期の中で最小のものをいう．

1.7.4 3 角関数の加法定理　次の定理は，3 角関数の**加法定理**とよばれる基本的な公式である．

公式 1.1（3 角関数の加法定理）

(7.1) $\qquad \cos(\alpha + \beta) = \cos\alpha\cos\beta - \sin\alpha\sin\beta$

(7.2) $\qquad \cos(\alpha - \beta) = \cos\alpha\cos\beta + \sin\alpha\sin\beta$

(7.3) $\qquad \sin(\alpha + \beta) = \sin\alpha\cos\beta + \cos\alpha\sin\beta$

(7.4) $\qquad \sin(\alpha - \beta) = \sin\alpha\cos\beta - \cos\alpha\sin\beta$

加法定理を利用すると，**2 倍角の公式**，**半角の公式**などの 3 角関数に関する公式を導くことができる．例えば，(7.1) で $\beta = \alpha$ とおくと，cos に関する 2 倍角の公式

$$\cos 2\alpha = \cos^2\alpha - \sin^2\alpha = \cos^2\alpha - (1 - \cos^2\alpha) = 2\cos^2\alpha - 1$$

を得る．また，この式を $\cos^2\alpha$ について解くと

$$\cos^2\alpha = \frac{1 + \cos 2\alpha}{2}$$

を得る．2α を改めて α と書き直せば，cos に関する半角の公式

$$\cos^2 \frac{\alpha}{2} = \frac{1 + \cos \alpha}{2}$$

となる．同様にして，sin に関する 2 倍角，半角の公式

$$\sin 2\alpha = 2 \cos \alpha \sin \alpha, \quad \sin^2 \frac{\alpha}{2} = \frac{1 - \cos \alpha}{2}$$

も導ける．

◆ 問 1.14　3 倍角の公式

$$\cos 3\alpha = 4 \cos^3 \alpha - 3 \cos \alpha, \quad \sin 3\alpha = -4 \sin^3 \alpha + 3 \sin \alpha$$

が成り立つことを示せ．

次に，(7.1) と (7.2) の両辺を加えると

(7.5) $$\cos(\alpha + \beta) + \cos(\alpha - \beta) = 2 \cos \alpha \cos \beta$$

となる．これより，3 角関数の**積を和に直す公式**の 1 つ

$$\cos \alpha \cos \beta = \frac{1}{2} \{ \cos(\alpha + \beta) + \cos(\alpha - \beta) \}$$

を得る．また，(7.5) において，$\alpha + \beta = A$, $\alpha - \beta = B$ とおくと

$$\alpha = \frac{A + B}{2}, \quad \beta = \frac{A - B}{2}$$

であるから，3 角関数の**和を積に直す公式**の 1 つ

$$\cos A + \cos B = 2 \cos \frac{A + B}{2} \cos \frac{A - B}{2}$$

を得る．

◆ 問 1.15　次の等式が成り立つことを示せ．

$$\sin \alpha \cos \beta = \frac{1}{2} \{ \sin(\alpha + \beta) + \sin(\alpha - \beta) \},$$
$$\sin A - \sin B = 2 \cos \frac{A + B}{2} \sin \frac{A - B}{2}.$$

1.7.5 3角関数の合成

一般に，$a = b = 0$ でないとき，

$$\cos\alpha = \frac{a}{\sqrt{a^2+b^2}}, \quad \sin\alpha = \frac{b}{\sqrt{a^2+b^2}}$$

をみたす α を $0 \leqq \alpha < 2\pi$ の範囲にとり，この α を用いて

$$\begin{aligned}
a\sin\theta + b\cos\theta &= \sqrt{a^2+b^2}\left(\frac{a}{\sqrt{a^2+b^2}}\sin\theta + \frac{b}{\sqrt{a^2+b^2}}\cos\theta\right) \\
&= \sqrt{a^2+b^2}\,(\sin\theta\cos\alpha + \cos\theta\sin\alpha) \\
&= \sqrt{a^2+b^2}\,\sin(\theta+\alpha)
\end{aligned}$$

のように変形することができる．これを **3角関数の合成** という．

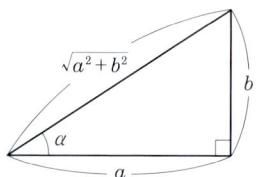

▶ **注意** ここでは，加法定理 $\sin(\alpha+\beta) = \sin\alpha\cos\beta + \cos\alpha\sin\beta$ を用いて3角関数を合成したが，$\cos(\alpha+\beta) = \cos\alpha\cos\beta - \sin\alpha\sin\beta$ を用いて合成することもできる．

◆ **問 1.16** 次の式を $r\sin(\theta+\alpha)$ の形に変形せよ．
（1） $\sin\theta + \cos\theta$ 　　　（2） $\sin\theta - \sqrt{3}\cos\theta$

◆ **問 1.17** $\sin x + \sqrt{3}\cos x = \sqrt{2}$ $(0 \leqq x < 2\pi)$ をみたす x の値を求めよ．

▶ **補足** $\cos x, \sin x, \tan x$ の逆数は次のように表される：

$$\sec x = \frac{1}{\cos x}, \quad \operatorname{cosec} x = \frac{1}{\sin x}, \quad \cot x = \frac{1}{\tan x}$$

sec はセカント，cosec はコセカント，cot はコタンジェントとよばれる．

1.7.6 逆3角関数 右のグラフを見ればわかるように，$-\dfrac{\pi}{2} \leqq x \leqq \dfrac{\pi}{2}$ で関数 $y = \sin x$ は単調に増加している．したがって，この範囲内では，x を決めると y はただ1つ決まる．逆に，y を決めると x はただ1つ決まる．

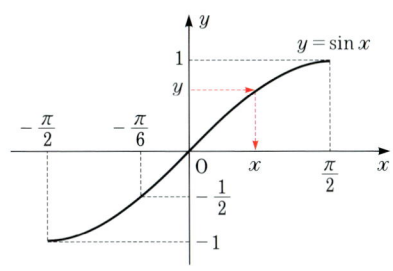

すなわち，$-1 \leqq y \leqq 1$ に対して，$\sin x = y \left(-\dfrac{\pi}{2} \leqq x \leqq \dfrac{\pi}{2} \right)$ をみたす x の値はただ1つ決まる．この x を $\mathrm{Sin}^{-1} y$ または $\mathrm{Arcsin}\, y$ で表し，y の**アークサイン**（**逆正弦**）という．

同様に，$-1 \leqq y \leqq 1$ に対して，$\cos x = y\ (0 \leqq x \leqq \pi)$ をみたす x の値はただ1つ決まる．この x を $\mathrm{Cos}^{-1} y$ または $\mathrm{Arccos}\, y$ で表し，y の**アークコサイン**（**逆余弦**）という．

また，任意の実数 y に対して，$\tan x = y \left(-\dfrac{\pi}{2} < x < \dfrac{\pi}{2} \right)$ をみたす x の値はただ1つ決まる．この x を $\mathrm{Tan}^{-1} y$ または $\mathrm{Arctan}\, y$ で表し，y の**アークタンジェント**（**逆正接**）という．

例題 1.4

次の値を求めよ．

（1） $\mathrm{Cos}^{-1} 1$ （2） $\mathrm{Sin}^{-1} \dfrac{1}{2}$ （3） $\mathrm{Tan}^{-1} 1$

【解】 （1） $\mathrm{Cos}^{-1} 1 = 0$ （2） $\mathrm{Sin}^{-1} \dfrac{1}{2} = \dfrac{\pi}{6}$ （3） $\mathrm{Tan}^{-1} 1 = \dfrac{\pi}{4}$

◆**問 1.18** 次の値を求めよ．

（1） $\mathrm{Sin}^{-1} 0$ （2） $\mathrm{Cos}^{-1}(-1)$ （3） $\mathrm{Tan}^{-1}(-1)$

（4） $\mathrm{Sin}^{-1} \dfrac{1}{\sqrt{2}}$ （5） $\mathrm{Cos}^{-1} \dfrac{\sqrt{3}}{2}$ （6） $\mathrm{Tan}^{-1} \dfrac{1}{\sqrt{3}}$

1.7.7　逆3角関数のグラフ　関数

$$y = \mathrm{Sin}^{-1} x \qquad (-1 \leqq x \leqq 1)$$

は，関数 $y = \sin x \; \left(-\dfrac{\pi}{2} \leqq x \leqq \dfrac{\pi}{2}\right)$ の逆関数であり，2つの関数のグラフは直線 $y = x$ に関して対称である．

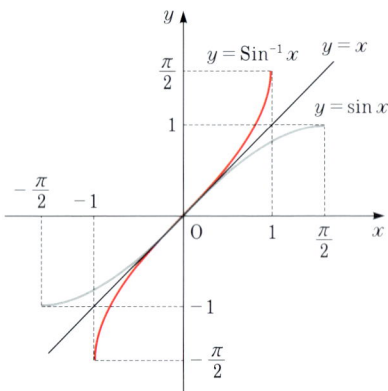

また，関数

$$y = \mathrm{Cos}^{-1} x \qquad (-1 \leqq x \leqq 1), \qquad y = \mathrm{Tan}^{-1} x \qquad (-\infty < x < \infty)$$

は，それぞれ関数 $y = \cos x \; (0 \leqq x \leqq \pi)$, $y = \tan x \; \left(-\dfrac{\pi}{2} < x < \dfrac{\pi}{2}\right)$ の逆関数であり，グラフは次のようになる．

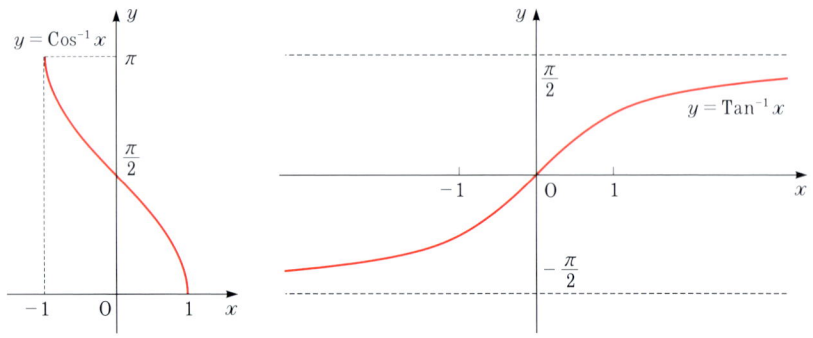

関数 $y = \mathrm{Sin}^{-1} x$, $y = \mathrm{Cos}^{-1} x$, $y = \mathrm{Tan}^{-1} x$ をそれぞれ**逆正弦関数**，**逆余弦関数**，**逆正接関数**といい，まとめて**逆3角関数**という．

1.8 指数関数

1.8.1 指数法則 $a\ (a>0)$ を定数, n を正の整数とするとき, a^n を

$$a^n = \underbrace{a \times a \times \cdots \times a}_{n \text{ 個の } a \text{ の積}}$$

と定義する. ただし, a^1 は a で表す. $a, a^2, a^3, \ldots, a^n, \ldots$ をまとめて a の**累乗**といい, n をその**指数**という.

$$a^0 = 1, \quad a^{-n} = \frac{1}{a^n}$$

と定義すると, 整数 m, n に対して**指数法則**とよばれる次の計算規則が成り立つ:

$$a^m \times a^n = a^{m+n}, \quad a^m \div a^n = a^{m-n}, \quad (a^m)^n = a^{mn}.$$

さらに, $a^{\frac{1}{n}}$ を $a^{\frac{1}{n}} = \sqrt[n]{a}$ で定義する. ここで, $\sqrt[n]{a}$ は a の **n 乗根**とよばれ, $x^n = a$ をみたす正数 x として与えられる. 例えば, $8 = 2^3$ であるから, $8^{\frac{1}{3}} = \sqrt[3]{8} = 2$ である. すると, 有理数 $p = \dfrac{m}{n}$ (m, n は整数) に対して

$$a^p = (a^{\frac{1}{n}})^m$$

と定義すれば, 有理数 p, q に対しても, 指数法則

$$a^p \times a^q = a^{p+q}, \quad a^p \div a^q = a^{p-q}, \quad (a^p)^q = a^{pq}$$

が成り立つことがわかる.

◆ **問 1.19** 次の値を求めよ.
 (1) $4^{\frac{1}{2}}$ (2) $125^{\frac{2}{3}}$ (3) $25^{-\frac{3}{2}}$ (4) $\left(\dfrac{1}{16}\right)^{-\frac{3}{4}}$

◆ **問 1.20** 次の計算をせよ.
 (1) $a^{\frac{1}{3}} \div a^{\frac{1}{2}} \times a^{-\frac{5}{6}}$ (2) $(a^{-2}b)^{-3}$ (3) $(a^{\frac{1}{3}})^2 \times (a^{\frac{1}{2}})^{-3}$

無理数 x に対しても，a^x を定義できる．例えば，$x = \sqrt{2}$ のとき，

$$1.4, \quad 1.41, \quad 1.414, \quad 1.4142, \quad 1.41421, \quad \ldots$$

という $\sqrt{2}$ を近似する有理数の列を考え，これにもとづいて

$$a^{1.4}, \quad a^{1.41}, \quad a^{1.414}, \quad a^{1.4142}, \quad a^{1.41421}, \quad \ldots$$

のように，有理数を指数とする a の累乗の列を考えると，その値はある一定の値に限りなく近づき，指数は $\sqrt{2}$ に近づく．そこで，この値を $a^{\sqrt{2}}$ と定める．

このようにして，すべての実数 x に対して a^x が定められ，指数法則も成り立つことになる．

1.8.2 指数関数 a が 1 でない正の定数のとき，$y = a^x$ で表される関数を，a を底とする**指数関数**という．指数関数のグラフは次のようになる．

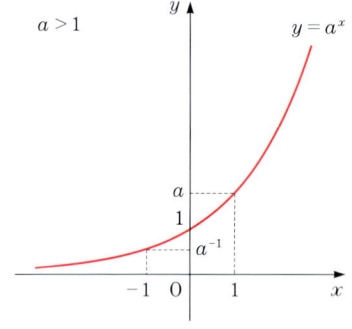 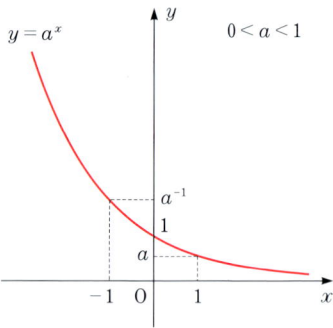

グラフからわかるように，指数関数 $y = a^x$ には次の性質がある．

(a) 定義域は実数全体，値域は正の数全体．

(b) $a > 1$ のとき，x の値が増加すると y の値も増加する．$0 < a < 1$ のとき，x の値が増加すると y の値は減少する．

(c) グラフは点 $(0, 1)$ を通り，x 軸を漸近線とする．

◆**問 1.21** 関数 $y = 3^x$，$y = \left(\dfrac{1}{3}\right)^x$ のグラフを書け．

1.9 対数関数

1.9.1 対数の定義と性質 $a > 0, a \neq 1$ であるとき,正の実数 R に対して,$a^r = R$ となる指数 r の値がただ 1 つ定まることが指数関数の定義からわかる.この r を,a を**底**とする R の**対数**といい,

$$r = \log_a R$$

で表す.このとき,R を対数 r の**真数**という.すなわち,

$$R = a^r \iff r = \log_a R$$

である.また,

$$a^0 = 1, \quad a^1 = a$$

であるから,これらを対数を用いて書き表すと,次のようになる:

$$\log_a a = 1, \quad \log_a 1 = 0.$$

◆ **問 1.22** 次の対数の値を求めよ.

(1) $\log_2 8$ (2) $\log_9 3$ (3) $\log_{10} 0.001$ (4) $\log_{\frac{1}{3}} 27$

$a > 0, a \neq 1$ とし,実数 r, s に対して $R = a^r, S = a^s$ とおくと,$\log_a R = r$, $\log_a S = s$ である.一方,指数法則より $RS = a^r \cdot a^s = a^{r+s}$ となるから,

$$\log_a RS = r + s = \log_a R + \log_a S$$

を得る.同様に考えると,指数法則と対数の定義から,次のような対数の性質が導かれる.

$a > 0, a \neq 1, R > 0, S > 0$ で,p が実数のとき,

$$\log_a RS = \log_a R + \log_a S, \quad \log_a \frac{R}{S} = \log_a R - \log_a S,$$

$$\log_a R^p = p \log_a R.$$

◆問 1.23　次の式を簡単にせよ．
（1）　$\log_8 4 + \log_8 16$　　（2）　$\log_3 6 - 2\log_3 2 + \log_3 18$
（3）　$\log_2 \sqrt{3} - \dfrac{1}{2}\log_2 6$

次の等式は，**底の変換公式**とよばれている．

　　$a, b > 0, \ a, b \neq 1$ のとき

$$\log_a c = \frac{\log_b c}{\log_b a}.$$

◆問 1.24　底の変換公式を導け．

1.9.2　対数関数のグラフ

$a > 0, \ a \neq 1$ のとき，実数 x と正の数 y に対して

$$y = a^x \iff x = \log_a y$$

であるから，指数関数 $y = a^x$ の逆関数は，$x = \log_a y$ において x と y を入れ替えて得られる関数 $y = \log_a x$ である．この関数 $y = \log_a x$ を a を底とする x の**対数関数**という．

対数関数は指数関数の逆関数であるから，対数関数 $y = \log_a x$ のグラフは，指数関数 $y = a^x$ のグラフと，直線 $y = x$ に関して対称であり，次のようになる．

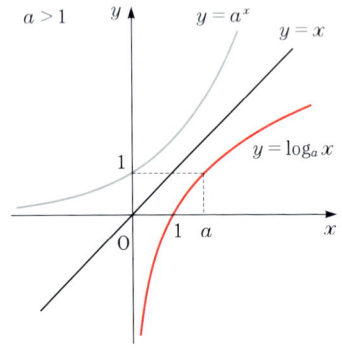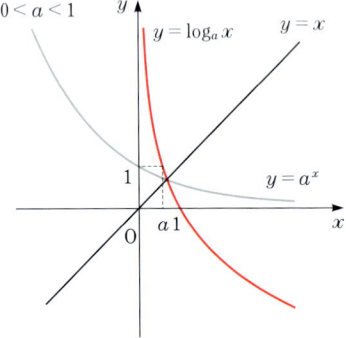

グラフからわかるように，対数関数 $y = \log_a x$ には次の性質がある．

（a） 定義域は正の数全体，値域は実数全体．

（b） $a > 1$ のとき，x の値が増加すると y の値も増加する．$0 < a < 1$ のとき，x の値が増加すると y の値は減少する．

（c） グラフは点 $(1, 0)$ を通り，y 軸を漸近線とする．

◆ 問 **1.25** 次の関数のグラフを書け．
（1） $y = \log_3 x$ （2） $y = \log_{\frac{1}{3}} x$

練習問題

1.1 図の扇形において，弧 PP′ と QQ′ の長さをそれぞれ ℓ_1, ℓ_2 とし，$a = \mathrm{PQ} = \mathrm{P'Q'}$ とする．このとき，弧 PP′ と QQ′ ではさまれる部分の面積 S が

$$S = \frac{1}{2}a(\ell_1 + \ell_2)$$

で与えられることを示せ．

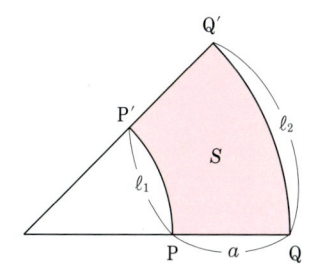

1.2 不等式 $\sin x + \sqrt{3}\cos x \geqq 1 \ (-\pi \leqq x \leqq \pi)$ をみたす x の値の範囲を求めよ．

1.3 次の関数のグラフを書け．
（1） $f(x) = -\sqrt{4 - 2x}$ （2） $f(x) = \sin\left(2x - \dfrac{\pi}{3}\right)$
（3） $f(x) = \log_2(\sqrt{2}\,x - 2)$

1.4 $t = \tan\dfrac{\theta}{2}$ とするとき，次の等式が成り立つことを示せ．
（1） $\tan\theta = \dfrac{2t}{1 - t^2}$ （2） $\cos\theta = \dfrac{1 - t^2}{1 + t^2}$ （3） $\sin\theta = \dfrac{2t}{1 + t^2}$

1.5 関数 $y = \dfrac{1}{2}x^2 - 1 \ (x \geqq 0)$ の逆関数を求め，そのグラフを書け．

1.6 関数 $f(x) = \dfrac{x-1}{2x+k}$ の逆関数が $f(x)$ と一致するように，定数 k の値を定めよ．

1.7 $f(x) = \dfrac{1}{x}$, $g(x) = x^2 - 2x + 3$ について，合成関数 $(f \circ g)(x)$ の定義域と値域を求めよ．

1.8 $f(x) = \sin x$ とし，$g(x)$ は次のような関数とする：
$$g(x) = \begin{cases} 2x & \left(0 \leqq x \leqq \dfrac{\pi}{4}\right), \\ \pi - 2x & \left(\dfrac{\pi}{4} < x \leqq \dfrac{\pi}{2}\right). \end{cases}$$

（1） $g(x)$ の値域を求めよ．

（2） $0 \leqq x \leqq \dfrac{\pi}{2}$ のとき，$(f \circ g)(x) = \sin 2x$ となることを示せ．

1.9 次の方程式と不等式を解け．

（1） $2^{3x-2} = 16$　　（2） $27^x = 9^{3-x}$　　（3） $9^x \geqq 3^{x+1}$

（4） $\left(\dfrac{1}{2}\right)^x > \dfrac{1}{8}$

1.10 x, y の連立方程式
$$x^2 y^4 = 1, \quad \log_2 x + (\log_2 y)^2 = 3$$
を解け．

第 2 章

数列の極限

極限の概念は，微分積分法の理論的な基礎である．この章では，素朴な直観にもとづいて，数列の極限を取り扱う．

2.1 数列

正の奇数を小さい順に並べると

$$1, 3, 5, 7, 9, 11, 13, \ldots$$

となる．このように数を 1 列に並べたものを**数列**といい，数列を構成しているおのおのの数を**項**という．数列を記号で表すには，項の位置（順番）を示す番号を右下に添えて

$$a_1, a_2, a_3, \ldots, a_n, \ldots$$

のように書く．あるいは，もっと簡単に $\{a_n\}$ と表すこともある．a_1 を初項（第 1 項），a_2 を第 2 項，一般に，a_n を**第 n 項**という．例えば，上の数列の第 n 項を a_n とおくと，

$$a_n = 2n - 1$$

である．このように，a_n が n の式で表されていると，その式に $n = 1, 2, 3, \ldots$ を代入すれば，数列の各項がすべて求められる．数列の第 n 項を n の関数として表したものを**一般項**という．

数列 $a_1, a_2, a_3, \ldots, a_n, \ldots$ の各項が，すぐ前の項に一定の数 d を加えて得られるとき，すべての番号について

$$a_{n+1} = a_n + d \quad すなわち \quad a_{n+1} - a_n = d$$

が成り立つ．このような数列を**等差数列**といい，d を**公差**という．初項が a，公差が d である等差数列 $\{a_n\}$ の一般項は，

$$a_n = a + (n-1)d$$

で与えられる．

数列 $a_1, a_2, a_3, \ldots, a_n, \ldots$ の各項が，すぐ前の項に一定の数 r を掛けて得られるとき，すべての番号について

$$a_{n+1} = r a_n \quad すなわち \quad \frac{a_{n+1}}{a_n} = r$$

が成り立つ．このような数列を**等比数列**といい，r を**公比**という．初項が a，公比が r である等比数列 $\{a_n\}$ の一般項は，

$$a_n = ar^{n-1}$$

で与えられる．

◆ **問 2.1** 次の数列の一般項を求めよ．

(1) $-3, 3, 9, 15, \ldots$ (2) $-1, 1, -1, 1, \ldots$

(3) $4, 2, 1, \dfrac{1}{2}, \cdots$ (4) $2, -1, -4, -7, \ldots$

2.2 数列の極限

無限個の項が並んでいる数列 $2, \dfrac{3}{2}, \dfrac{4}{3}, \dfrac{5}{4}, \ldots, \dfrac{n+1}{n}, \ldots$ を考えよう．この数列はだんだんと 1 に近づいていくことがわかる．実際，第 n 項と 1 の差は

$$\frac{n+1}{n} - 1 = \left(1 + \frac{1}{n}\right) - 1 = \frac{1}{n}$$

であり，この値は n が大きくなるにつれて，いくらでも小さくなる．

数列 $\{a_n\}$ において，番号 n が限りなく大きくなるとき，a_n がある一定の値 α に限りなく近づくならば，数列 $\{a_n\}$ は α に**収束する**といい，

$$n \to \infty \text{ のとき，} a_n \to \alpha \qquad \text{または} \qquad \lim_{n \to \infty} a_n = \alpha$$

と書く．α をこの数列の**極限値**という．例えば，上の数列について，

$$\lim_{n \to \infty} \frac{n+1}{n} = \lim_{n \to \infty} \left(1 + \frac{1}{n}\right) = 1$$

である．数列の極限値について，次の性質が成り立つことが知られている．

定理 2.1

$\lim_{n \to \infty} a_n = \alpha, \ \lim_{n \to \infty} b_n = \beta$ のとき，

(1) $\lim_{n \to \infty} (a_n \pm b_n) = \alpha \pm \beta$ （複号同順）

(2) $\lim_{n \to \infty} c a_n = c \alpha$ （c は定数）

(3) $\lim_{n \to \infty} a_n b_n = \alpha \beta$

(4) $\lim_{n \to \infty} \dfrac{a_n}{b_n} = \dfrac{\alpha}{\beta}$ （ただし，$b_n \neq 0, \ \beta \neq 0$）

(5) $a_n \leqq b_n$ ならば，$\alpha \leqq \beta$

上の定理 2.1 の（5）より，はさみうちの原理と呼ばれる次の定理が導かれる．

定理 2.2（はさみうちの原理）

$\lim_{n\to\infty} a_n = \lim_{n\to\infty} b_n = \alpha$ のとき，

$$a_n \leqq c_n \leqq b_n \quad \text{ならば}, \quad \lim_{n\to\infty} c_n = \alpha.$$

例題 2.1

次の極限値を求めよ．

（1） $\displaystyle\lim_{n\to\infty} \frac{3n^3 + n}{4n^3 - n^2}$ （2） $\displaystyle\lim_{n\to\infty} \left(\sqrt{n^2 + n + 1} - n\right)$

【解】（1） 分母，分子を n^3 で割ると

$$\lim_{n\to\infty} \frac{3n^3 + n}{4n^3 - n^2} = \lim_{n\to\infty} \frac{3 + \dfrac{1}{n^2}}{4 - \dfrac{1}{n}} = \frac{3}{4}.$$

（2） $\displaystyle\lim_{n\to\infty} \left(\sqrt{n^2 + n + 1} - n\right)$

$$= \lim_{n\to\infty} \frac{\left(\sqrt{n^2 + n + 1} - n\right)\left(\sqrt{n^2 + n + 1} + n\right)}{\sqrt{n^2 + n + 1} + n}$$

$$= \lim_{n\to\infty} \frac{n + 1}{\sqrt{n^2 + n + 1} + n} = \lim_{n\to\infty} \frac{1 + \dfrac{1}{n}}{\sqrt{1 + \dfrac{1}{n} + \dfrac{1}{n^2}} + 1} = \frac{1}{2}.$$ ∎

◆問 2.2　次の極限値を求めよ．

（1） $\displaystyle\lim_{n\to\infty} \frac{7 - 3n}{2n + 1}$　　（2） $\displaystyle\lim_{n\to\infty} \frac{n + 2}{2n^2 - 1}$　　（3） $\displaystyle\lim_{n\to\infty} \frac{\sqrt{n^2 + 1}}{n}$

（4） $\displaystyle\lim_{n\to\infty} \left(\sqrt{n + 2} - \sqrt{n - 2}\right)$

◆問 2.3　数列 $\dfrac{2}{5}, \dfrac{3}{6}, \dfrac{4}{7}, \dfrac{5}{8}, \ldots$ の一般項を示し，その極限値を求めよ．

収束しない数列は**発散する**といわれる．発散する数列 $\{a_n\}$ において，番号 n が大きくなるとき，a_n が限りなく大きくなるならば，数列 $\{a_n\}$ は**正の無限大** (∞) に発散するといい，次のように書き表す：

$$n \to \infty \text{ のとき，} a_n \to \infty \quad \text{または} \quad \lim_{n \to \infty} a_n = \infty.$$

負の無限大 ($-\infty$) に発散する場合も同様に定義される．例えば，数列

$$1,\ 3,\ 5,\ 7,\ 9,\ 11,\ 13,\ \ldots$$

の第 n 項は $2n-1$ であり，$\lim\limits_{n \to \infty}(2n-1) = \infty$ である．また，数列

$$-2,\ -4,\ -6,\ -8,\ -10,\ \ldots$$

の第 n 項は $-2n$ であり，$\lim\limits_{n \to \infty}(-2n) = -\infty$ である．

例題 2.2

第 n 項が次の式で表される数列の収束・発散を調べよ．

（1） $\dfrac{n-n^3}{n^2+n-1}$ （2） $\cos n\pi$

【解】（1） 分母，分子を n^2 で割ると

$$\lim_{n \to \infty} \frac{n-n^3}{n^2+n-1} = \lim_{n \to \infty} \frac{\dfrac{1}{n}-n}{1+\dfrac{1}{n}-\dfrac{1}{n^2}} = -\infty$$

であるから，この数列は負の無限大に発散する．

（2） 数列の各項を求めると

$$-1,\ 1,\ -1,\ 1,\ -1,\ \ldots$$

である．したがって，この数列は発散する．

▶ **注意** 正の無限大にも負の無限大にも発散しない（2）のような数列は**振動する**といわれる．

◆ 問 2.4　第 n 項が次の式で表される数列の収束・発散を調べよ.

（1）$\dfrac{n^3}{n^2+n}$　　（2）$(-1)^{n-1}\dfrac{1}{n}$　　（3）$2+(-1)^n$

（4）$\log_{10}\dfrac{1}{n}$　　（5）$(-1)^{n-1}n$

例題 2.3

等比数列 $\{r^n\}$ の収束・発散が次のようになることを示せ.

(i)　$r>1$ のとき ∞ に発散する.

(ii)　$r=1$ のとき 1 に収束する.

(iii)　$|r|<1$ のとき 0 に収束する.

(iv)　$r\leqq -1$ のとき発散（振動）する.

【解】（i）$r=1+h\ (h>0)$ とおくと，2 項定理（242 ページ参照）より

$$r^n = (1+h)^n = 1 + nh + \frac{n(n-1)}{2}h^2 + \cdots + h^n.$$

したがって，$n>1$ のとき $r^n > 1+nh$ が成り立つ. $n\to\infty$ のとき $1+nh\to\infty$ であるから $\lim_{n\to\infty} r^n = \infty$.

(ii)　$r^n=1$ であるから，$\lim_{n\to\infty} r^n = \lim_{n\to\infty} 1 = 1$.

(iii)　$r\neq 0$ のとき，$s=\dfrac{1}{r}$ とおくと $|s|>1$.（i）より $\lim_{n\to\infty} |s|^n = \infty$ であるから

$$\lim_{n\to\infty} |r|^n = \lim_{n\to\infty} \frac{1}{|s|^n} = 0.$$

さらに，$-|r|^n \leqq r^n \leqq |r|^n$ であるから，はさみうちの原理により，$\lim_{n\to\infty} r^n = 0$ となる. $r=0$ のとき，$r^n=0$ であるから $\lim_{n\to\infty} r^n = \lim_{n\to\infty} 0 = 0$.

(iv)　$r=-1$ のとき，数列は $-1,1,-1,1,\ldots$ となり，振動する.

$r<-1$ のとき，$r=-s$ とおくと，$s>1$.（i）より $\lim_{n\to\infty} s^n = \infty$ であるから，数列は $-s,s^2,-s^3,s^4,\ldots$ となり，振動する.

例題 2.4

極限値 $\displaystyle\lim_{n\to\infty}\frac{(-2)^n}{5^n+1}$ を求めよ.

【解】 $n\to\infty$ のとき $\left(\dfrac{1}{5}\right)^n\to 0$, $\left(-\dfrac{2}{5}\right)^n\to 0$ であるから,

$$\lim_{n\to\infty}\frac{(-2)^n}{5^n+1}=\lim_{n\to\infty}\frac{\left(-\dfrac{2}{5}\right)^n}{1+\left(\dfrac{1}{5}\right)^n}=\frac{0}{1+0}=0.$$

◆問 2.5 次の数列の収束・発散を調べよ. 収束する場合は極限値を求めよ.

（1） $\left(\dfrac{1}{\sqrt{2}-1}\right)^n$ （2） $\cos^n\dfrac{\pi}{6}$ （3） $\dfrac{7^n}{3^n-1}$

（4） $\dfrac{3^n}{4^n+(-2)^n}$

数列 $\{a_n\}$ の項 a_n, a_{n+1}, a_{n+2} などの間に成り立つ関係式を用いて, 数列の各項が次々に求められるとき, その関係式を数列 $\{a_n\}$ の**漸化式**という. 例えば, 数列 $\{a_n\}$ について

$$a_{n+1}=a_n+n$$

という漸化式があれば, 初項 $a_1=1$ が与えられたとき,

$$a_2=a_1+1=1+1=2,$$
$$a_3=a_2+2=2+2=4,$$
$$a_4=a_3+3=4+3=7$$
$$\vdots$$

のように, 順次 $a_2, a_3, a_4, \ldots$ を求めていくことができる.

例題 2.5

数列 $\{a_n\}$ が次の条件によって定義されるとき，第 n 項 a_n を n の式で表し，$\lim_{n\to\infty} a_n$ を求めよ．

$$a_1 = 1, \quad a_{n+1} = \frac{1}{2}a_n + 3$$

【解】 与えられた漸化式は $a_{n+1} - 6 = \frac{1}{2}(a_n - 6)$ のように変形されるから，$b_n = a_n - 6$ とおくと

$$b_1 = a_1 - 6 = -5, \quad b_{n+1} = \frac{1}{2}b_n.$$

よって，数列 $\{b_n\}$ は初項 $b_1 = -5$，公比 $\frac{1}{2}$ の等比数列で $b_n = -5\left(\frac{1}{2}\right)^{n-1}$ となる．したがって，$a_n = -5\left(\frac{1}{2}\right)^{n-1} + 6$ である．

また，$\lim_{n\to\infty}\left(\frac{1}{2}\right)^{n-1} = 0$ であるから，$\lim_{n\to\infty} a_n = 6$ となる．

▶ **発展** $f(x) = \frac{1}{2}x + 3$ とおくと，上の例題 2.5 で与えられた漸化式は

$$(*) \qquad a_{n+1} = f(a_n)$$

と表される．したがって，2 直線

$$y = \frac{1}{2}x + 3, \quad y = x$$

を利用すると，$a_1, a_2, a_3, a_4, \ldots$ は右図のように次々と求められる．また，数列 $\{a_n\}$ の極限値 6 は，2 直線の交点の x 座標に等しい．一般に，漸化式 $(*)$ で与えられる数列 $\{a_n\}$ の極限値 α は，$\alpha = f(\alpha)$ をみたす．

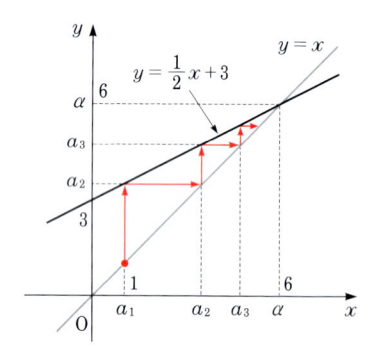

◆ **問 2.6** $a_1 = 2$, $a_{n+1} = -\frac{1}{3}a_n + 1$ で定義される数列 $\{a_n\}$ の極限を求めよ．

2.3　無限級数

数列 $\{a_n\}$ において，初項 a_1 から第 n 項 a_n までの和 $a_1+a_2+a_3+\cdots+a_n$ を $\sum_{k=1}^{n} a_k$ と書く．すなわち，この記号は k が $1, 2, 3, \ldots, n$ と変わるときの a_k の値をすべて加えた和を表す．例えば，

$$\sum_{k=1}^{n} k = 1+2+3+\cdots+n, \qquad \sum_{k=1}^{n} 1 = 1+1+1+\cdots+1 = n$$

である．このとき，次の計算規則が成り立つ：

$$\sum_{k=1}^{n}(a_k+b_k) = \sum_{k=1}^{n} a_k + \sum_{k=1}^{n} b_k, \qquad \sum_{k=1}^{n} ca_k = c\sum_{k=1}^{n} a_k \quad (c \text{ は定数}).$$

◆ 問 **2.7**　上の計算規則が成り立つことを確かめよ．

無限数列 $\{a_n\}$ の各項を和の記号 $+$ で結んだ式

$$(3.1) \qquad a_1 + a_2 + a_3 + \cdots + a_n + \cdots$$

を**無限級数**または単に**級数**という．(3.1) を $\sum_{n=1}^{\infty} a_n$ と書くこともある．

(3.1) は無限数列 $\{a_n\}$ のすべての項を加え合わせることを意味するように思われるが，実際に無限個のものを加えることはできない．そこで，無限級数の意味を次のように考えよう．級数の初めの n 項の和

$$S_n = \sum_{k=1}^{n} a_k = a_1 + a_2 + a_3 + \cdots + a_n$$

を級数の**第 n 部分和**という．数列の第 n 項 a_n と第 n 部分和 S_n の間には，次の関係式が成り立つ：

$$a_n = S_n - S_{n-1} \quad (n \geqq 2), \qquad a_1 = S_1.$$

◆ 問 **2.8**　上の関係式が成り立つことを示せ．

部分和からなる無限数列

(3.2) $$S_1, S_2, S_3, \ldots, S_n, \ldots$$

が一定の値 S に収束するとき，級数 $\sum_{n=1}^{\infty} a_n$ は**収束する**といい，S をこの級数の**和**という．これを次のように書き表す：

$$\sum_{n=1}^{\infty} a_n = a_1 + a_2 + a_3 + \cdots + a_n + \cdots = S.$$

また，無限数列 (3.2) が発散するとき，級数 $\sum_{n=1}^{\infty} a_n$ は**発散する**という．

例題 2.6

次の級数は収束するか．収束するときはその和を求めよ．

（1） $1 + (-1) + 1 + (-1) + \cdots$

（2） $\dfrac{1}{1 \cdot 2} + \dfrac{1}{2 \cdot 3} + \dfrac{1}{3 \cdot 4} + \cdots + \dfrac{1}{n(n+1)} + \cdots$

【解】 第 n 部分和を S_n で表す．

（1） n が奇数のとき $S_n = 1$，n が偶数のとき $S_n = 0$ である．よって，数列 $\{S_n\}$ は発散 (振動) するから，級数は発散する．

（2）
$$\begin{aligned}
S_n &= \sum_{k=1}^{n} \frac{1}{k(k+1)} = \sum_{k=1}^{n} \left(\frac{1}{k} - \frac{1}{k+1} \right) \\
&= \left(\frac{1}{1} - \frac{1}{2} \right) + \left(\frac{1}{2} - \frac{1}{3} \right) + \left(\frac{1}{3} - \frac{1}{4} \right) + \cdots + \left(\frac{1}{n} - \frac{1}{n+1} \right) \\
&= 1 - \frac{1}{n+1}.
\end{aligned}$$

よって，$\lim_{n \to \infty} S_n = 1$ である．すなわち，

$$\sum_{n=1}^{\infty} \frac{1}{n(n+1)} = 1.$$

◆ 問 **2.9** 次の級数は収束するか．収束するときはその和を求めよ．

(1) $\dfrac{1}{1\cdot 3} + \dfrac{1}{2\cdot 4} + \dfrac{1}{3\cdot 5} + \cdots + \dfrac{1}{n(n+2)} + \cdots$

(2) $\dfrac{1}{\sqrt{2}+\sqrt{1}} + \dfrac{1}{\sqrt{3}+\sqrt{2}} + \cdots + \dfrac{1}{\sqrt{n+1}+\sqrt{n}} + \cdots$

等比数列から作られる級数を**等比級数**という．等比数列の初項を a，公比を r とすると，等比級数は次のように表される：

(3.3) $\qquad\qquad a + ar + ar^2 + ar^3 + \cdots + ar^{n-1} + \cdots.$

$a \neq 0$ のとき，等比級数 (3.3) の収束・発散について調べよう．(3.3) の第 n 部分和を S_n とすると

(3.4) $\qquad\qquad S_n = \begin{cases} \dfrac{a(1-r^n)}{1-r} & (r \neq 1 \text{ のとき}), \\ na & (r = 1 \text{ のとき}) \end{cases}$

である．よって，$|r| < 1$ のときは $\lim\limits_{n\to\infty} r^n = 0$ であるから，

$$\lim_{n\to\infty} S_n = \frac{a(1-0)}{1-r} = \frac{a}{1-r}.$$

したがって，級数 (3.3) は $\dfrac{a}{1-r}$ に収束する．一方，$|r| \geqq 1$ のときは $\{S_n\}$ は収束せず，級数 (3.3) は発散する．したがって，初項が $a\ (\neq 0)$，公比が r の等比級数は，$|r| < 1$ のときに限り収束して，その和は

$$\sum_{n=1}^{\infty} ar^{n-1} = a + ar + ar^2 + ar^3 + \cdots + ar^{n-1} + \cdots = \frac{a}{1-r}$$

となる．例えば，初項 1，公比 $\dfrac{1}{2}$ の等比級数は収束して，その和は

$$1 + \frac{1}{2} + \frac{1}{2^2} + \frac{1}{2^3} + \cdots + \frac{1}{2^{n-1}} + \cdots = \frac{1}{1 - \dfrac{1}{2}} = 2.$$

◆ 問 **2.10** 等比級数 (3.3) の第 n 部分和 S_n が (3.4) で与えられることを示せ．

◆ 問 2.11 次の無限等比級数の収束・発散を調べよ.

(1) $\displaystyle\sum_{n=1}^{\infty} 3\left(-\frac{1}{2}\right)^{n-1}$ (2) $\displaystyle\sum_{n=1}^{\infty} 2\left(\frac{5}{3}\right)^{n-1}$ (3) $-2+2-2+2-\cdots$

無限級数の収束・発散について，次の定理が成り立つ.

定理 2.3
数列 $\{a_n\}$ が 0 に収束しなければ，無限級数 $\displaystyle\sum_{n=1}^{\infty} a_n$ は発散する.

【証明】 無限級数 $\displaystyle\sum_{n=1}^{\infty} a_n$ が収束するならば $\displaystyle\lim_{n\to\infty} a_n = 0$ が成り立つことを示せばよい. 無限級数 $\displaystyle\sum_{n=1}^{\infty} a_n$ は収束し，その和を S としよう. $\displaystyle\sum_{n=1}^{\infty} a_n$ の第 n 部分和を S_n とすると，$a_n = S_n - S_{n-1}$ ($n \geqq 2$) であるから,

$$\lim_{n\to\infty} a_n = \lim_{n\to\infty}(S_n - S_{n-1}) = \lim_{n\to\infty} S_n - \lim_{n\to\infty} S_{n-1} = S - S = 0.\ ∎$$

◆ 問 2.12 「数列 $\{a_n\}$ が 0 に収束すれば，無限級数 $\displaystyle\sum_{n=1}^{\infty} a_n$ は収束する」は正しいか. 正しければ証明し，そうでなければ反例をあげよ.

例題 2.7
無限級数 $1 + \dfrac{2}{3} + \dfrac{3}{5} + \dfrac{4}{7} + \cdots$ の収束・発散を調べよ.

【解】 この級数の第 n 項は $\dfrac{n}{2n-1}$ である.

$$\lim_{n\to\infty} \frac{n}{2n-1} = \lim_{n\to\infty} \frac{1}{2-\dfrac{1}{n}} = \frac{1}{2} \neq 0$$

であるから，級数は発散する. ∎

◆ 問 2.13 無限級数 $\dfrac{1}{2} - \dfrac{2}{3} + \dfrac{3}{4} - \dfrac{4}{5} + \cdots$ の収束・発散を調べよ.

31 ページの定理 2.1 より，次の定理が成り立つことがわかる．

定理 2.4

無限級数 $\sum_{n=1}^{\infty} a_n$, $\sum_{n=1}^{\infty} b_n$ が収束するとき，

$$\sum_{n=1}^{\infty}(a_n + b_n) = \sum_{n=1}^{\infty} a_n + \sum_{n=1}^{\infty} b_n, \quad \sum_{n=1}^{\infty} ca_n = c\sum_{n=1}^{\infty} a_n \quad (c \text{ は定数}).$$

例題 2.8

無限級数 $\sum_{n=1}^{\infty} \dfrac{1+2^n}{3^n}$ の和を求めよ．

【解】 無限等比級数 $\sum_{n=1}^{\infty} \dfrac{1}{3^n}$, $\sum_{n=1}^{\infty} \left(\dfrac{2}{3}\right)^n$ の公比は，それぞれ $\dfrac{1}{3}$, $\dfrac{2}{3}$ であるから，これらはともに収束し，

$$\sum_{n=1}^{\infty} \frac{1}{3^n} = \frac{\frac{1}{3}}{1-\frac{1}{3}} = \frac{1}{2}, \quad \sum_{n=1}^{\infty} \left(\frac{2}{3}\right)^n = \frac{\frac{2}{3}}{1-\frac{2}{3}} = 2$$

である．したがって，

$$\sum_{n=1}^{\infty} \frac{1+2^n}{3^n} = \sum_{n=1}^{\infty} \frac{1}{3^n} + \sum_{n=1}^{\infty} \left(\frac{2}{3}\right)^n = \frac{1}{2} + 2 = \frac{5}{2}.$$

◆ 問 2.14 無限級数 $\sum_{n=1}^{\infty} \dfrac{2^n - 3^n}{4^n}$ の和を求めよ．

練 習 問 題

2.1 次の数列の極限を調べよ．

（1） $\dfrac{n^2 + 3n - 5}{n - 2n^2}$ 　　（2） $\dfrac{n}{\sqrt{n}+1}$ 　　（3） $\sin\dfrac{n\pi}{2}$

2.2 次の式で定義される数列の極限が存在すれば，その値を求めよ．

（1） $a_1 = 0$, $a_{n+1} = -\dfrac{1}{2}a_n + 3$ 　　（2） $a_1 = 3$, $a_{n+1} = 2a_n - 6$

2.3 次の式で定義される数列の極限値を予想せよ．

（1） $a_1 = c$, $a_{n+1} = \sqrt{a_n + 1}$ 　$(c \geqq -1)$

（2） $a_1 = c$, $a_{n+1} = \dfrac{3a_n + 4}{2a_n + 3}$ 　$(2c + 3 \neq 0)$

2.4 n を正の整数とするとき，次の問に答えよ．

（1） $\sqrt[n]{n} < 1 + \sqrt{\dfrac{2}{n}}$ が成り立つことを示せ． 　　（2） $\displaystyle\lim_{n \to \infty} \sqrt[n]{n}$ を求めよ．

2.5 （1） 次の和の公式が成り立つことを示せ．

（i） $\displaystyle\sum_{k=1}^{n} k = \dfrac{1}{2}n(n+1)$ 　　（ii） $\displaystyle\sum_{k=1}^{n} k^2 = \dfrac{1}{6}n(n+1)(2n+1)$

（iii） $\displaystyle\sum_{k=1}^{n} k^3 = \left\{\dfrac{1}{2}n(n+1)\right\}^2$

（2） 次の極限値を求めよ．

（i） $\displaystyle\lim_{n \to \infty} \dfrac{1^2 + 2^2 + 3^2 + \cdots + n^2}{n^3}$ 　　（ii） $\displaystyle\lim_{n \to \infty} \dfrac{1^3 + 2^3 + 3^3 + \cdots + n^3}{n^4}$

2.6 次の級数の収束・発散を調べよ．

$$1 - \dfrac{1}{3} + \dfrac{1}{3} - \dfrac{1}{5} + \dfrac{1}{5} - \cdots + \dfrac{1}{2n-1} - \dfrac{1}{2n+1} + \cdots$$

2.7 無限級数 $\displaystyle\sum_{n=1}^{\infty} \left(\dfrac{1}{2}\right)^n \sin\dfrac{n\pi}{2}$ の和を求めよ．

2.8 無限級数

$$x + x(1-x) + x(1-x)^2 + x(1-x)^3 + \cdots$$

が収束するように x の値の範囲を定め，そのときの級数の和を求めよ．

2.9 1辺の長さが 1 の正方形 R_1 に内接する円を C_1 とし，C_1 に内接する正方形を R_2 とし，R_2 に内接する円を C_2 とする．このようにして，次々に接する正方形と円を $R_1, C_1, R_2, C_2, R_3, C_3, \ldots$ と作っていくとき，円周の長さの総和を求めよ．

第 3 章

微 分 法

　この章では，1変数関数の微分法を取り扱う．まず，関数の極限と連続性について述べ，微分係数の定義を説明する．次に，微分に関する基本的な計算公式を調べ，3角関数，指数関数，対数関数の微分法について述べる．また，微分法の応用として，関数の増減と極値，凹凸と変曲点に関する基本的な問題を扱い，関数のグラフを描く方法を説明する．さらに，関数を多項式で近似するテイラー展開，パラメータ表示された曲線について述べる．

3.1　微分法の考え方

　1次関数 $y = mx + n$ において，x の値が a から b まで変化すると，y の値は $ma + n$ から $mb + n$ まで変化する．このとき，x の変化量 $b - a$ に対する y の変化量は $(mb + n) - (ma + n)$ であって，その割合は

$$\frac{(mb+n)-(ma+n)}{b-a} = \frac{m(b-a)}{b-a} = m$$

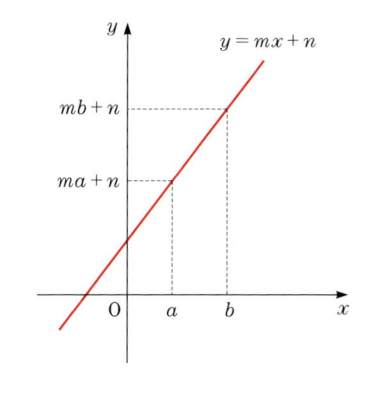

となり，m は a, b の選び方によらず決まる．したがって，1次関数 $y = mx + n$

は常に一定の割合で変化し，それは「直線の傾き」m の値で特徴づけられていることがわかる．

一般の関数 $y = f(x)$ についても，関数の変化の様子を何らかの値で特徴づけられないだろうか．ただし，一般の関数は，1次関数と違って常に一定の割合で変化しているとは限らないことに問題の難しさがある．

関数 $y = f(x)$ において，x の値が a から b まで変化すると，y の値は $f(a)$ から $f(b)$ まで変化する．このとき，x の変化量 $b - a$ に対する y の変化量の割合は

$$\frac{f(b) - f(a)}{b - a}$$

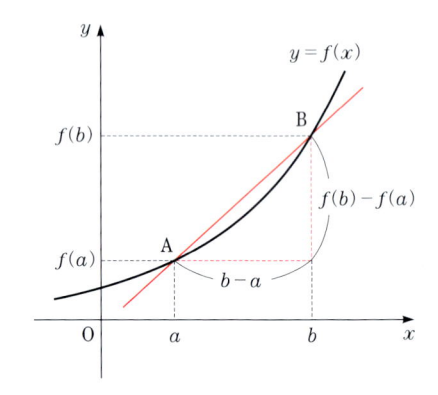

で表される．これを，x が a から b まで変化するときの，関数 $f(x)$ の**平均変化率**という．$y = f(x)$ のグラフにおいて，この平均変化率は，グラフ上の2点 A$(a, f(a))$，B$(b, f(b))$ を結ぶ直線 AB の傾きを表している．

例えば，関数 $f(x) = x^2$ において，x の値が1から3まで変化するときの平均変化率は

$$\frac{f(3) - f(1)}{3 - 1} = \frac{3^2 - 1^2}{3 - 1} = \frac{8}{2} = 4$$

である．

◆ 問 3.1　関数 $f(x) = x^2$ において，x の値が1から4まで変化するときの平均変化率，および x の値が -1 から3まで変化するときの平均変化率を求めよ．

x が a から b まで変化するときの，関数 $f(x)$ の平均変化率は，a, b の選び方によって異なる．いま，a を固定しておいて，b の値を a からほんの少しだけ離れたところに選んだときの平均変化率を調べてみよう．

3.1 微分法の考え方

例えば，関数 $f(x) = x^2$ において，x の値が 1 から $1+h$ まで，h ($\neq 0$ であれば，正・負のどちらでもよい) だけ変化するときの平均変化率は

$$\frac{f(1+h) - f(1)}{(1+h) - 1} = \frac{(1+h)^2 - 1^2}{h} = \frac{(2+h)h}{h} = 2 + h$$

である．ここで，h に

$$0.1, \quad 0.01, \quad 0.001, \quad 0.0001, \quad 0.00001, \quad \ldots$$

を代入して，$1+h$ を

$$1.1, \quad 1.01, \quad 1.001, \quad 1.0001, \quad 1.00001, \quad \ldots$$

のように，1 より大きい側からだんだん 1 に近づけていくと，x の値が 1 から $1+h$ まで，変化するときの平均変化率は，次のようになる．

$1+h$	1.1	1.01	1.001	1.0001	1.00001	$\cdots$
平均変化率	2.1	2.01	2.001	2.0001	2.00001	$\cdots$

この表からもわかるように，$1+h$ が 1 に，すなわち h が 0 に限りなく近づくと，平均変化率は一定の値 2 に限りなく近づく．また，h が負の値をとり，$1+h$ が

$$0.9, \quad 0.99, \quad 0.999, \quad 0.9999, \quad 0.99999, \quad \ldots$$

のように，1 より小さい側から 1 に限りなく近づくときも，平均変化率はやはり一定の値 2 に限りなく近づくことも同様にわかるだろう．

一般の関数 $y = f(x)$ において，x の値が a から $a+h$ まで変化するときの平均変化率

$$m = \frac{f(a+h) - f(a)}{(a+h) - a} = \frac{f(a+h) - f(a)}{h}$$

を考える．h が 0 と異なる値をとりながら，限りなく 0 に近づくとき，m の値が限りなく一定の値に近づくならば，その値を，関数 $f(x)$ の $x = a$ における**微分係数**または**変化率**といい，$f'(a)$ で表す．

例えば，関数 $f(x) = x^2$ の $x = 1$ における微分係数は，上に述べたことから，$f'(1) = 2$ である．

◆問 **3.2** 関数 $f(x) = x^2$ の $x = -1$ および $x = 0$ における微分係数がそれぞれ $f'(-1) = -2$ および $f'(0) = 0$ で与えられることを確かめよ．

次に，関数 $f(x)$ の $x = a$ における微分係数 $f'(a)$ の意味を考えよう．関数 $y = f(x)$ において，x が a から $a + h$ まで変化するときの平均変化率

$$\frac{f(a+h) - f(a)}{h}$$

は，関数 $y = f(x)$ のグラフ上の 2 点 $\mathrm{A}(a, f(a))$, $\mathrm{P}(a+h, f(a+h))$ を通る直線 AP の傾きである．h が 0 に限りなく近づくとき，点 P は曲線 $y = f(x)$ に沿って点 A に限りなく近づき，直線 AP は点 A を通る 1 つの直線 ℓ に限りなく近づくとする．このとき，関数 $y = f(x)$ のグラフを点 $\mathrm{A}(a, f(a))$ の十分近くで見れば，点 A を通る傾き $f'(a)$ の直線 ℓ とほとんど同じように見えるだろう．

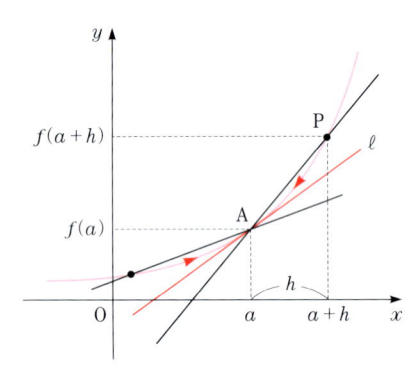

直線 ℓ を点 A における曲線 $y = f(x)$ の**接線**といい，点 A をその**接点**という．関数 $f(x)$ の $x = a$ における微分係数 $f'(a)$ は，曲線 $y = f(x)$ 上の点 $\mathrm{A}(a, f(a))$ における接線の傾きを表し，関数 $f(x)$ の $x = a$ における瞬間的な変化の割合を与える．

3.2　関数の極限

関数 $y = f(x)$ の $x = a$ における変化の様子は，関数 $f(x)$ の $x = a$ における微分係数 $f'(a)$ の値を求めればわかる．

さて，微分係数を求める過程をふり返ってみると，限りなく近づくという考えがたびたび現れることに気がつく．そこで，次の定義をおくことにする．

定義 3.1

関数 $y = f(x)$ において，x が a と異なる値をとりながら a に限りなく近づくとき，$f(x)$ がある一定の値 α に限りなく近づくならば，x が a に近づくとき $f(x)$ は α に**収束する**といい，次のように書き表す：

$$\lim_{x \to a} f(x) = \alpha \qquad または，\qquad x \to a \text{ のとき}, \; f(x) \to \alpha.$$

また，α を，x が a に限りなく近づくときの $f(x)$ の**極限値**という．

例題 3.1

次の極限値を求めよ．

（1） $\displaystyle\lim_{x \to 2}(x^2 - 4x)$ 　　　（2） $\displaystyle\lim_{x \to 1}(2x + 1)(x - 3)$

【解】（1）x は 2 と異なる値をとりながら，2 に限りなく近づく．そこで，$x = 2.1, 2.01, 2.001, 2.0001, \ldots$ を $f(x) = x^2 - 4x$ に代入して計算すると

x	2.1	2.01	2.001	2.0001	$\cdots$
$f(x)$	-3.99	-3.9999	-3.999999	-3.99999999	$\cdots$

これより，$x \to 2$ のとき $f(x) \to -4$ であると考えられる．

ところで，$x \to 2$ のとき，x の値はほぼ 2 に等しいと考えて，単純に $f(x)$ に $x = 2$ を代入した

$$f(2) = 2^2 - 4 \cdot 2 = -4$$

を求める極限値であると考えてもよさそうである．しかし，x は 2 と異なる値をとりながら，2 に限りなく近づいているので，$f(x)$ に $x = 2$ を代入することは望ましくない．そこで，次のように考えてみよう．$x = 2 + h$ とおき，h は 0 に近い十分小さな数であるとする．このとき，

$$f(2+h) = (2+h)^2 - 4(2+h) = (4 + 4h + h^2) - (8 + 4h) = -4 + h^2.$$

ここで，h は十分小さい数であるから，h^2 も十分小さな数である（$|h| < 1$ のとき，$|h|^2 < |h|$）．よって，h を限りなく 0 に近づければ，$f(2+h)$ は -4 に限りなく近づく．すなわち，$h \to 0$ のとき $f(2+h) \to -4$ である．これは，$x \to 2$ のとき $f(x) \to -4$ であることを意味する．

（2） $x = 1 + h$ とおく．

$$(2x+1)(x-3) = \{2(1+h) + 1\}\{(1+h) - 3\}$$
$$= (3 + 2h)(-2 + h) = -6 - h + 2h^2$$

であるから，

$$\lim_{x \to 1}(2x+1)(x-3) = \lim_{h \to 0}(-6 - h + 2h^2) = -6.$$

▶ **注意** 関数の極限 $\lim_{x \to a} f(x)$ を考えるとき，x はほぼ a に近いと考えて $f(x)$ に $x = a$ を代入し，求める極限値は $f(a)$ であると結論することは必ずしも正しくない．そのように考えてよい場合は，$f(x)$ が連続関数（正確には，$f(x)$ が $x = a$ で連続，54 ページ）のときである．高等学校までに学ぶ関数の大半は，連続関数である．

◆ **問 3.3** 次の極限値を求めよ．
（1） $\lim_{x \to 0}(3x^2 - 2x + 1)$ （2） $\lim_{x \to -1}(x-1)(x^2 - 3)$ （3） $\lim_{x \to 2}\dfrac{x-1}{x+2}$

関数の極限値について，次の性質が成り立つことが知られている．

定理 3.1

$\lim_{x \to a} f(x) = \alpha$, $\lim_{x \to a} g(x) = \beta$ のとき，

（1） $\lim_{x \to a} \{f(x) + g(x)\} = \alpha + \beta$

（2） $\lim_{x \to a} cf(x) = c\alpha$　ただし，c は定数

（3） $\lim_{x \to a} f(x)g(x) = \alpha\beta$

（4） $\lim_{x \to a} \dfrac{f(x)}{g(x)} = \dfrac{\alpha}{\beta}$　ただし，$\beta \neq 0$

（5） $f(x) \leqq g(x)$ ならば，$\alpha \leqq \beta$

$\lim_{x \to a} g(x) = 0$ のときは，定理 3.1（4）は適用できないが，さらに $\lim_{x \to a} f(x) = 0$ であるときには，次の例題のように極限値が求められる場合がある．

例題 3.2

$\lim_{x \to 2} \dfrac{x^2 - 4}{x - 2}$ を求めよ．

【解】 $\lim_{x \to 2}(x - 2) = 0$ であるから，定理 3.1（4）は使えない．しかし，

$$x \neq 2 \text{ のとき}, \quad \frac{x^2 - 4}{x - 2} = \frac{(x+2)(x-2)}{x-2} = x + 2$$

であるから，

$$\lim_{x \to 2} \frac{x^2 - 4}{x - 2} = \lim_{x \to 2}(x + 2) = 4.$$

◆問 3.4　次の極限値を求めよ．

（1） $\lim_{x \to 0} \dfrac{x^2 - 6x}{x^2 + 3x}$　　（2） $\lim_{x \to -1} \dfrac{x^2 + 5x + 4}{x^2 - 1}$　　（3） $\lim_{x \to 1} \dfrac{x^3 - 1}{x - 1}$

これまでは，関数 $f(x)$ において，x がある一定の値 a に限りなく近づくときの極限を考えてきた．次に，x が限りなく大きくなるときの極限を考えよう．

定義 3.2

関数 $f(x)$ において，x の値が限りなく大きくなるとき，関数 $f(x)$ の値が一定の値 α に限りなく近づくならば，$f(x)$ は α に収束するといい，次のように書き表す：

$$\lim_{x \to \infty} f(x) = \alpha \qquad \text{または，} \qquad x \to \infty \text{ のとき，} f(x) \to \alpha.$$

また，α を，x が限りなく大きくなるときの $f(x)$ の極限値という．

x の値が負で，その絶対値が限りなく大きくなることを $x \to -\infty$ で表す．この場合の極限値 $\lim_{x \to -\infty} f(x)$ についても同様に考えることができる．また，ここで定義した極限値にも，定理 3.1 と同様の性質がある．

例題 3.3

次の極限値を求めよ．

（1）$\displaystyle\lim_{x \to \infty} \frac{1}{x}$　　　（2）$\displaystyle\lim_{x \to -\infty} \frac{2x^2 + 3x - 1}{x^2 + 1}$

【解】（1）x の値が $x = 1, 10, 100, 1000, 10000, \ldots$ のように限りなく大きくなっていくとき，$\dfrac{1}{x}$ の値は

$$1, \quad 0.1, \quad 0.01, \quad 0.001, \quad 0.0001, \quad \ldots$$

のように，0 に限りなく近づく．よって，$\displaystyle\lim_{x \to \infty} \frac{1}{x} = 0$．

（2）$\displaystyle\lim_{x \to -\infty} \frac{1}{x} = \lim_{x \to -\infty} \frac{1}{x^2} = 0$ であるから，

$$\lim_{x \to -\infty} \frac{2x^2 + 3x - 1}{x^2 + 1} = \lim_{x \to -\infty} \frac{2 + \dfrac{3}{x} - \dfrac{1}{x^2}}{1 + \dfrac{1}{x^2}} = \frac{2}{1} = 2.$$

3.2 関数の極限

◆ 問 **3.5** 次の極限値を求めよ．

(1) $\displaystyle \lim_{x \to \infty} \frac{2x-3}{x+1}$ (2) $\displaystyle \lim_{x \to -\infty} \frac{3x+1}{4x-2}$

(3) $\displaystyle \lim_{x \to \infty} \frac{x^2}{(x-1)(2+x)}$ (4) $\displaystyle \lim_{x \to -\infty} \frac{x^2-3x+2}{2x^2-5}$

例題 3.4

$\displaystyle \lim_{x \to \infty} \left(\sqrt{x^2+1} - x \right)$ を求めよ．

【解】 $\displaystyle \lim_{x \to \infty} \left(\sqrt{x^2+1} - x \right) = \lim_{x \to \infty} \frac{\left(\sqrt{x^2+1}-x\right)\left(\sqrt{x^2+1}+x\right)}{\sqrt{x^2+1}+x}$

$\displaystyle \qquad\qquad = \lim_{x \to \infty} \frac{1}{\sqrt{x^2+1}+x} = 0.$

◆ 問 **3.6** 次の極限値を求めよ．

(1) $\displaystyle \lim_{x \to \infty} \left(\sqrt{x+3} - \sqrt{x} \right)$ (2) $\displaystyle \lim_{x \to \infty} \frac{\sqrt{2x^2-1}}{3x}$

(3) $\displaystyle \lim_{x \to \infty} \frac{1}{\sqrt{x^2+x}-x}$

関数の極限には，上記以外のものも考えられる．例えば，$\displaystyle \lim_{x \to a} f(x) = \infty$ が，「$x \to a$ のとき関数 $f(x)$ の値が限りなく大きくなる」ことを意味することは容易にわかるだろう．この場合，$x \to a$ のとき，関数 $f(x)$ は**正の無限大に発散**するという．同様に，$\displaystyle \lim_{x \to a} f(x) = -\infty$ は，$x \to a$ のとき，関数 $f(x)$ の値が負で，その絶対値が限りなく大きくなることを意味している．この場合，$x \to a$ のとき関数 $f(x)$ は**負の無限大**に発散するという．例えば，

$$\lim_{x \to 0} \frac{1}{x^2} = \infty, \quad \lim_{x \to 0} \left(-\frac{1}{|x|} \right) = -\infty$$

である．

◆ 問 **3.7** $\displaystyle \lim_{x \to a} f(x) = \infty$ の意味を述べ，そのような例を 1 つあげよ．また，$\displaystyle \lim_{x \to \infty} f(x) = -\infty$, $\displaystyle \lim_{x \to -\infty} f(x) = \infty$ などについてはどうか．

関数 $f(x)$ について，

$$\lim_{x \to a} f(x) = \alpha, \quad \lim_{x \to a} f(x) = \infty, \quad \lim_{x \to a} f(x) = -\infty$$

のいずれでもない場合，$x \to a$ のときの関数 $f(x)$ の**極限はない**という．

例えば，関数 $f(x) = \dfrac{1}{x}$ において，x が正の値をとりながら，0 に限りなく近づくとき，$f(x) \to \infty$ となり，x が負の値をとりながら，0 に限りなく近づくとき，$f(x) \to -\infty$ となる．よって，$x \to 0$ のときの $f(x) = \dfrac{1}{x}$ の極限はない．

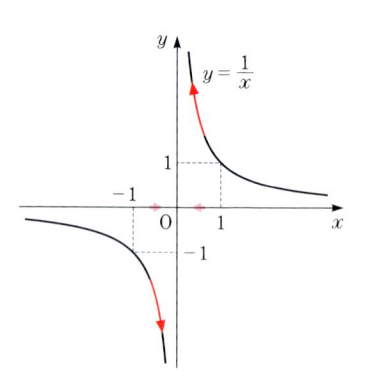

一般に，x がある値 a に限りなく近づくとき，

$\quad a$ より**大きい値**をとりながら a に近づく場合には，$x \to a + 0$

$\quad a$ より**小さい値**をとりながら a に近づく場合には，$x \to a - 0$

と書く．とくに，$a = 0$ の場合には，簡単に $x \to +0$, $x \to -0$ と書く．

$x \to a + 0$, $x \to a - 0$ のときの $f(x)$ の極限を，それぞれ x が a に近づくときの $f(x)$ の**右側極限**，**左側極限**といい，記号 $\lim\limits_{x \to a+0} f(x)$, $\lim\limits_{x \to a-0} f(x)$ で書き表す[1]．例えば，

$$\lim_{x \to 1+0} \frac{1}{x-1} = \infty, \quad \lim_{x \to 1-0} \frac{1}{x-1} = -\infty$$

である．実際，$h = x - 1$ とおくと，$x \to 1 + 0$ のとき，$h \to +0$ であるから

$$\lim_{x \to 1+0} \frac{1}{x-1} = \lim_{h \to +0} \frac{1}{h} = \infty.$$

$\lim\limits_{x \to 1-0} \dfrac{1}{x-1} = -\infty$ も同様にして示すことができる．

---

[1] 右側極限などのように，近づく方向を指定しない限り，極限といえば，両側からのものを考える．

例題 3.5

$\lim_{x \to 0} \dfrac{|x|}{x}$ を調べよ．

【解】 絶対値を場合分けして扱う．

$$\lim_{x \to +0} \dfrac{|x|}{x} = \lim_{x \to +0} \dfrac{x}{x} = \lim_{x \to +0} 1 = 1,$$

$$\lim_{x \to -0} \dfrac{|x|}{x} = \lim_{x \to -0} \dfrac{-x}{x} = \lim_{x \to -0} (-1) = -1$$

であるから，$\lim_{x \to 0} \dfrac{|x|}{x}$ は存在しない． ■

上の例題からもわかるように，$\lim_{x \to a} f(x)$ が存在するのは，$\lim_{x \to a+0} f(x)$ と $\lim_{x \to a-0} f(x)$ が存在して，それらが一致するときに限る．すなわち，

$$\lim_{x \to a} f(x) = \alpha \iff \lim_{x \to a+0} f(x) = \lim_{x \to a-0} f(x) = \alpha.$$

◆ **問 3.8** 次の極限を調べよ．

(1) $\lim_{x \to 2+0} \dfrac{x}{x-2}$ （ 2) $\lim_{x \to 2-0} \dfrac{x}{x-2}$ (3) $\lim_{x \to -0} \dfrac{x^2 + x}{|x|}$

(4) $\lim_{x \to +0} \dfrac{x^2 + x}{|x|}$ (5) $\lim_{x \to 1} \dfrac{|x-1|}{x-1}$ (6) $\lim_{x \to -1} \dfrac{(x+1)^3}{|x+1|}$

定理 3.1 の（5）より，**はさみうちの原理**とよばれる次の定理が導かれる．

定理 3.2

$\lim_{x \to a} f(x) = \lim_{x \to a} g(x) = \alpha$ のとき，

$$f(x) \leqq h(x) \leqq g(x) \quad \text{ならば，} \quad \lim_{x \to a} h(x) = \alpha.$$

上の定理は，$x \to \infty$，$x \to -\infty$ のときにも成り立つ．

例題 3.6

$\displaystyle\lim_{x\to\infty}\frac{\sin x}{x}$ を調べよ．

【解】 $x\to\infty$ であるから，$x>0$ と考えてよい．$x>0$ のとき，$-1\leqq\sin x\leqq 1$ より

$$-\frac{1}{x}\leqq\frac{\sin x}{x}\leqq\frac{1}{x}$$

である．よって，

$$\lim_{x\to\infty}\left(-\frac{1}{x}\right)=0,\quad\lim_{x\to\infty}\frac{1}{x}=0$$

であるから，はさみうちの原理により

$$\lim_{x\to\infty}\frac{\sin x}{x}=0.$$

◆**問 3.9** 次の極限を調べよ．

(1) $\displaystyle\lim_{x\to-\infty}\frac{\cos x}{x}$　　(2) $\displaystyle\lim_{x\to 0}x\sin\frac{1}{x}$

3.3 関数の連続

関数 $f(x)=x^2$ や $f(x)=\cos x$ のグラフは，切れ目なくつながっている．一般に，関数 $y=f(x)$ のグラフが $x=a$ で切れ目なくつながっているとき，極限値 $\displaystyle\lim_{x\to a}f(x)$ は関数値 $f(a)$ と一致する（次ページ図(a)）．

しかし，$x=a$ でグラフが途切れているとき，極限値 $\displaystyle\lim_{x\to a}f(x)$ は存在しないか，または，存在しても $f(a)$ と一致しない（次ページ図(b)〜(d)）．

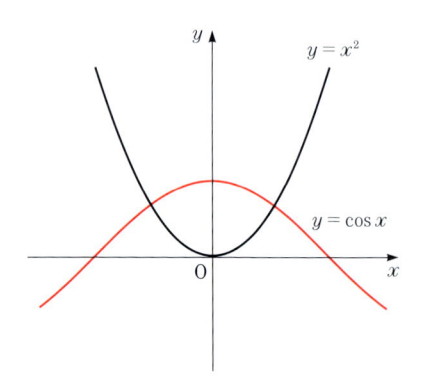

3.3 関数の連続

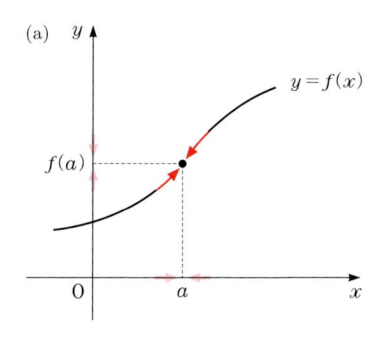

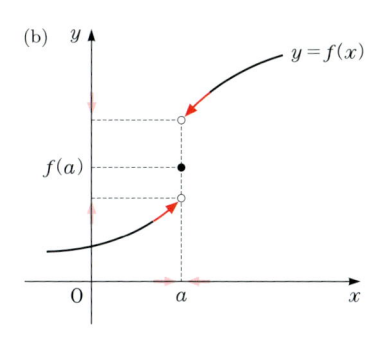

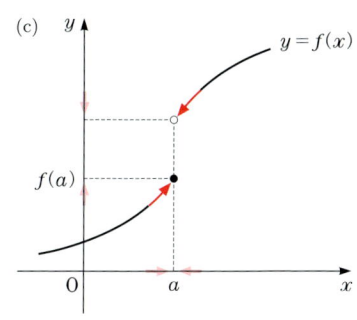

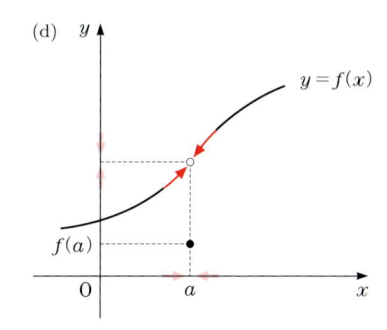

定義 3.3

関数 $f(x)$ が $x=a$ で**連続**であるとは，次の 3 つの条件がみたされているときをいう．

（1） $x=a$ は $f(x)$ の定義域に属する．
（2） 極限値 $\lim_{x \to a} f(x)$ が存在する．
（3） $\lim_{x \to a} f(x) = f(a)$ が成り立つ．

関数 $f(x)$ が $x=a$ で連続でないとき，$f(x)$ は $x=a$ で**不連続**であるという．

▶ **注意** 条件 (3) は，左側極限と右側極限を用いて，

$$\lim_{x \to a-0} f(x) = \lim_{x \to a+0} f(x) = f(a)$$

のように書いてもよい．$f(x)$ が点 a の片側だけで定義される場合は，その片側極限だけを考える．

例題 3.7

次の関数が $x=1$ で連続になるように α の値を定めよ.

$$f(x) = \begin{cases} \dfrac{x^2-4x+3}{x-1} & (x \neq 1 \text{ のとき}), \\ \alpha & (x = 1 \text{ のとき}). \end{cases}$$

【解】 $x \neq 1$ のとき, $\dfrac{x^2-4x+3}{x-1} = \dfrac{(x-1)(x-3)}{x-1} = x-3$ であるから

$$\lim_{x \to 1} f(x) = \lim_{x \to 1}(x-3) = -2.$$

よって, $\lim_{x \to 1} f(x) = f(1)$ となるには, $\alpha = -2$ でなければならない.

◆ 問 3.10 次の関数が $x=0$ で連続になるように α の値を定めよ.

$$f(x) = \begin{cases} x^2+x+1 & (x > 0 \text{ のとき}), \\ \alpha & (x \leqq 0 \text{ のとき}). \end{cases}$$

連続関数は次の性質をもつ.

定理 3.3 (最小値・最大値の存在定理)

閉区間 $[a,b]$ 上で連続な関数は $[a,b]$ において最小値および最大値をとる.

定理 3.4 (中間値の定理)

関数 $f(x)$ が閉区間 $[a,b]$ で連続で, $f(a) \neq f(b)$ のとき, $f(a)$ と $f(b)$ の間にある任意の値 k に対して,

$$f(c) = k \quad (a < c < b)$$

をみたす c が少なくとも 1 つ存在する.

上の2つの定理の証明は省略するが，その意味は下の図を見れば容易に理解できるだろう．

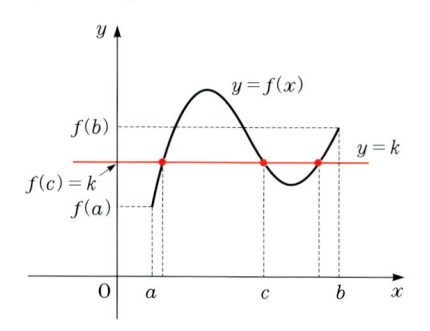

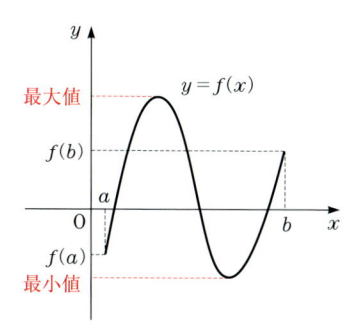

例題 3.8

方程式 $\cos x = x$ は，区間 $\left(0, \dfrac{\pi}{2}\right)$ に実数解をもつことを示せ．

【解】 $f(x) = \cos x - x$ とおくと，$f(x)$ は閉区間 $\left[0, \dfrac{\pi}{2}\right]$ で連続で，

$$f(0) = 1 > 0, \quad f\left(\dfrac{\pi}{2}\right) = -\dfrac{\pi}{2} < 0$$

である．したがって，中間値の定理より $f(x) = 0$ すなわち $\cos x = x$ の実数解が，0 と $\dfrac{\pi}{2}$ の間に少なくとも1つ存在する． ∎

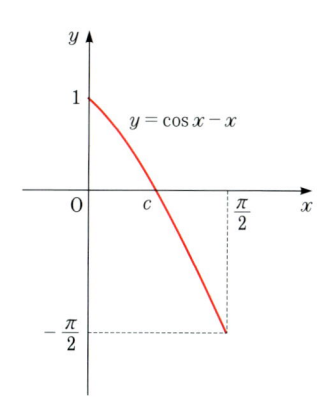

◆ 問 3.11 3次方程式 $x^3 + x^2 - 2x - 1 = 0$ は，区間 $(1, 2)$ に少なくとも1つの実数解をもつことを示せ．

◆ 問 3.12 方程式 $\log_3 x - \dfrac{1}{4}x = 0$ は実数解をもつことを示せ．

3.4 導関数

3.1 節で述べたように,関数 $y = f(x)$ において,x が a から $a+h$ まで変化するときの平均変化率の $h \to 0$ に対する極限値

$$f'(a) = \lim_{h \to 0} \frac{f(a+h) - f(a)}{h}$$

を関数 $f(x)$ の $x = a$ における微分係数または変化率といい,$f'(a)$ で表した.

$x = a + h$ とおくと,$h = x - a$ であって,$h \to 0$ と $x \to a$ は同じことである.よって,上式は次のように書くこともできる:

$$f'(a) = \lim_{x \to a} \frac{f(x) - f(a)}{x - a}.$$

$x = a$ における微分係数が存在するとき,関数 $f(x)$ は $x = a$ において**微分可能**であるという.幾何学的に見ると,微分係数 $f'(a)$ は,関数 $y = f(x)$ によって定まるグラフ上の点 $(a, f(a))$ における**接線の傾き**を表す.

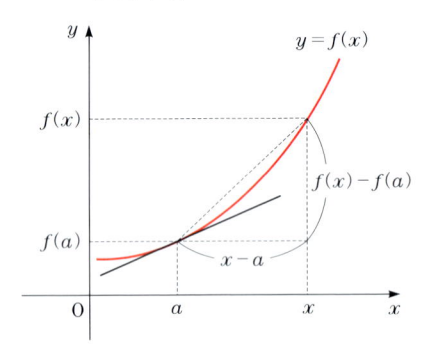

例題 3.9

$f(x) = x^2$ の $x = a$ における微分係数を求めよ.また,$x = -1, 0, 1$ における微分係数を求めよ.

【解】 $x = a$ における微分係数は

$$f'(a) = \lim_{h \to 0} \frac{f(a+h) - f(a)}{h} = \lim_{h \to 0} \frac{(a+h)^2 - a^2}{h}$$

$$= \lim_{h \to 0} \frac{a^2 + 2ah + h^2 - a^2}{h}$$

$$= \lim_{h \to 0} (2a + h) = 2a$$

で与えられる．また，$x = -1, 0, 1$ における微分係数は，上の結果において，$a = -1, 0, 1$ を代入して

$$f'(-1) = -2, \quad f'(0) = 0, \quad f'(1) = 2$$

である． ■

◆ **問 3.13** 1 次関数 $f(x) = mx + n$ の $x = a$ における微分係数は，a の値によらず，$f'(a) = m$ であることを示せ．

◆ **問 3.14** 次の関数 $f(x)$ の $x = a$ における微分係数を求めよ．また，$x = -1, 0, 1$ における微分係数を求めよ．
  (1) $f(x) = x^2 - 2x$ (2) $f(x) = x^3$

関数 $f(x)$ が，ある区間内のすべての x において微分可能であるとき，関数 $f(x)$ はその**区間で微分可能**であるという．このとき，区間内のすべての x に対して，極限

$$\lim_{h \to 0} \frac{f(x+h) - f(x)}{h}$$

が存在する．すなわち，

(4.1) $$f'(x) = \lim_{h \to 0} \frac{f(x+h) - f(x)}{h}$$

が区間内のすべての x に対して定義され，$f'(x)$ は x の関数となる．これを $y = f(x)$ の**導関数**という．導関数は単に y' で表されることも多い．

(4.1) の h を Δx と書いてみよう．x の値が x から $x+\Delta x$ まで，Δx だけ変化したとき，対応する y の値は $\Delta y = f(x+\Delta x) - f(x)$ だけ変化する．Δx を x の増分，Δy を y の増分という[2]．このとき，

$$(4.2) \qquad y' = f'(x) = \lim_{\Delta x \to 0} \frac{\Delta y}{\Delta x} = \lim_{\Delta x \to 0} \frac{f(x+\Delta x) - f(x)}{\Delta x}$$

のようにも書ける．そこで，導関数を

$$\frac{dy}{dx}, \quad \frac{d}{dx}f(x), \quad \frac{df(x)}{dx}$$

などの記号で表すこともある．

関数 $f(x)$ の導関数を求めることを，$f(x)$ を（x について）**微分する**という．

例題 3.10

次の関数を微分せよ．
（1） $f(x) = x$　　　（2） $f(x) = x^2$

【解】　上で見たように，微分係数の定義の書き方は 2 通りある．どちらを用いてもよい．

（1） (4.1) を用いると

$$f'(x) = \lim_{h \to 0} \frac{f(x+h) - f(x)}{h} = \lim_{h \to 0} \frac{(x+h) - x}{h}$$
$$= \lim_{h \to 0} \frac{h}{h} = \lim_{h \to 0} 1 = 1.$$

（2） (4.2) を用いる．

$$\Delta y = f(x+\Delta x) - f(x)$$
$$= x^2 + 2x \cdot \Delta x + (\Delta x)^2 - x^2 = 2x \cdot \Delta x + (\Delta x)^2$$

---

[2]「増分」と書いてあるが，$\Delta x < 0$ にとってもよいし，$\Delta y < 0$ となってもよい．

であるから，

$$f'(x) = \lim_{\Delta x \to 0} \frac{\Delta y}{\Delta x} = \lim_{\Delta x \to 0} \frac{2x \cdot \Delta x + (\Delta x)^2}{\Delta x}$$
$$= \lim_{\Delta x \to 0} (2x + \Delta x) = 2x.$$

◆ **問 3.15** c が定数のとき，関数 $f(x) = c$ の導関数は $f'(x) = 0$ であることを示せ．

◆ **問 3.16** 関数 $f(x) = x^3$ の導関数は $f'(x) = 3x^2$ であることを示せ．

微分可能な関数について，次の定理が成り立つ．

定理 3.5

関数 $f(x)$ が $x = a$ で微分可能ならば，$f(x)$ は $x = a$ で連続である．

【証明】
$$\lim_{x \to a}\{f(x) - f(a)\} = \lim_{x \to a}\left\{\frac{f(x) - f(a)}{x - a} \cdot (x - a)\right\}$$
$$= f'(a) \cdot 0 = 0$$

であるから，$\lim_{x \to a} f(x) = f(a)$ となる．よって，$f(x)$ は $x = a$ で連続である．

定理 3.5 の逆は成り立たないことに注意せよ．すなわち，関数 $f(x)$ が $x = a$ で連続であっても，$f(x)$ は $x = a$ で微分可能とは限らない．例えば，関数

$$f(x) = |x|$$
$$= \begin{cases} x & (x \geq 0), \\ -x & (x < 0) \end{cases}$$

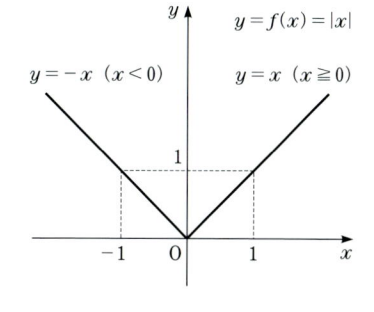

は $x = 0$ で連続であるが，$x = 0$ で微分可能ではない．

3.5 導関数の計算公式

ここでは，導関数を計算するときによく用いられるいくつかの基本的な計算公式について述べる．

定理 3.6

微分可能な関数 $f(x)$, $g(x)$ について，次が成り立つ．
(1)　$\{kf(x)\}' = kf'(x)$　　　　ただし，k は定数
(2)　$\{f(x) + g(x)\}' = f'(x) + g'(x)$,　$\{f(x) - g(x)\}' = f'(x) - g'(x)$

【証明】　ここでは，$\{f(x) + g(x)\}' = f'(x) + g'(x)$ を示す．他の公式も同様にして証明できる．$y = f(x) + g(x)$ とおくと，

$$\Delta y = \{f(x + \Delta x) + g(x + \Delta x)\} - \{f(x) + g(x)\}$$
$$= \{f(x + \Delta x) - f(x)\} + \{g(x + \Delta x) - g(x)\}$$

であるから，

$$y' = \lim_{\Delta x \to 0} \frac{\Delta y}{\Delta x}$$
$$= \lim_{\Delta x \to 0} \left\{ \frac{f(x + \Delta x) - f(x)}{\Delta x} + \frac{g(x + \Delta x) - g(x)}{\Delta x} \right\}$$
$$= f'(x) + g'(x).$$

定理 3.7（積の微分法）

微分可能な関数 $f(x)$, $g(x)$ について，次が成り立つ：

$$\{f(x)g(x)\}' = f'(x)g(x) + f(x)g'(x).$$

【証明】 $y = f(x)g(x)$ とおくと，

$$\Delta y = f(x + \Delta x)g(x + \Delta x) - f(x)g(x)$$
$$= f(x + \Delta x)g(x + \Delta x) - f(x)g(x + \Delta x) + f(x)g(x + \Delta x) - f(x)g(x)$$
$$= \{f(x + \Delta x) - f(x)\}g(x + \Delta x) + f(x)\{g(x + \Delta x) - g(x)\}$$

であるから，

$$\frac{\Delta y}{\Delta x} = \left\{\frac{f(x + \Delta x) - f(x)}{\Delta x} \cdot g(x + \Delta x) + f(x) \cdot \frac{g(x + \Delta x) - g(x)}{\Delta x}\right\}.$$

ここで，$g(x)$ は微分可能であるから，連続であって，$\lim_{\Delta x \to 0} g(x + \Delta x) = g(x)$ が成り立つ．よって，

$$y' = \lim_{\Delta x \to 0} \frac{\Delta y}{\Delta x}$$
$$= \lim_{\Delta x \to 0} \left\{\frac{f(x + \Delta x) - f(x)}{\Delta x} \cdot g(x + \Delta x) + f(x) \cdot \frac{g(x + \Delta x) - g(x)}{\Delta x}\right\}$$
$$= f'(x)g(x) + f(x)g'(x). \quad \blacksquare$$

例題 3.11

n が自然数のとき，$\dfrac{d}{dx}x^n = nx^{n-1}$ が成り立つことを示せ．

【解】 $n = 1$ のときは，$\dfrac{d}{dx}x = \lim_{\Delta x \to 0}\dfrac{\Delta x}{\Delta x} = 1$ である．$n = 2$ のときは，

$$\frac{d}{dx}x^2 = \frac{d}{dx}(x \cdot x) = \left(\frac{d}{dx}x\right) \cdot x + x \cdot \left(\frac{d}{dx}x\right) = 1 \cdot x + x \cdot 1 = 2x.$$

同様に，$n = 3$ のときは，

$$\frac{d}{dx}x^3 = \frac{d}{dx}(x^2 \cdot x) = \left(\frac{d}{dx}x^2\right) \cdot x + x^2 \cdot \left(\frac{d}{dx}x\right) = 2x \cdot x + x^2 \cdot 1 = 3x^2.$$

これを繰り返せば，$\dfrac{d}{dx}x^n = nx^{n-1}$ となることがわかる． $\blacksquare$

◆ 問 3.17　数学的帰納法を用いて，$\dfrac{d}{dx}x^n = nx^{n-1}$ が成り立つことを示せ．

定理 3.8（商の微分法）

微分可能な関数 $f(x)$, $g(x)$ について，次が成り立つ：

$$\left(\frac{1}{g(x)}\right)' = -\frac{g'(x)}{\{g(x)\}^2}, \quad \left(\frac{f(x)}{g(x)}\right)' = \frac{f'(x)g(x) - f(x)g'(x)}{\{g(x)\}^2}.$$

ただし，$g(x) \neq 0$ とする．

【証明】　$y = \dfrac{1}{g(x)}$ とおくと，

$$\Delta y = \frac{1}{g(x+\Delta x)} - \frac{1}{g(x)} = -\frac{g(x+\Delta x) - g(x)}{g(x+\Delta x)g(x)}$$

であるから，

$$\frac{\Delta y}{\Delta x} = -\left\{\frac{g(x+\Delta x) - g(x)}{\Delta x} \cdot \frac{1}{g(x+\Delta x)g(x)}\right\}.$$

ここで，$g(x)$ は微分可能であるから，連続であって，$\displaystyle\lim_{\Delta x \to 0} g(x+\Delta x) = g(x)$ が成り立つ．よって，

$$y' = \lim_{\Delta x \to 0} \frac{\Delta y}{\Delta x} = -g'(x) \cdot \frac{1}{g(x)g(x)} = -\frac{g'(x)}{\{g(x)\}^2}.$$

また，積の微分法の公式を用いると

$$\left(\frac{f(x)}{g(x)}\right)' = \left\{f(x) \cdot \frac{1}{g(x)}\right\}' = f'(x)\left(\frac{1}{g(x)}\right) + f(x) \cdot \left(\frac{1}{g(x)}\right)'$$

$$= \frac{f'(x)}{g(x)} + f(x) \cdot \frac{-g'(x)}{\{g(x)\}^2} = \frac{f'(x)g(x) - f(x)g'(x)}{\{g(x)\}^2}. \blacksquare$$

例題 3.12

n が整数のとき，$\dfrac{d}{dx}x^n = nx^{n-1}$ が成り立つことを示せ．

【解】 n が正の整数のときは例題 3.11 で示した．$n = 0$ のときは，$(x^0)' = (1)' = 0$ である．n が負の整数のときは，$n = -m$ $(m > 0)$ とおくと

$$(x^n)' = (x^{-m})' = \left(\frac{1}{x^m}\right)' = -\frac{(x^m)'}{(x^m)^2} = -\frac{mx^{m-1}}{x^{2m}} = -mx^{-m-1} = nx^{n-1}.$$

以上より，n が整数のとき，$\dfrac{d}{dx}x^n = nx^{n-1}$ が成り立つ． ■

▶ **注意** x^α （α は実数）の導関数についても，同様の結果が成り立つ（78 ページ）．

例題 3.13

次の関数を微分せよ．

(1) $y = -2x^5$　　(2) $y = x^4 - 5x^3$　　(3) $y = (x^2 + 1)(2x - 3)$
(4) $y = \dfrac{1}{x}$　　(5) $y = \dfrac{x}{x^2 + 1}$

【解】 (1) $y' = (-2x^5)' = -2(x^5)' = -2 \cdot 5x^4 = -10x^4.$

(2) $y' = (x^4 - 5x^3)' = (x^4)' - 5(x^3)' = 4x^3 - 5 \cdot 3x^2 = 4x^3 - 15x^2.$

(3) $y' = (x^2 + 1)'(2x - 3) + (x^2 + 1)(2x - 3)'$

$\qquad = \{(x^2)' + (1)'\}(2x - 3) + (x^2 + 1)\{2(x)' - (3)'\}$

$\qquad = 2x(2x - 3) + (x^2 + 1)2 = 6x^2 - 6x + 2.$

(4) $y' = (x^{-1})' = (-1)x^{-1-1} = -x^{-2} = -\dfrac{1}{x^2}.$

(5) $y' = \left(\dfrac{x}{x^2 + 1}\right)' = \dfrac{(x)'(x^2 + 1) - x(x^2 + 1)'}{(x^2 + 1)^2}$

$\qquad = \dfrac{(x^2 + 1) - x \cdot 2x}{(x^2 + 1)^2} = \dfrac{-x^2 + 1}{(x^2 + 1)^2}.$ ■

◆ **問 3.18** 次の関数を微分せよ．

(1) $y = 4x^4$　　(2) $y = -x^5 + 2x^3 + 3x$　　(3) $y = (x^3 - 4)(x^2 + 2)$
(4) $y = \dfrac{2}{x^3}$　　(5) $y = \dfrac{x + 1}{2x - 3}$

3.6　合成関数と逆関数の微分法

3.6.1　合成関数の微分法　y が u の関数，u が x の関数で $y = f(u)$，$u = g(x)$ と表されるとき，1.4.1 節で学んだように $y = f(u)$ と $u = g(x)$ の合成関数 $y = f(g(x))$ が考えられる．2 つの関数 $y = f(u)$ と $u = g(x)$ がともに微分可能であるとき，$y = f(g(x))$ も微分可能であり，次が成り立つ．

定理 3.9（合成関数の微分法）

2 つの関数 $y = f(u)$，$u = g(x)$ が微分可能であれば，合成関数 $y = f(g(x))$ について，次が成り立つ：

$$\frac{dy}{dx} = \frac{dy}{du} \cdot \frac{du}{dx}.$$

【証明】　$\Delta y = f(u + \Delta u) - f(u)$，$\Delta u = g(x + \Delta x) - g(x)$ とする．$g(x)$ は微分可能であるから連続であり，$\Delta x \to 0$ のとき $\Delta u = g(x + \Delta x) - g(x) \to 0$ となる．よって，

$$\begin{aligned}\frac{dy}{dx} &= \lim_{\Delta x \to 0} \frac{\Delta y}{\Delta x} = \lim_{\Delta x \to 0} \frac{\Delta y}{\Delta u} \cdot \frac{\Delta u}{\Delta x} \\ &= \lim_{\Delta u \to 0} \frac{\Delta y}{\Delta u} \cdot \lim_{\Delta x \to 0} \frac{\Delta u}{\Delta x} = \frac{dy}{du} \cdot \frac{du}{dx}.\end{aligned}$$

例題 3.14

$y = 3(x^2 + 1)^5$ を微分せよ．

【解】　$u = x^2 + 1$ とおくと $y = 3u^5$ である．$\dfrac{du}{dx} = 2x$，$\dfrac{dy}{du} = 15u^4$ であるから，

$$\frac{dy}{dx} = \frac{dy}{du} \cdot \frac{du}{dx} = 15u^4 \cdot 2x = 15(x^2 + 1)^4 \cdot 2x = 30x(x^2 + 1)^4.\ \blacksquare$$

3.6 合成関数と逆関数の微分法

◆ 問 **3.19** 次の関数を微分せよ．

（1） $y = -(1-2x)^3$　　（2） $y = (x^2+x+1)^5$　　（3） $y = \dfrac{4}{(3x-2)^5}$

（4） $y = \left(x + \dfrac{1}{x}\right)^6$　　（5） $y = \left(\dfrac{x+1}{x}\right)^3$

例題 **3.15**

次の **合成関数の微分公式** が成り立つことを示せ：

(6.1) $$\{f(g(x))\}' = f'(g(x))g'(x).$$

また，この公式を利用して，関数 $y = (1-x^3)^5$ を微分せよ．

【解】 $y = f(g(x))$ において，$u = g(x)$ とおくと $y = f(u)$ である．$\dfrac{dy}{du} = f'(u)$, $\dfrac{du}{dx} = g'(x)$ であるから，

$$\frac{dy}{dx} = \frac{dy}{du} \cdot \frac{du}{dx} = f'(u)g'(x) = f'(g(x))g'(x)$$

となる．また，(6.1) を用いると，

$$y' = 5(1-x^3)^4 \cdot (1-x^3)' = 5(1-x^3)^4 \cdot (-3x^2) = -15x^2(1-x^3)^4.$$

▶ **注意** 合成関数の微分を具体的に計算するときは (6.1) が用いられることが多い．公式 (6.1) は次のように覚えておくとよい：

$$f(中身)\,の微分 = (f\,の微分) \times (中身の微分).$$

◆ 問 **3.20** 次の公式が成り立つことを示せ．

（1） $y = f(ax+b)$ の導関数は

$$y' = af'(ax+b).$$

（2） $y = \{f(x)\}^n$ (n は整数) の導関数は

$$y' = n\{f(x)\}^{n-1}f'(x).$$

◆ 問 **3.21** (6.1) を用いて問 3.19 を解け．

3.6.2 逆関数の微分法

微分可能な関数 $f(x)$ が逆関数 $f^{-1}(x)$ をもつとき，$y = f^{-1}(x)$ の導関数 $\dfrac{dy}{dx}$ を求めよう．

$y = f^{-1}(x)$ より $x = f(y)$ である．この両辺を x で微分すると，左辺は

$$\frac{d}{dx} x = 1$$

となる．一方，右辺は，定理 3.9 により

$$\frac{d}{dx} f(y) = \frac{d}{dy} f(y) \cdot \frac{dy}{dx} = \frac{dx}{dy} \cdot \frac{dy}{dx}$$

となる．よって，

$$\frac{dx}{dy} \cdot \frac{dy}{dx} = 1.$$

すなわち，次の定理が成り立つ．

定理 3.10（逆関数の微分法）

微分可能な関数 $f(x)$ の逆関数 $f^{-1}(x)$ が存在するとき，$y = f^{-1}(x)$ は微分可能で

$$\frac{dy}{dx} = \frac{1}{\dfrac{dx}{dy}}.$$

例題 3.16

$y = x^{\frac{1}{2}}$ を微分せよ．

【解】 $y = x^{\frac{1}{2}}$ より $x = y^2$ であるから，$\dfrac{dx}{dy} = 2y$ となる．よって，

$$\frac{dy}{dx} = \frac{1}{\dfrac{dx}{dy}} = \frac{1}{2y} = \frac{1}{2x^{\frac{1}{2}}} = \frac{1}{2} x^{-\frac{1}{2}}.$$

◆問 3.22 関数 $y = x^{\frac{1}{4}}$ を微分せよ．

例題 3.17

r を有理数とするとき,次の公式が成り立つことを示せ:

$$(x^r)' = rx^{r-1}.$$

【解】 $r = \dfrac{m}{n}$ (m, n は整数) とする.$y = x^{\frac{m}{n}}$ の両辺を n 乗して,$y^n = x^m$ である.この両辺を x で微分すると,

$$\text{左辺} = \frac{d}{dx}y^n = ny^{n-1}y', \qquad \text{右辺} = \frac{d}{dx}x^m = mx^{m-1}$$

である.したがって,

$$y' = \frac{m}{n}x^{m-1}y^{1-n} = \frac{m}{n}x^{m-1}\left(x^{\frac{m}{n}}\right)^{1-n} = \frac{m}{n}x^{m-1}x^{\frac{m}{n}-m}$$
$$= \frac{m}{n}x^{\frac{m}{n}-1}.$$

▶ **注意** x^α (α は実数) の場合にも同様の結果が成り立つ (78 ページ).

例題 3.18

関数 $y = \sqrt{2x^2 + 3}$ を微分せよ.

【解】 $u = 2x^2 + 3$ とおくと,$y = \sqrt{u} = u^{\frac{1}{2}}$ である.よって,

$$\frac{dy}{dx} = \frac{dy}{du} \cdot \frac{du}{dx} = \frac{1}{2}u^{-\frac{1}{2}} \cdot (4x) = \frac{1}{2}(2x^2+3)^{-\frac{1}{2}} \cdot (4x) = \frac{2x}{\sqrt{2x^2+3}}.$$

あるいは,例題 3.15 の公式 (6.1) を用いて

$$y' = \frac{1}{2}(2x^2+3)^{-\frac{1}{2}} \cdot (2x^2+3)' = \frac{1}{2}(2x^2+3)^{-\frac{1}{2}} \cdot (4x) = \frac{2x}{\sqrt{2x^2+3}}.$$

◆ **問 3.23** 次の関数を微分せよ.
(1) $y = \sqrt{5 - x^2}$　　(2) $y = \sqrt[4]{(2x+3)^3}$　　(3) $y = \sqrt{x+1} - \sqrt{x-1}$

3.7 3角関数と逆3角関数の微分

3.7.1 3角関数の微分 3角関数の導関数を求めよう．そのために，3角関数の極限を調べよう．

例題 3.19
$\lim_{x \to 0} \dfrac{\sin x}{x} = 1$ が成り立つことを示せ．

【解】 まず，$0 < x < \dfrac{\pi}{2}$ のとき，

(7.1) $$\sin x < x < \tan x$$

が成り立つことを示す．

図のように O を中心とし，半径が 1 で中心角が x（ラジアン）の扇形をつくる．点 A における弧 AB の接線と直線 OB の交点を C とすると，面積について

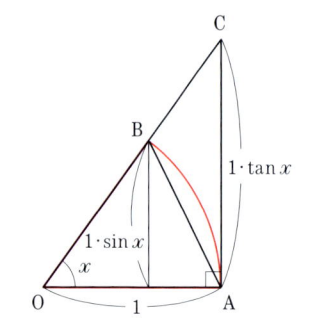

$$\triangle \text{OAB} < \text{扇形 OAB} < \triangle \text{OAC}$$

が成り立つ．一方，

$$\triangle \text{OAB} = \frac{1}{2} \cdot 1 \cdot 1 \cdot \sin x = \frac{1}{2} \sin x,$$
$$\text{扇形 OAB} = \frac{1}{2} \cdot 1^2 \cdot x \quad = \frac{1}{2} x,$$
$$\triangle \text{OAC} = \frac{1}{2} \cdot 1 \cdot \tan x \quad = \frac{1}{2} \tan x$$

であるから，(7.1) が成り立つことがわかる．

このとき，$\sin x > 0$ であるから，(7.1) の各辺を $\sin x$ で割って，

$$1 < \frac{x}{\sin x} < \frac{1}{\cos x}$$

を得る．さらに，各辺の逆数をとると（不等号の向きが逆になることに注意して）

$$\cos x < \frac{\sin x}{x} < 1$$

となる．ここで

$$\lim_{x \to +0} \cos x = \lim_{x \to +0} 1 = 1$$

であるから，はさみうちの原理により

$$\lim_{x \to +0} \frac{\sin x}{x} = 1.$$

$-\dfrac{\pi}{2} < x < 0$ のときは，$x = -\theta$ とおくと，$0 < \theta < \dfrac{\pi}{2}$ であって，

$$\lim_{x \to -0} \frac{\sin x}{x} = \lim_{\theta \to +0} \frac{\sin(-\theta)}{(-\theta)} = \lim_{\theta \to +0} \frac{-\sin \theta}{-\theta} = \lim_{\theta \to +0} \frac{\sin \theta}{\theta} = 1. \blacksquare$$

例題 3.20

$\displaystyle \lim_{x \to 0} \frac{\cos x - 1}{x}$ を求めよ．

【解】 例題 3.19 より

$$\lim_{x \to 0} \frac{\cos x - 1}{x} = \lim_{x \to 0} \frac{(\cos x - 1)(\cos x + 1)}{x(\cos x + 1)}$$

$$= \lim_{x \to 0} \frac{\cos^2 x - 1}{x(\cos x + 1)} = \lim_{x \to 0} \frac{-\sin^2 x}{x(\cos x + 1)}$$

$$= -\lim_{x \to 0} \left(\frac{\sin x}{x}\right)^2 \frac{x}{\cos x + 1}$$

$$= -1^2 \cdot \frac{0}{1+1} = 0. \blacksquare$$

◆ **問 3.24** 次の極限値を求めよ．

(1) $\displaystyle \lim_{x \to 0} \frac{\sin 3x}{x}$ (2) $\displaystyle \lim_{x \to 0} \frac{x \sin x}{1 - \cos x}$

次に，上で求めた 3 角関数の極限値を用いて，$f(x) = \sin x$ の導関数を求めよう．

$$f'(x) = \lim_{h \to 0} \frac{f(x+h) - f(x)}{h} = \lim_{h \to 0} \frac{\sin(x+h) - \sin x}{h}.$$

ここで加法定理 $\sin(x+h) = \sin x \cos h + \cos x \sin h$ を用いると，

$$\begin{aligned} f'(x) &= \lim_{h \to 0} \frac{\sin x \cos h + \cos x \sin h - \sin x}{h} \\ &= \lim_{h \to 0} \frac{\cos x \sin h + \sin x (\cos h - 1)}{h}. \end{aligned}$$

さらに，例題 3.19 と 3.20 より $\lim_{h \to 0} \frac{\sin h}{h} = 1$, $\lim_{h \to 0} \frac{\cos h - 1}{h} = 0$ であるから，

$$\begin{aligned} f'(x) &= \lim_{h \to 0} \frac{\cos x \sin h + \sin x (\cos h - 1)}{h} \\ &= \cos x \cdot \lim_{h \to 0} \frac{\sin h}{h} + \sin x \cdot \lim_{h \to 0} \frac{\cos h - 1}{h} = \cos x. \end{aligned}$$

よって，

$$\frac{d}{dx} \sin x = (\sin x)' = \cos x.$$

同様に考えると，

$$\frac{d}{dx} \cos x = (\cos x)' = -\sin x$$

がわかる．

また，$\tan x = \dfrac{\sin x}{\cos x}$ であるから，商の微分法の公式より，

$$\begin{aligned} \frac{d}{dx} \tan x &= (\tan x)' = \frac{(\sin x)' \cos x - \sin x (\cos x)'}{\cos^2 x} \\ &= \frac{\cos x \cos x - \sin x (-\sin x)}{\cos^2 x} \\ &= \frac{\cos^2 x + \sin^2 x}{\cos^2 x} = \frac{1}{\cos^2 x}. \end{aligned}$$

公式 3.1（3角関数の導関数）

$$(\sin x)' = \cos x, \qquad (\cos x)' = -\sin x, \qquad (\tan x)' = \frac{1}{\cos^2 x}$$

例題 3.21

次の関数を微分せよ．
（1） $y = \sin^4 x$　　　（2） $y = \tan(2x - 1)$　　　（3） $y = \cos^5(3x)$

【解】（1） $u = \sin x$ とおくと $y = u^4$ である．よって，合成関数の微分法（定理 3.9）により

$$\frac{dy}{dx} = \frac{dy}{du} \cdot \frac{du}{dx} = 4u^3 \cos x = 4\sin^3 x \cos x.$$

（2） $u = 2x - 1$ とおくと $y = \tan u$ である．よって，

$$\frac{dy}{dx} = \frac{dy}{du} \cdot \frac{du}{dx} = \frac{1}{\cos^2 u} \cdot 2 = \frac{2}{\cos^2(2x - 1)}.$$

（3） $u = 3x$ とおくと $y = \cos^5 u$ である．さらに，$\cos u = v$ とおくと $y = v^5$ である．よって，合成関数の微分法を続けて行えば

$$\frac{dy}{dx} = \frac{dy}{dv} \cdot \frac{dv}{dx} = 5v^4 \frac{dv}{du} \cdot \frac{du}{dx}$$
$$= 5\cos^4 u \cdot (-\sin u) \cdot 3$$
$$= -15\cos^4 3x \sin 3x.$$

◆ 問 3.25　次の関数を微分せよ．
（1） $y = \sin(3x - 2)$　　　（2） $y = \cos(x^3)$　　　（3） $y = \sin^3 2x$
（4） $y = \dfrac{1}{1 + \sin x}$

3.7.2 逆3角関数の微分 まず，$y = \mathrm{Sin}^{-1} x$ の導関数を求めよう．$x = \sin y \ \left(-\dfrac{\pi}{2} \leqq y \leqq \dfrac{\pi}{2}\right)$ より，$\sin y$ は $-\dfrac{\pi}{2} < y < \dfrac{\pi}{2}$ で微分可能であり，$-\dfrac{\pi}{2} < y < \dfrac{\pi}{2}$ で $\cos y > 0$ であることに注意して，逆関数の微分法の公式を用いると

$$\frac{dy}{dx} = \frac{1}{\dfrac{dx}{dy}} = \frac{1}{\cos y} = \frac{1}{\sqrt{1 - \sin^2 y}} = \frac{1}{\sqrt{1 - x^2}}.$$

したがって，

$$(\mathrm{Sin}^{-1} x)' = \frac{1}{\sqrt{1 - x^2}}.$$

同様に，

$$(\mathrm{Cos}^{-1} x)' = -\frac{1}{\sqrt{1 - x^2}}, \qquad (\mathrm{Tan}^{-1} x)' = \frac{1}{1 + x^2}.$$

例題 3.22

関数 $y = \mathrm{Cos}^{-1} \dfrac{1}{x}$ を微分せよ．ただし，$x > 1$ とする．

【解】 $\dfrac{1}{x} = u$ とおくと，$y = \mathrm{Cos}^{-1} u$ となるから，合成関数の微分法より

$$\begin{aligned}
\frac{dy}{dx} &= \frac{dy}{du} \cdot \frac{du}{dx} \\
&= -\frac{1}{\sqrt{1 - u^2}} \left(\frac{1}{x}\right)' = -\frac{1}{\sqrt{1 - \dfrac{1}{x^2}}} \left(-\frac{1}{x^2}\right) \\
&= \frac{1}{x\sqrt{x^2 - 1}}.
\end{aligned}$$

◆**問 3.26** 次の関数を微分せよ．

(1) $y = \mathrm{Cos}^{-1}(2x - 1)$ (2) $y = \mathrm{Sin}^{-1} \dfrac{1}{x}$ (3) $y = \mathrm{Tan}^{-1} \dfrac{x^2}{3}$

3.8 指数関数と対数関数の微分

3.8.1 指数関数の微分

$f(x) = a^x$ の $x = 0$ における接線の傾きは,

$$f'(0) = \lim_{h \to 0} \frac{f(0+h) - f(0)}{h} = \lim_{h \to 0} \frac{a^{0+h} - a^0}{h} = \lim_{h \to 0} \frac{a^h - 1}{h}$$

である.指数関数 $y = a^x$ $(a > 1)$ のグラフを書いてみるとわかるように,a の値をうまく選ぶと,$y = a^x$ は $x = 0$ において直線 $y = x + 1$ に接することがわかる.このような指数関数を得るには

$$\lim_{h \to 0} \frac{a^h - 1}{h} = 1$$

が成り立つように a を選ぶとよい.そのような a の値を記号 e で表すことになっており,その値は $e = 2.7182818284\ldots$ であることが知られている.したがって,次が成り立つ:

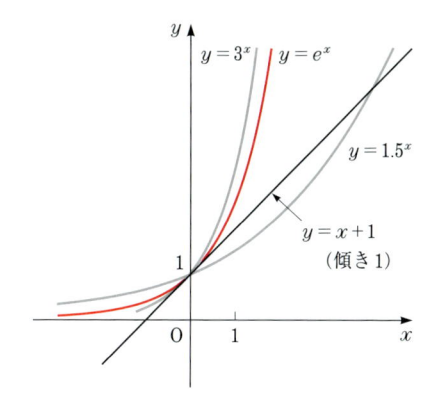

(8.1)
$$\lim_{h \to 0} \frac{e^h - 1}{h} = 1.$$

▶ **注意** (8.1) より, $h \fallingdotseq 0$ のとき $\frac{e^h - 1}{h} \fallingdotseq 1$ である.よって, $h \fallingdotseq 0$ のとき $e^h \fallingdotseq 1 + h$ であるから, $e \fallingdotseq (1 + h)^{\frac{1}{h}}$ である.したがって,

$$e = \lim_{h \to 0} (1 + h)^{\frac{1}{h}}$$

あるいは, $k = \frac{1}{h}$ とおくと, $h \to \pm 0$ のとき $k \to \pm \infty$ であるから

$$e = \lim_{k \to \infty} \left(1 + \frac{1}{k}\right)^k = \lim_{k \to -\infty} \left(1 + \frac{1}{k}\right)^k$$

でなければならない. e はネイピアの数とよばれ,上の第 1 式を e の定義式とすることが多い(付録 B,243 ページ).

指数関数 $f(x) = e^x$ の導関数を求めよう．

$$f'(x) = \lim_{h \to 0} \frac{f(x+h) - f(x)}{h} = \lim_{h \to 0} \frac{e^{x+h} - e^x}{h}$$
$$= \lim_{h \to 0} \frac{e^x \cdot e^h - e^x}{h} = \lim_{h \to 0} \frac{e^x(e^h - 1)}{h}$$
$$= e^x \cdot \lim_{h \to 0} \frac{e^h - 1}{h} = e^x \cdot 1 = e^x.$$

したがって，次の公式を得る．

公式 3.2

$$\frac{d}{dx} e^x = (e^x)' = e^x$$

▶ **注意** 上の公式が簡潔な形で与えられることは，(8.1) による．一般的な指数関数 a^x の微分は，例題 3.24（78 ページ）で扱う．

3.8.2 対数関数の微分 対数関数は指数関数の逆関数として定義された．そこで，対数関数 $y = \log_e x$ の導関数を，逆関数の微分法を用いて求めよう． $x = e^y$ より

$$\frac{dx}{dy} = \frac{d}{dy} e^y = e^y$$

であるから，

$$\frac{dy}{dx} = \frac{1}{\dfrac{dx}{dy}} = \frac{1}{e^y} = \frac{1}{x}$$

を得る．したがって，次の公式を得る．

公式 3.3

$$\frac{d}{dx} \log_e x = (\log_e x)' = \frac{1}{x}$$

e を底とする対数を**自然対数**という．微分積分学においては通常，自然対数を単に対数とよび，$\log_e x$ の底 e を省いて $\log x$ と書く．

3.8 指数関数と対数関数の微分

▶ **注意** $\log x$ には次の 2 つのケースがある：

$$\begin{cases} \log_e x & \cdots\cdots \text{自然対数（微分積分学，数学的な理論），} \\ \log_{10} x & \cdots\cdots \text{常用対数（大きな数の桁数を求める計算).} \end{cases}$$

数学では自然対数を $\log x$ で表す．しかし，数学以外の理工学分野では，$\log x$ を常用対数として使い，自然対数を $\ln x$ と書くことがほとんどであるので注意が必要である．

◆ **問 3.27** $a > 0$ とする．$(\log_a x)' = \dfrac{1}{x \log_e a}$ が成り立つことを示せ．

例題 3.23

次の関数を微分せよ．
（1） $y = e^x \sin x$ （2） $y = e^{x^2}$ （3） $y = \log(-x) \quad (x < 0)$

【解】（1） 積の微分法の公式を用いると

$$y' = (e^x)' \sin x + e^x (\sin x)' = e^x \sin x + e^x \cos x.$$

（2） $u = x^2$ とおくと，$y = e^u$ である．合成関数の微分法の公式により

$$\frac{dy}{dx} = \frac{dy}{du} \cdot \frac{du}{dx} = e^u \cdot 2x = e^{x^2} \cdot 2x = 2x e^{x^2}.$$

（3） $u = -x$ とおくと，$y = \log u \ (u > 0)$ である．合成関数の微分法の公式により

$$\frac{dy}{dx} = \frac{dy}{du} \cdot \frac{du}{dx} = \frac{1}{u} \cdot (-1) = \frac{1}{(-x)} \cdot (-1) = \frac{1}{x}.$$

▶ **注意** $(\log x)' = \dfrac{1}{x} \ (x > 0)$ と $\{\log(-x)\}' = \dfrac{1}{x} \ (x < 0)$ をまとめて次のように書くこともできる：

$$(\log|x|)' = \frac{1}{x} \quad (x \neq 0).$$

◆ **問 3.28** 次の関数を微分せよ．
（1） $y = e^{-x}$ （2） $y = (\log x)^2$ （3） $y = \dfrac{\log x}{x}$

例題 3.24

$(a^x)' = a^x \log a$ が成り立つことを示せ.

【解】 $y = a^x$ とおく．この両辺の対数をとると $\log y = x \log a$ である．この両辺を x で微分すると

$$\text{左辺} = \frac{d}{dx} \log y = \frac{d}{dy} \log y \cdot \frac{dy}{dx} = \frac{1}{y} \cdot \frac{dy}{dx}, \quad \text{右辺} = \frac{d}{dx} x \log a = \log a$$

である．よって，

$$\frac{dy}{dx} = y \log a = a^x \log a.$$

◆ **問 3.29** α を実数とするとき，$(x^\alpha)' = \alpha x^{\alpha-1}$ が成り立つことを示せ．

いくつかの関数の積からなる複雑な関数については，上のように両辺の対数をとってから微分するとよい．これを**対数微分法**という．

例題 3.25

$y = x^x$ を微分せよ[3]．

【解】 両辺の対数をとると，$\log y = \log x^x$ より，$\log y = x \log x$. この両辺を x で微分すると，

$$\frac{1}{y} \cdot \frac{dy}{dx} = 1 \cdot \log x + x \cdot \frac{1}{x}$$

であるから，

$$\frac{dy}{dx} = y(\log x + 1) = x^x(\log x + 1).$$

◆ **問 3.30** 次の関数を微分せよ．
 （1） $y = x^{\frac{1}{x}}$ 　（2） $y = \dfrac{(x+1)(x-2)^2}{(x-1)^3}$

---

[3] $y = x^x$ は $y = x^\alpha$（べき関数）でも $y = a^x$（指数関数）でもないことに注意せよ．

3.9 接線と平均値の定理

3.9.1 接線と法線 3.1 節で述べたように,微分可能な関数 $y = f(x)$ の $x = a$ における微分係数 $f'(a)$ は,曲線 $y = f(x)$ 上の点 $(a, f(a))$ における接線の傾きに等しい.このことから,次の接線の方程式が得られる.

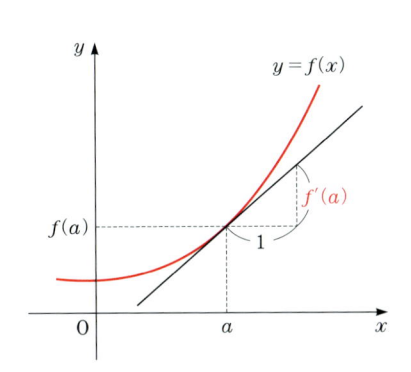

定理 3.11

曲線 $y = f(x)$ 上の点 $(a, f(a))$ における**接線の方程式**は

$$y - f(a) = f'(a)(x - a).$$

例題 3.26

曲線 $y = \log x$ 上の点 $(1, 0)$ における接線 ℓ の方程式を求めよ.

【解】 $f(x) = \log x$ とおくと,

$$f'(x) = \frac{1}{x}$$

である.したがって,ℓ の傾きは $f'(1) = 1$ である.$f(1) = 0$ に注意すると,接線の方程式は $y - f(1) = f'(1)(x - 1)$ より

$$y = x - 1.$$　■

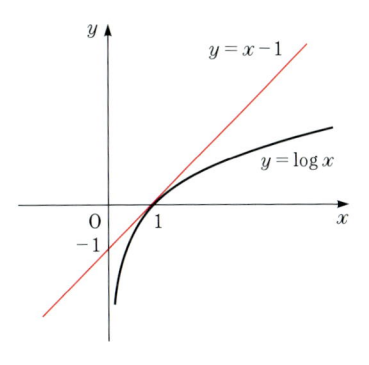

◆ **問 3.31** 曲線 $y = x^3 - x$ の接線で,傾きが 2 であるものを求めよ.

曲線 C 上の点 P を通り，点 P における接線と直交する直線を，点 P における曲線 C の**法線**という．

曲線 $y = f(x)$ 上の点 $(a, f(a))$ における接線の傾きは $f'(a)$ に等しいから，$f'(a) \neq 0$ のとき，法線の傾きは $-\dfrac{1}{f'(a)}$ である．よって，次の定理が成り立つ．

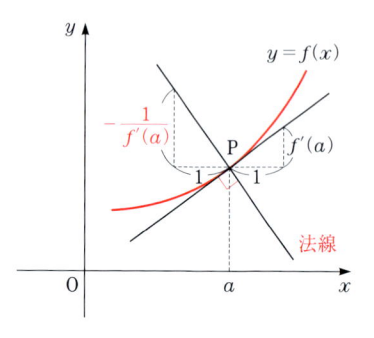

定理 3.12

曲線 $y = f(x)$ 上の点 $(a, f(a))$ における**法線の方程式**は

$$y - f(a) = -\frac{1}{f'(a)}(x - a) \qquad (\text{ただし，} f'(a) \neq 0).$$

▶ **注意** $f'(a) = 0$ のときの法線は $x = a$ で与えられる．

◆ **問 3.32** 次の曲線上の与えられた点における接線と法線の方程式を求めよ．
（1） $y = x^3$, 点 $(1, 1)$
（2） $y = \sin x$, 点 $\left(\dfrac{\pi}{2}, 1\right)$

3.9.2 平均値の定理とロルの定理

曲線 $y = f(x)$ 上に 2 点 $A(a, f(a))$, $B(b, f(b))$ をとるとき，この 2 点を結ぶ直線 AB の傾きは

$$\frac{f(b) - f(a)}{b - a}$$

である．このとき，右図のように A と B の間のある点 $C(c, f(c))$ において，直線 AB に平行な接線 ℓ をひくことができる．ℓ の傾きは $f'(c)$ であるから，その

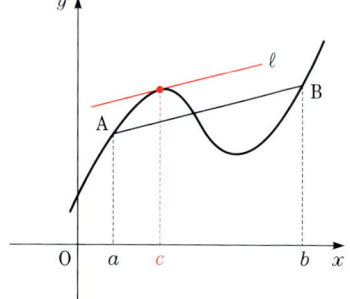

ような c は次の式をみたす:

$$\frac{f(b)-f(a)}{b-a} = f'(c).$$

例えば,曲線 $y=x^2$ 上の 2 点 $\mathrm{A}(-1,1)$, $\mathrm{B}(2,4)$ を結ぶ直線の傾きは,

$$\frac{4-1}{2-(-1)} = 1$$

である.一方,点 (c,c^2) における接線 ℓ の傾きは $2c$ であるから,ℓ が直線 AB と平行になるような c は

$$2c = 1 \quad \therefore \quad c = \frac{1}{2}$$

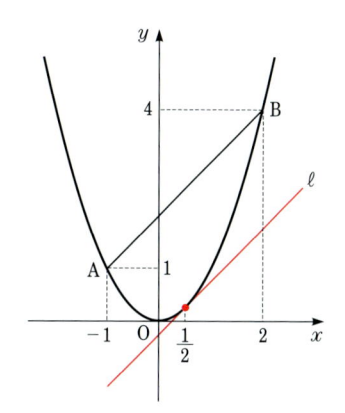

であり,-1 と 2 の間にある.

一般に,次が成り立つ.

定理 3.13(平均値の定理)

関数 $f(x)$ が,閉区間 $[a,b]$ で連続,開区間 (a,b) で微分可能ならば,

(9.1) $$\frac{f(b)-f(a)}{b-a} = f'(c) \quad (a<c<b)$$

をみたす c が少なくとも 1 つ存在する.

▶**注意** この定理の証明は後で述べる.また,定理における c は a と b の間の数であるから,(9.1) は

$$\frac{f(b)-f(a)}{b-a} = f'(a+\theta(b-a)) \quad (0<\theta<1)$$

のように表されることもある.

◆**問 3.33** 次の場合について,平均値の定理の式 (9.1) をみたす c の値を求めよ.
(1) $f(x) = x^3$, $a=-1$, $b=3$ (2) $f(x) = \sqrt{x}$, $a=0$, $b=4$

定理 3.14（ロルの定理）

関数 $f(x)$ が閉区間 $[a, b]$ で連続，開区間 (a, b) で微分可能であって，$f(a) = f(b)$ ならば

$$f'(c) = 0 \qquad (a < c < b)$$

をみたす c が少なくとも 1 つ存在する．

【証明】 まず，$f(a) = f(b) = 0$ である場合を考えよう．

閉区間 $[a, b]$ で常に $f(x) = 0$ であるときは，常に $f'(x) = 0$ であるから，定理 3.14 は成り立つ．

次に，この閉区間に $f(x) \neq 0$ となる x の値がある場合を考える．このとき，関数 $f(x)$ は，閉区間 $[a, b]$ で連続であるから，この区間で最大値と最小値をもつ．そのいずれかは 0 ではないから，$a < c < b$ をみたすある値 c で，$f(x)$ は 0 と異なる最大値または最小値をとる．

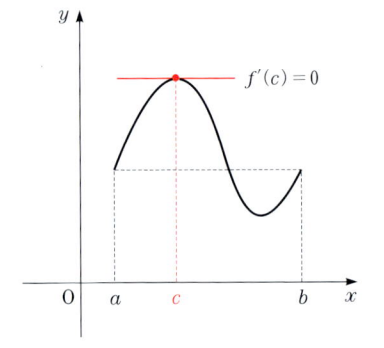

$f(c)$ が最大値であるとして，$f'(c) = 0$ となることを示そう．$f(c)$ は最大値であるから，

$$f(c + h) \leqq f(c) \qquad (h \neq 0)$$

が成り立つ．したがって，$h > 0$ のとき

$$\frac{f(c+h) - f(c)}{h} \leqq 0 \qquad \therefore \quad \lim_{h \to +0} \frac{f(c+h) - f(c)}{h} = f'(c) \leqq 0.$$

一方，$h < 0$ のとき

$$\frac{f(c+h) - f(c)}{h} \geqq 0 \qquad \therefore \quad \lim_{h \to -0} \frac{f(c+h) - f(c)}{h} = f'(c) \geqq 0.$$

$f(x)$ が微分可能であることから 2 つの極限は一致し，$f'(c) = 0$ となる．

同様に，$f(c)$ が最小値である場合も $f'(c) = 0$ が示される．したがって，$f(a) = f(b) = 0$ のときには，定理 3.14 が証明された．

一般の $f(a) = f(b) \neq 0$ の場合は次のように考える．$g(x) = f(x) - f(a)$ とおくと，$f(a) = f(b)$ より $g(a) = g(b) = 0$ である．よって，上で示したことから，$g'(c) = 0$ $(a < c < b)$ をみたす c がある．このとき，$f'(c) = g'(c) = 0$ であるから，一般の場合にも定理 3.14 は成り立つ． ∎

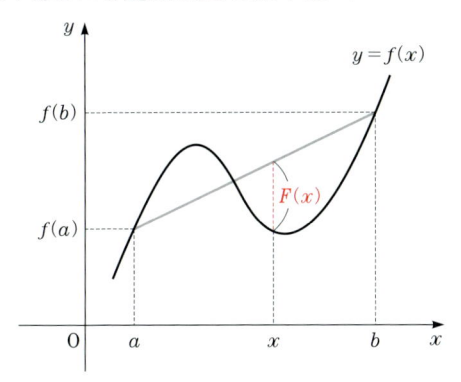

【平均値の定理の証明】　ロルの定理を用いると，平均値の定理を次のようにして証明することができる．上の図を見ればわかるように，2 点 $(a, f(a))$, $(b, f(b))$ を結ぶ直線と $f(x)$ の差を表す関数 $F(x)$ は

$$F(x) = f(x) - \left\{ \frac{f(b) - f(a)}{b - a}(x - a) + f(a) \right\}$$
$$= f(x) - f(a) - \frac{f(b) - f(a)}{b - a}(x - a)$$

で与えられる．このとき，$F(a) = F(b) = 0$ が成り立つ．よって，ロルの定理により $F'(c) = 0$ $(a < c < b)$ をみたす c が存在する．一方，

$$F'(x) = f'(x) - \frac{f(b) - f(a)}{b - a}$$

であるから，

$$F'(c) = f'(c) - \frac{f(b) - f(a)}{b - a}$$

となり，この c が (9.1) をみたす． ∎

3.10　関数の増減と極値

関数 $y = f(x)$ において，区間 I の任意の実数 x_1, x_2 に対して，

$$x_1 < x_2 \iff f(x_1) < f(x_2)$$

のとき，$f(x)$ は区間 I で**増加**（あるいは**単調に増加**）するという．また，

$$x_1 < x_2 \iff f(x_1) > f(x_2)$$

のとき，$f(x)$ は区間 I で**減少**（あるいは**単調に減少**）するという．

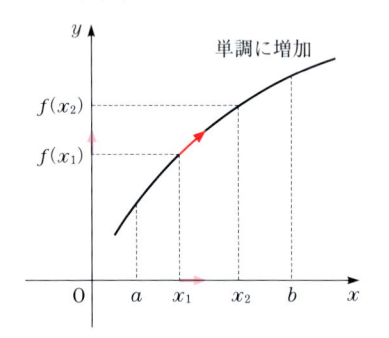

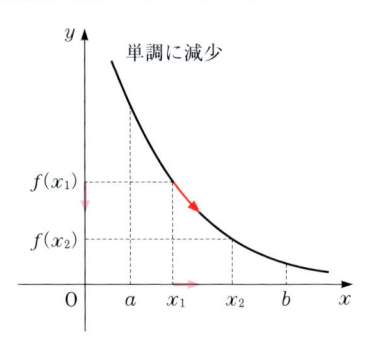

一般に，関数の増加・減少について，次のことが成り立つ．

定理 3.15

関数 $f(x)$ が区間 I で微分可能のとき，
(i)　区間 I でつねに $f'(x) > 0$ ならば，$f(x)$ は I で増加する．
(ii)　区間 I でつねに $f'(x) < 0$ ならば，$f(x)$ は I で減少する．

【証明】（ i ）を示そう．関数 $f(x)$ が区間 I で微分可能でつねに $f'(x) > 0$ とする．区間 I 内の任意の x_1, x_2 $(x_1 < x_2)$ に対して，平均値の定理から，次の式をみたす c がある：

$$\frac{f(x_2) - f(x_1)}{x_2 - x_1} = f'(c) \qquad (x_1 < c < x_2).$$

区間 I で $f'(x) > 0$ より $f'(c) > 0$ であり，$x_2 - x_1 > 0$ であるから

$$f(x_2) > f(x_1).$$

したがって，$f(x)$ は I で単調に増加する．

同様にして，関数 $f(x)$ が区間 I で微分可能でつねに $f'(x) < 0$ ならば，$f(x)$ は I で単調に減少するから，(ii) が示される．

例題 3.27

関数 $y = 2x^3 - 9x^2 + 12x - 5$ の増加・減少を調べよ．

【解】 $\begin{aligned} y' &= 6x^2 - 18x + 12 \\ &= 6(x^2 - 3x + 2) \\ &= 6(x-1)(x-2). \end{aligned}$

したがって，$y' = 0$ となる x は $x = 1, 2$ である．

y' の符号と y の増加・減少を表にすると右下のようになる．

この表から，y は $x < 1$ のとき増加，$1 < x < 2$ のとき減少，$x > 2$ のとき増加であることがわかる．

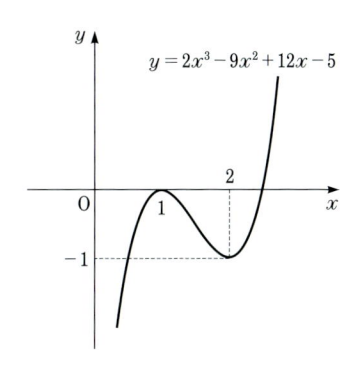

x	$\cdots$	1	$\cdots$	2	$\cdots$
y'	$+$	0	$-$	0	$+$
y	↗	0	↘	-1	↗

▶ **注意** 上の表を関数の**増減表**という．この表で記号 ↗, ↘ は，それぞれ関数の増加・減少を表す．

◆ **問 3.34** 次の関数の増加・減少を調べよ．
（1） $y = 2x^2 - 6x + 3$ （2） $y = 2x^3 + 3x^2 - 36x$

ある区間で定義された連続関数 $f(x)$ が，$x = a$ を境目にして増加から減少へ移り変わるとき，$x = a$ の近くだけで見れば，$f(x)$ は $x = a$ で最大になる．

このように，a を含む十分小さい範囲に限ってみたとき，$f(x)$ が $x = a$ で最大になる，すなわち，a の近くの任意の x $(x \neq a)$ に対して，$f(x) < f(a)$ が成り立つとき，$f(x)$ は $x = a$ で**極大**になるといい，$f(a)$ を**極大値**という．

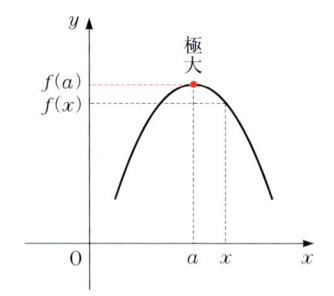

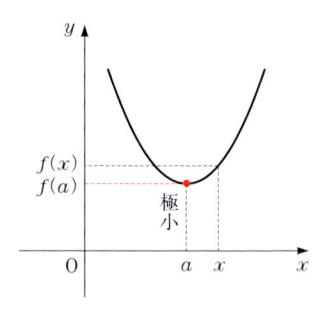

同様に，a の近くの任意の x $(x \neq a)$ に対して，$f(x) > f(a)$ が成り立つとき，$f(x)$ は $x = a$ で**極小**になるといい，$f(a)$ を**極小値**という．極大値と極小値をまとめて**極値**という．

関数の極値について，次の定理が成り立つ．

定理 3.16

$x = a$ で微分可能な関数 $f(x)$ が $x = a$ で極値をとるならば，$f'(a) = 0$ となる．

【証明】 関数 $f(x)$ が $x = a$ で極大になる場合を考える．a の近くの x に対して，$f(x) < f(a)$ であるから，

(10.1) $\qquad x < a$ のとき $\quad \dfrac{f(x) - f(a)}{x - a} > 0,$

(10.2) $\qquad x > a$ のとき $\quad \dfrac{f(x) - f(a)}{x - a} < 0.$

また，$f'(a) = \lim\limits_{x \to a} \dfrac{f(x) - f(a)}{x - a}$ であるから，(10.1) より $f'(a) \geqq 0$，(10.2) より $f'(a) \leqq 0$．$f(x)$ は $x = a$ で微分可能であるから，$f'(a) = 0$ が成り立つ．$f(x)$ が $x = a$ で極小になる場合も同様にして証明できる．

3.10 関数の増減と極値

例題 3.28

関数 $f(x) = \dfrac{x}{x^2+1}$ の増減を調べ,極値を求めよ.

【解】 $f'(x) = \dfrac{(x^2+1) - x \cdot 2x}{(x^2+1)^2}$

$= -\dfrac{(x-1)(x+1)}{(x^2+1)^2}.$

$f'(x) = 0$ となる x は $x = \pm 1$. 増減表は

x	$\cdots$	-1	$\cdots$	1	$\cdots$
f'	$-$	0	$+$	0	$-$
f	↘	$-\dfrac{1}{2}$	↗	$\dfrac{1}{2}$	↘

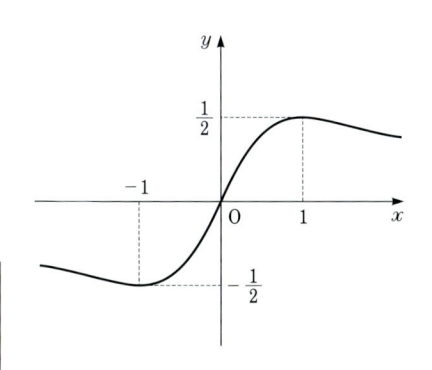

よって,$x = -1$ のとき,極小値 $-\dfrac{1}{2}$,$x = 1$ のとき,極大値 $\dfrac{1}{2}$ をとる. ■

◆ **問 3.35** 関数 $f(x) = \cos x + x \sin x$ $(-\pi < x < \pi)$ の増減を調べ,極値を求めよ.

上の例題でみたように,関数 $f(x)$ が $x = a$ で極値をとるならば,$f'(a) = 0$ である.しかし,$f'(a) = 0$ であっても,$x = a$ において $f(x)$ が極値をとるとは限らない.例えば,関数 $f(x) = x^3$ については,$f'(0) = 0$ であるが,

$x < 0$ のとき $f'(x) > 0$,

$x > 0$ のとき $f'(x) > 0$

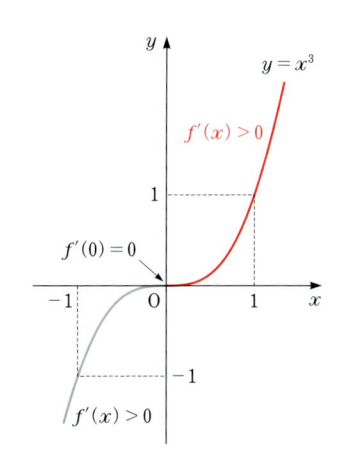

となるから,$f(x)$ は単調に増加する.

◆ **問 3.36** 関数 $f(x) = x - \sin x$ は極値をもつかどうか調べよ.

3.11 不定形の極限

例えば，$x \to a$ のとき $f(x) \to 0$, $g(x) \to 0$ であるとすれば，$\displaystyle\lim_{x \to a} \frac{f(x)}{g(x)}$ はどうなるであろうか．この場合を形式的に $\dfrac{0}{0}$ と書くことにする．同様に $\infty - \infty$, $\infty \cdot 0$, $\dfrac{\infty}{\infty}$ などのような場合も考えられる．このような場合をまとめて**不定形の極限**という．次の定理は不定形の極限の計算の基礎になる．

定理 3.17（コーシーの平均値の定理）

$f(x), g(x)$ がともに閉区間 $[a, b]$ で連続，開区間 (a, b) で微分可能で，かつ $g'(x) \neq 0$ であれば，

$$\frac{f(b) - f(a)}{g(b) - g(a)} = \frac{f'(c)}{g'(c)} \qquad (a < c < b)$$

をみたす c が少なくとも1つ存在する．

【証明】 (a, b) で $g'(x) > 0$ の場合を考える．このとき，$g(x)$ は $[a, b]$ で単調に増加するから，$g(b) > g(a)$ である．

$$h(x) = f(x) - f(a) - \frac{f(b) - f(a)}{g(b) - g(a)} (g(x) - g(a))$$

とおけば，$h(x)$ は $[a, b]$ で連続，(a, b) で微分可能であり，$h(a) = h(b) = 0$ となる．よって，ロルの定理より，$h'(c) = 0$ $(a < c < b)$ となる c が存在し，

$$h'(c) = f'(c) - \frac{f(b) - f(a)}{g(b) - g(a)} g'(c) = 0$$

$$\therefore \quad \frac{f(b) - f(a)}{g(b) - g(a)} = \frac{f'(c)}{g'(c)}$$

が成り立つ．(a, b) で $g'(x) < 0$ の場合も同様に証明できる．

▶ **注意** コーシーの平均値の定理は，平均値の定理（定理3.13）を拡張したものである．実際，$g(x) = x$ とおくと，定理3.13が得られる．

3.11 不定形の極限

定理 3.18（ロピタルの定理）

$f(x), g(x)$ は $f(a) = g(a) = 0$ をみたし，$x = a$ の近くで微分可能で，$g'(x) \neq 0$ とする．このとき，$\displaystyle\lim_{x \to a} \frac{f'(x)}{g'(x)} = \alpha$ が存在すれば，

$$\lim_{x \to a} \frac{f'(x)}{g'(x)} = \lim_{x \to a} \frac{f(x)}{g(x)} = \alpha$$

が成り立つ．

【証明】 a の近くに x をとると，コーシーの平均値の定理から，

$$\frac{f(x)}{g(x)} = \frac{f(x) - f(a)}{g(x) - g(a)} = \frac{f'(c)}{g'(c)}$$

となるような c が a と x の間に存在する．$x \to a$ のとき，$c \to a$ であるから，

$$\lim_{x \to a} \frac{f(x)}{g(x)} = \lim_{c \to a} \frac{f'(c)}{g'(c)} = \alpha.$$ ∎

ロピタルの定理を用いると，例えば，

$$\lim_{x \to 2} \frac{2x^2 - x - 6}{x^3 - 8} = \lim_{x \to 2} \frac{4x - 1}{3x^2} = \frac{7}{12},$$

$$\lim_{x \to 0} \frac{e^x + e^{-x} - 2}{1 - \cos x} = \lim_{x \to 0} \frac{e^x - e^{-x}}{\sin x} = \lim_{x \to 0} \frac{e^x + e^{-x}}{\cos x} = 2$$

のようにして極限を求めることができる．他の不定形の極限についても同様の定理が成り立つことが知られている．例えば，

$$\lim_{x \to \infty} \frac{x}{e^x} = \lim_{x \to \infty} \frac{(x)'}{(e^x)'} = \lim_{x \to \infty} \frac{1}{e^x} = 0,$$

$$\lim_{x \to +0} x \log x = \lim_{x \to +0} \frac{\log x}{\dfrac{1}{x}} = \lim_{x \to +0} \frac{(\log x)'}{\left(\dfrac{1}{x}\right)'} = \lim_{x \to +0} \frac{\dfrac{1}{x}}{-\dfrac{1}{x^2}} = -\lim_{x \to +0} x = 0.$$

◆ 問 **3.37** ロピタルの定理を用いて，次の極限値を求めよ．

（1） $\displaystyle\lim_{x \to 0} \frac{x - \log(1+x)}{x^2}$　　（2） $\displaystyle\lim_{x \to \infty} \frac{x^3}{e^x}$　　（3） $\displaystyle\lim_{x \to +0} x \log(\sin x)$

▶ **注意** ロピタルの定理を繰り返し用いると次の式が成り立つ：

$$\lim_{x \to \infty} \frac{x^s}{e^x} = 0 \quad (s \text{ は任意の正数}).$$

3.12　高次導関数

関数 $y = f(x)$ の導関数 $y' = f'(x)$ の導関数 $(y')' = \{f'(x)\}'$ を $y = f(x)$ の**第 2 次導関数**といい，次のように表す：

$$y'', \quad f''(x), \quad \frac{d^2 y}{dx^2}, \quad \frac{d^2}{dx^2} f(x).$$

関数 $f(x)$ の第 2 次導関数が存在するとき，$f(x)$ は 2 回微分可能であるという．例えば，関数 $f(x) = x^4 - 2x^3 + x - 1$ は

$$f'(x) = 4x^3 - 6x^2 + 1, \quad f''(x) = 12x^2 - 12x$$

であるから，2 回微分可能である．

◆ 問 **3.38** 次の関数の第 2 次導関数を求めよ．

（1） $y = -x^4 + x^2 - 1$　　（2） $y = \sin 3x$

一般に，関数 $y = f(x)$ を n 回微分して得られる関数を $f(x)$ の**第 n 次導関数**といい，

$$y^{(n)}, \quad f^{(n)}(x), \quad \frac{d^n y}{dx^n}, \quad \frac{d^n}{dx^n} f(x)$$

のように表す．ただし，$y^{(3)}$, $f^{(3)}(x)$ は，それぞれ y''', $f'''(x)$ と表すことが多い．

▶ **注意** 「第 n 次導関数」を「第 n 階導関数」ということもある．

例題 3.29

関数 $y = e^{2x}$ の第 n 次導関数を求めよ.

【解】 合成関数の微分法の公式（例題 3.15）を用いると

$$y' = e^{2x} \cdot (2x)' = 2e^{2x},$$
$$y'' = (y')' = (2e^{2x})' = 2e^{2x} \cdot (2x)' = 2^2 e^{2x},$$
$$y''' = (y'')' = (2^2 e^{2x})' = 2^2 e^{2x} \cdot (2x)' = 2^3 e^{2x}$$

となる. これをさらに繰り返すと

$$y^{(n)} = 2^n e^{2x}$$

となることがわかる.

◆問 3.39 次の関数の第 n 次導関数を求めよ.
(1) $y = e^{-x}$ (2) $y = x^n$ (3) $y = \log(1-x)$

3.13 曲線の凹凸

関数 $f(x)$ は連続であるとする. 右図のように, 曲線 $y = f(x)$ 上の任意の 2 点 P_1, P_2 に対して, 弧 $P_1 P_2$ が線分 $P_1 P_2$ より下側にある[4]とき, $f(x)$ は**下に凸**（または**上に凹**）であるという. また, 弧が線分より上側にあるとき, $f(x)$ は**上に凸**（または**下に凹**）であるという.

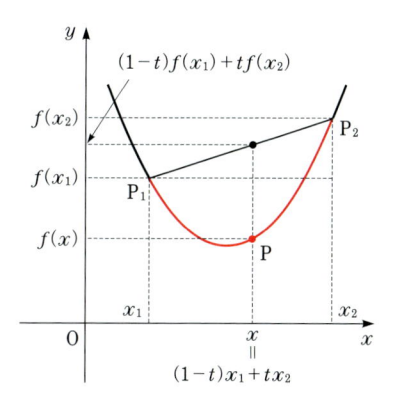

---

[4] 次ページの定義 3.4 にもとづけば,「上側にはない」というのが正確な表現である. しかし, ここでは凹凸の概念を直観的に理解することを第 1 の目的としたので, 下側にあると述べた.

定義 3.4

関数 $f(x)$ は区間 I で連続とする．$f(x)$ が区間 I で**下に凸**（または**上に凹**）であるとは，I 内の任意の 2 点 x_1, x_2 と，$0 < t < 1$ をみたすどんな t に対しても
$$f((1-t)x_1 + tx_2) \leqq (1-t)f(x_1) + tf(x_2)$$
が成り立つときをいう．同様に，$f(x)$ が区間 I で**上に凸**（または**下に凹**）であるとは，
$$f((1-t)x_1 + tx_2) \geqq (1-t)f(x_1) + tf(x_2)$$
が成り立つときをいう．

前のページの図のように，$f(x)$ が区間 I で下に凸であるとき，I 内の任意の 3 点 x_1, x, x_2 $(x_1 < x < x_2)$ に対応する曲線 $y = f(x)$ 上の 3 点を P_1, P, P_2 とする．このとき，線分 PP_2 の傾きはつねに線分 P_1P の傾きよりも大きいか等しい．すなわち次が成り立つ：
$$\frac{f(x) - f(x_1)}{x - x_1} \leqq \frac{f(x_2) - f(x)}{x_2 - x}.$$
同様に，$f(x)$ が区間 I で上に凸であるとき，次が成り立つ：
$$\frac{f(x) - f(x_1)}{x - x_1} \geqq \frac{f(x_2) - f(x)}{x_2 - x}.$$

2 次関数 $f(x) = ax^2$ のグラフは，$a > 0$ のとき下に凸，$a < 0$ のとき上に凸である．このとき，
$$f'(x) = 2ax, \quad f''(x) = 2a$$
なので，$f(x) = ax^2$ のグラフが上に凸であるか下に凸であるかは $f''(x)$ の符号で決まることがわかる．このことは，一般の関数についても成り立つ．

定理 3.19

関数 $f(x)$ は閉区間 $[a, b]$ で連続，開区間 (a, b) で 2 回微分可能とする．

（1） (a, b) でつねに $f''(x) > 0$ であれば，$f(x)$ は $[a, b]$ で下に凸である．

（2） (a, b) でつねに $f''(x) < 0$ であれば，$f(x)$ は $[a, b]$ で上に凸である．

【証明】（1）を示す．x_1, x, x_2 $(x_1 < x < x_2)$ を $[a, b]$ 内の任意の 3 点とする．$f''(x) > 0$ であるから，$f'(x)$ は (a, b) で単調増加である．平均値の定理より，

$$\frac{f(x) - f(x_1)}{x - x_1} = f'(\xi_1) \quad (x_1 < \xi_1 < x),$$

$$\frac{f(x_2) - f(x)}{x_2 - x} = f'(\xi_2) \quad (x < \xi_2 < x_2)$$

である．$f'(x)$ が単調増加であることから，$f'(\xi_1) < f'(\xi_2)$ より

$$\frac{f(x) - f(x_1)}{x - x_1} < \frac{f(x_2) - f(x)}{x_2 - x}$$

が成り立つ．したがって，$f(x)$ は $[a, b]$ で下に凸である．（2）についても（1）と同様に証明することができる． ■

曲線 $y = f(x)$ の凹凸が $x = a$ を境にして，$x < a$ と $x > a$ で変わるとき，点 $(a, f(a))$ をこの曲線の**変曲点**という．$f(x)$ が 2 回微分可能であるとき，点 $(a, f(a))$ が曲線 $y = f(x)$ の変曲点ならば $f''(a) = 0$ が成り立つ．

例題 3.30

曲線 $y = e^{-\frac{x^2}{2}}$ の凹凸および変曲点を調べよ．

【解】 $y' = e^{-\frac{x^2}{2}} \cdot \left(-\frac{x^2}{2}\right)' = -x e^{-\frac{x^2}{2}}$ であるから，$y' = 0$ となる x は $x = 0$ である．また，

$$y'' = \left(-xe^{-\frac{x^2}{2}}\right)' = (-x)'e^{-\frac{x^2}{2}} + (-x)\left(e^{-\frac{x^2}{2}}\right)'$$
$$= -e^{-\frac{x^2}{2}} + (-x)\left(-xe^{-\frac{x^2}{2}}\right) = (x^2-1)e^{-\frac{x^2}{2}}$$

であるから，$y''=0$ となる x は，$x^2-1=0$ より，$x=\pm 1$ である．

x	$\cdots$	-1	$\cdots$	0	$\cdots$	1	$\cdots$
y'	$+$	$+$	$+$	0	$-$	$-$	$-$
y''	$+$	0	$-$	$-$	$-$	0	$+$
y	↗	変曲点	↗	極大	↘	変曲点	↘

したがって，増減やグラフの凹凸を調べると上の表のようになる．よって，

$x<-1$, $x>1$ のとき下に凸，

$-1<x<1$ のとき上に凸

であり，$x=\pm 1$ が変曲点である．

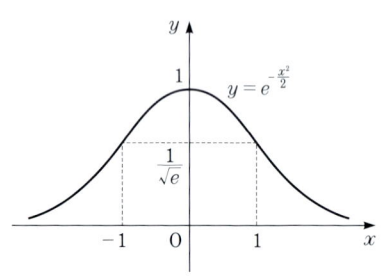

▶**注意** 上の表で，↗ はグラフが下に凸で増加する状態にあることを，↗ は上に凸で増加する状態にあることを表す．↘ や ↘ も同様である．

◆**問 3.40** 次の曲線の凹凸および変曲点を調べよ．
（1） $y = x^3 - 3x^2 + 1$ （2） $y = x^2 e^{-x}$

関数 $y=f(x)$ のグラフを描くとき，$f(x)$ の定義域，増加・減少，極値，凹凸，変曲点などの他に，グラフの対称性，座標軸との交点（**切片**ということもある），漸近線を調べれば，より正確に概形を描くことができる．

▶**注意** 関数 $y=f(x)$ において
$$\lim_{x\to a+0}|f(x)|=\infty \quad \text{あるいは} \quad \lim_{x\to a-0}|f(x)|=\infty$$
が成り立つとき，直線 $x=a$ は漸近線である．また，
$$\lim_{x\to -\infty}|f(x)-(mx+n)|=0 \quad \text{あるいは} \quad \lim_{x\to \infty}|f(x)-(mx+n)|=0$$
が成り立つとき，直線 $y=mx+n$ は漸近線である．

例題 3.31

関数 $y = x + \dfrac{1}{x}$ のグラフを書け.

【解】
$$y' = 1 - \frac{1}{x^2} = \frac{(x-1)(x+1)}{x^2}, \quad y'' = \frac{2}{x^3}$$

であるから $x = \pm 1$ のとき $y' = 0$ となる. y', y'' の符号の変化から, 増減, グラフの凹凸を調べると右の表のようになる.

x	$\cdots$	-1	$\cdots$	0	$\cdots$	1	$\cdots$
y'	$+$	0	$-$		$-$	0	$+$
y''	$-$	$-$	$-$		$+$	$+$	$+$
y	↗	-2 極大	↘		↘	2 極小	↗

また, $\displaystyle\lim_{x \to -0} y = -\infty$, $\displaystyle\lim_{x \to +0} y = \infty$ により, y 軸を漸近線にもつ. さらに $y = x + \dfrac{1}{x}$ より

$$\lim_{x \to \infty}(y - x) = \lim_{x \to \infty}\frac{1}{x} = 0,$$

$$\lim_{x \to -\infty}(y - x) = \lim_{x \to -\infty}\frac{1}{x} = 0$$

であるから, 直線 $y = x$ を漸近線にもつ. よって, グラフは図のようになる. ■

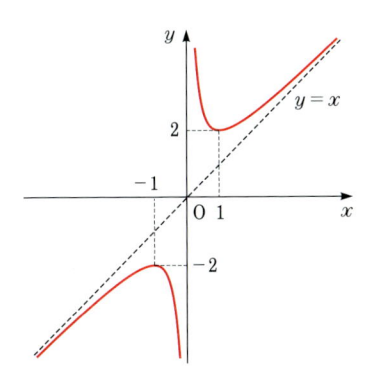

◆ **問 3.41** 関数 $y = \dfrac{x^2}{1-x}$ のグラフを書け.

3.14 近似式

関数 $f(x)$ を多項式で近似することを考えよう．いま，関数 $f(x)$ が

(14.1) $$f(x) = c_0 + c_1 x + c_2 x^2 + c_3 x^3 + \cdots$$

のように，x の多項式を用いて表されるものと仮定しよう．このとき，$c_0, c_1, c_2, c_3, \ldots$ を次のような手順で求めていくことができる．

(14.1) で $x = 0$ とおくと

$$c_0 = f(0)$$

を得る．次に，(14.1) の両辺を x で微分すると

(14.2) $$f'(x) = c_1 + 2c_2 x + 3c_3 x^2 + \cdots$$

である．この式において $x = 0$ とおくと

$$c_1 = f'(0).$$

さらに，(14.2) の両辺を x で微分すると

(14.3) $$f''(x) = 2c_2 + 2 \cdot 3 c_3 x + \cdots$$

であり，$x = 0$ とおくと

$$c_2 = \frac{1}{2} f''(0) = \frac{1}{2 \cdot 1} f''(0) = \frac{1}{2!} f''(0)$$

を得る[5]．同様に，(14.3) の両辺を x で微分して $x = 0$ とおくと

$$c_3 = \frac{1}{3 \cdot 2 \cdot 1} f'''(0) = \frac{1}{3!} f'''(0)$$

となることがわかる．

---

[5] ! は階乗を表す．一般に，$n! = n(n-1) \cdots 3 \cdot 2 \cdot 1$ である．ただし，$0! = 1$ とする．

この手続きは，関数 $f(x)$ を次々に微分し続けられる限り進めることができて，

$$f(x) = f(0) + f'(0)x + \frac{1}{2!}f''(0)x^2 + \frac{1}{3!}f'''(0)x^3 + \cdots$$

のようになる．一般には，n 回微分可能な関数 $f(x)$ に対して，次の定理が成り立つことが知られている．

定理 3.20（マクローリン展開）

関数 $f(x)$ は $x = 0$ のまわりで n 回微分可能とする．このとき，

$$f(x) = f(0) + f'(0)x + \frac{1}{2!}f''(0)x^2 + \cdots + \frac{1}{(n-1)!}f^{(n-1)}(0)x^{n-1} + R_n$$
$$= \sum_{k=0}^{n-1} \frac{1}{k!}f^{(k)}(0)x^k + R_n$$

が成り立つ．ここで，

$$R_n = \frac{1}{n!}f^{(n)}(c)x^n \quad (c \text{ は } 0 \text{ と } x \text{ の間の数})$$

は**剰余項**とよばれる．

▶ **注意** マクローリン展開の公式は，n 回微分可能な関数 $f(x)$ が $x = 0$ のまわりで $n - 1$ 次の多項式

$$\sum_{k=0}^{n-1} \frac{1}{k!}f^{(k)}(0)x^k = f(0) + f'(0)x + \frac{1}{2!}f''(0)x^2 + \cdots + \frac{1}{(n-1)!}f^{(n-1)}(0)x^{n-1}$$

で**近似できる**ことを示している．誤差は $f(x)$ が n 次の多項式でない限り必ず生じ，それは剰余項 R_n を用いて与えられる．また，上の式は $x = 0$ の近くで成立するものであって，一般に，x が 0 から離れるほど剰余項の値が大きくなり，誤差は無視できなくなる．また，0 と x の間の数 c は $c = \theta x$ $(0 < \theta < 1)$ のように書くことができるから，剰余項は次のように表されることが多い：

$$R_n = \frac{1}{n!}f^{(n)}(\theta x)x^n \quad (0 < \theta < 1).$$

例えば，指数関数 $f(x) = e^x$ に対し $x = 0$ におけるマクローリン展開を利用して多項式で近似すると

$$f'(x) = e^x, \quad f''(x) = e^x, \quad \ldots, \quad f^{(n)}(x) = e^x$$

より $f(0) = f'(0) = f''(0) = \cdots = f^{(n)}(0) = e^0 = 1$ であるから，

$$e^x = f(0) + f'(0)x + \frac{1}{2!}f''(0)x^2 + \cdots + \frac{1}{(n-1)!}f^{(n-1)}(0)x^{n-1} + R_n$$
$$= 1 + x + \frac{1}{2!}x^2 + \cdots + \frac{1}{(n-1)!}x^{n-1} + R_n$$

となる．ただし，

$$R_n = \frac{1}{n!}x^n e^{\theta x} \quad (0 < \theta < 1)$$

である．

関数 $f(x)$ が $x = 0$ のまわりで何回でも微分可能で，誤差を与える剰余項が $R_n \to 0 \ (n \to \infty)$ をみたすならば，マクローリン展開は無限に続けることができる．すなわち，

$$f(x) = f(0) + f'(0)x + \frac{1}{2!}f''(0)x^2 + \cdots + \frac{1}{n!}f^{(n)}(0)x^n + \cdots$$
$$= \sum_{k=0}^{\infty} \frac{1}{k!}f^{(k)}(0)x^k.$$

例えば，指数関数 $f(x) = e^x$ は

$$e^x = f(0) + f'(0)x + \frac{1}{2!}f''(0)x^2 + \cdots + \frac{1}{n!}f^{(n)}(0)x^n + \cdots$$
$$= 1 + x + \frac{1}{2!}x^2 + \cdots + \frac{1}{n!}x^n + \cdots$$

のように表すことができる．

▶ **注意** 関数のマクローリン展開を無限に続けたとき，得られる無限級数が収束するかどうか，すなわち，無限級数が $f(x)$ に一致するかどうかを示すことは難しい．指数関数 e^x の場合は，すべての x に対して，右辺の無限級数が収束し，その値が指数関数 e^x に等しいことが知られている．

3.14 近似式

以下は，主な関数のマクローリン展開である．無限級数が収束する x の範囲は ( ) 内に示されている．

$$\cos x = 1 - \frac{1}{2!}x^2 + \frac{1}{4!}x^4 - \cdots + (-1)^n \frac{1}{(2n)!}x^{2n} + \cdots \quad (|x| < \infty),$$

$$\sin x = x - \frac{1}{3!}x^3 + \frac{1}{5!}x^5 - \cdots + (-1)^n \frac{1}{(2n+1)!}x^{2n+1} + \cdots \quad (|x| < \infty),$$

$$\log(1+x) = x - \frac{1}{2}x^2 + \frac{1}{3}x^3 - \cdots + (-1)^{n-1}\frac{1}{n}x^n + \cdots \quad (|x| < 1)^{6)},$$

$$(1+x)^\alpha = 1 + \alpha x + \frac{\alpha(\alpha-1)}{2}x^2 + \cdots + \frac{\alpha(\alpha-1)\cdots(\alpha-n+1)}{n!}x^n + \cdots \quad (|x| < 1)$$

▶ **注意** $\sin x$ と $\log(1+x)$ について，$n = 1, 2, 3$ までの近似のグラフを下に示す．

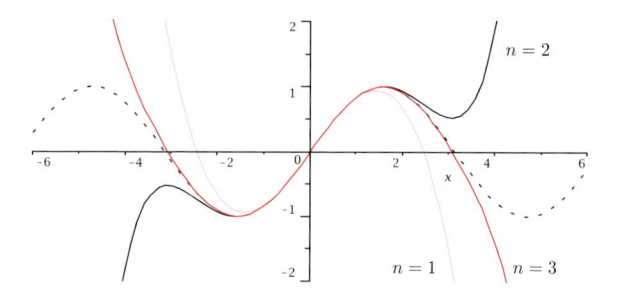

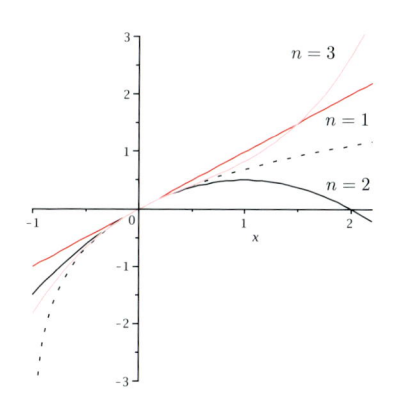

◆ **問 3.42** 上の関数のマクローリン展開の形が正しいことを確かめよ．

[6)] $\log(1+x)$ の場合，図からもわかるように，$x > 1$ では n が大きくなるほど誤差が大きくなっていく様子が見てとれる．

▶ **発展** i を虚数単位，すなわち，$i^2 = -1$ とする．指数関数 e^x のマクローリン展開の式に $x = i\theta$ を（形式的に）代入してみると

$$e^{i\theta} = 1 + i\theta + \frac{1}{2!}(i\theta)^2 + \frac{1}{3!}(i\theta)^3 + \frac{1}{4!}(i\theta)^4 + \frac{1}{5!}(i\theta)^5 + \cdots$$
$$= \left(1 - \frac{1}{2!}\theta^2 + \frac{1}{4!}\theta^4 - \cdots\right) + i\left(\theta - \frac{1}{3!}\theta^3 + \frac{1}{5!}\theta^5 - \cdots\right).$$

ここで，$\cos x$ と $\sin x$ に対するマクローリン展開を用いると

$$e^{i\theta} = \cos\theta + i\sin\theta$$

となることがわかる．これを**オイラーの公式**という．指数関数の定義域を複素数の範囲まで拡張することによって，指数関数と3角関数の間にある深い関係がわかり，統一的な理解が可能になる．

マクローリン展開は，原点 $x = 0$ のまわりで，関数 $f(x)$ を多項式で近似する方法である．関数 $f(x)$ を $x = a$ のまわりで近似する方法は，**テイラー展開**とよばれる．マクローリン展開は，テイラー展開の特別な場合である．

定理 3.21（テイラー展開）
関数 $f(x)$ は $x = a$ のまわりで n 回微分可能とする．このとき，

$$f(x) = f(a) + f'(a)(x-a) + \frac{1}{2!}f''(a)(x-a)^2 +$$
$$\cdots + \frac{1}{(n-1)!}f^{(n-1)}(a)(x-a)^{n-1} + R_n$$
$$= \sum_{k=0}^{n-1} \frac{f^{(k)}(a)}{k!}(x-a)^k + R_n$$

が成り立つ．ここで，

$$R_n = \frac{1}{n!}f^{(n)}(c)(x-a)^n \quad (c\text{ は } a \text{ と } x \text{ の間の数})$$

は剰余項とよばれる．

▶ **注意** a と x の間の数 c は $c = a + \theta(x - a)$ $(0 < \theta < 1)$ のように書くことができるから，剰余項は次のように表されることが多い：

$$R_n = \frac{1}{n!} f^{(n)}(a + \theta(x - a))(x - a)^n \quad (0 < \theta < 1).$$

◆ **問 3.43** 96 ページの議論を用いて，関数 $f(x)$ が

$$f(x) = c_0 + c_1(x - a) + c_2(x - a)^2 + \cdots + c_n(x - a)^n + \cdots$$

のように与えられているとき，

$$c_0 = f(a), \quad c_1 = f'(a), \quad c_2 = \frac{1}{2!} f''(a), \quad \ldots, \quad c_n = \frac{1}{n!} f^{(n)}(a), \quad \ldots$$

であることを示せ．

例題 3.32

関数 $f(x) = \log x$ を $x = 1$ のまわりで 3 次の項までテイラー展開せよ．

【解】 $f'(x) = \dfrac{1}{x} = x^{-1}, \quad f''(x) = -x^{-2}, \quad f'''(x) = 2x^{-3}$ より

$$f(1) = 0, \quad f'(1) = 1, \quad f''(1) = -1, \quad f'''(1) = 2$$

であるから，

$$\log x \fallingdotseq f(1) + f'(1)(x-1) + \frac{1}{2!}f''(1)(x-1)^2 + \frac{1}{3!}f'''(1)(x-1)^3$$
$$= (x-1) - \frac{1}{2}(x-1)^2 + \frac{1}{3}(x-1)^3.$$

▶ **注意** 例題 3.32 のように，展開式の最終式はこの形でよい．

$$= x - 1 - \frac{1}{2}(x^2 - 2x + 1) + \frac{1}{3}(x^3 - 3x^2 + 3x - 1) = \cdots$$

のように，さらに展開して式を整理する必要はない．

◆ **問 3.44** 次の関数を与えられた点のまわりでテイラー展開せよ．
(1) $\sin \pi x$ ($x = -1$, 3 次の項まで) (2) $\dfrac{1}{1-x}$ ($x = 2$, 4 次の項まで)

マクローリン展開と同様に，関数 $f(x)$ が $x = a$ のまわりで何回でも微分可能で，誤差を与える剰余項が $R_n \to 0$ $(n \to \infty)$ をみたすならば，テイラー展開は無限に続けることができ，関数を無限級数で表すことができる．例えば，関数 $f(x) = \log x$ は $x = 1$ のまわりで

$$\log x = f(1) + f'(1)(x-1) + \frac{1}{2!}f''(1)(x-1)^2 + \frac{1}{3!}f'''(1)(x-1)^3 + \cdots$$
$$= (x-1) - \frac{1}{2}(x-1)^2 + \frac{1}{3}(x-1)^3 - \cdots$$
$$= \sum_{k=1}^{\infty} \frac{(-1)^{k-1}}{k}(x-1)^k$$

のようにテイラー展開される．

3.15　パラメータ表示と微分法

xy 平面上を動く点 P があり，その座標 (x, y) が 1 つの変数 t を用いて

$$x = 2t, \quad y = 4t^2 - 2$$

で表されているとする．このとき，例えば，t の値が $-1, 0, 1$ であるとき，P の座標はそれぞれ

$$(-2, 2), \quad (0, -2), \quad (2, 2)$$

となる．このように，t の値をさまざまに変化させて，対応する点 P を xy 平面上にとることにより，動点 P の描く曲線の概形を描くことができる．

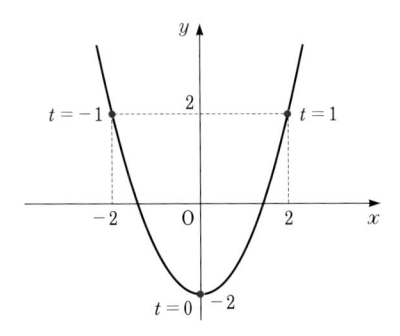

3.15 パラメータ表示と微分法

一般に，曲線 C 上の点の座標 (x, y) が 1 つの変数，例えば t の関数として

$$x = f(t), \quad y = g(t)$$

で与えられているとき，これを曲線 C の**パラメータ表示**といい，t を**パラメータ**という．

パラメータ t の関数で表示された曲線上の点 $\mathrm{P}(x, y)$ における $\dfrac{dy}{dx}$ を求めるには，次の定理を用いる．

定理 3.22

パラメータ表示された曲線

$$x = f(t), \quad y = g(t)$$

において，$f(t), g(t)$ がともに微分可能で，$f'(t) \neq 0$ とするとき，y は x の関数として微分可能で，

$$\frac{dy}{dx} = \frac{\dfrac{dy}{dt}}{\dfrac{dx}{dt}} = \frac{g'(t)}{f'(t)}$$

で与えられる．

例題 3.33

次の式で定義される曲線

$$x = a(t - \sin t), \quad y = a(1 - \cos t) \quad (a > 0)$$

において，$t = \dfrac{\pi}{2}$ に対応する点における接線の方程式を求めよ．

【解】

$$\frac{dy}{dx} = \frac{\dfrac{dy}{dt}}{\dfrac{dx}{dt}} = \frac{a \sin t}{a(1 - \cos t)} = \frac{\sin t}{1 - \cos t}$$

であるから，$t=\dfrac{\pi}{2}$ に対応する点 $\left(a\left(\dfrac{\pi}{2}-1\right),\ a\right)$ では，$\dfrac{dy}{dx}=1$ である．よって，求める接線の方程式は

$$y-a=x-a\left(\dfrac{\pi}{2}-1\right) \quad \therefore\quad y=x+a\left(2-\dfrac{\pi}{2}\right).$$

▶ **参考　サイクロイド曲線**：点 $A(0,\ a)$ を中心とする半径 a の円がある．この円が，x 軸上を正の方向にすべらずに 1 回転するとき，最初に原点にあった円周上の点 P の軌跡は，次の式によって与えられる：

$$x=a(t-\sin t),\quad y=a(1-\cos t) \qquad (0\leqq t\leqq 2\pi).$$

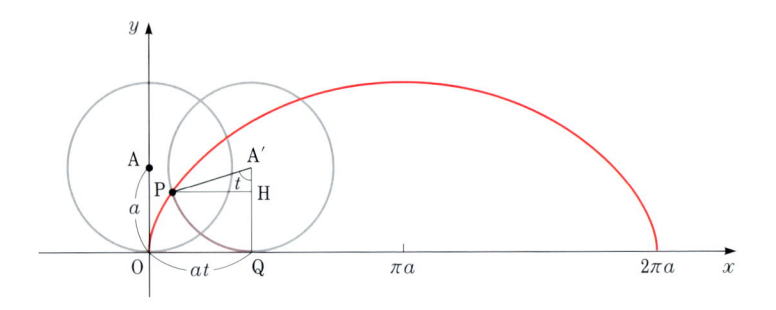

実際，円が最初の位置から t だけ回転して，図のように中心 A' の円になったとき，点 P の座標 $(x,\ y)$ は次のように与えられる：

円 A' と x 軸との接点を Q，P から $A'Q$ に引いた垂線と $A'Q$ との交点を H とすると，$OQ=\overset{\frown}{PQ}=at$ であるから

$$x=OQ-PH=at-a\sin t=a(t-\sin t),$$
$$y=A'Q-A'H=a-a\cos t=a(1-\cos t).$$

◆ **問 3.45**　次のパラメータ表示された曲線について，（　）内の t の値に対応する点における接線の方程式を求めよ．

（1）　$x=t+1,\ y=t^2-1\quad (t=1)$

（2）　$x=\cos^3 t,\ y=\sin^3 t\quad \left(t=\dfrac{\pi}{4}\right)$

3.16 速度と加速度

直線上を運動する点 P があるとき,時刻 t における P の座標 x を t の関数と考えて,$x = f(t)$ のように表す.時刻 t から $t + \Delta t$ の間に,点 P が x から $x + \Delta x$ まで動いたとすると,$x = f(t)$ の平均変化率は

$$\frac{\Delta x}{\Delta t} = \frac{f(t + \Delta t) - f(t)}{\Delta t}$$

である.そこで,Δt が限りなく 0 に近づいたときの極限

$$v = \lim_{\Delta t \to 0} \frac{\Delta x}{\Delta t} = \frac{dx}{dt}$$

を時刻 t における点 P の**速度**といい,速度の大きさ $|v|$ を P の**速さ**という.

また,速度 v を t の関数とみたときの平均変化率

$$\frac{\Delta v}{\Delta t} = \frac{v(t + \Delta t) - v(t)}{\Delta t}$$

を考え,その極限

$$a = \lim_{\Delta t \to 0} \frac{\Delta v}{\Delta t} = \frac{dv}{dt}$$

を点 P の**加速度**という.

例えば,直線上を運動する点 P の時刻 t における座標 x が,ℓ, ω を定数として,$x = \ell \sin \omega t$ で与えられているとき,P の速度 v と加速度 a はそれぞれ

$$v = \frac{dx}{dt} = \ell \omega \cos \omega t, \qquad a = \frac{dv}{dt} = -\ell \omega^2 \sin \omega t$$

である.

◆**問 3.46** 地上 1.5 m の位置から毎秒 19.6 m の速さで真上に投げられた物体の t 秒後の高さを y m とするとき,等式 $y = -4.9t^2 + 19.6t + 1.5$ が成り立つことが知られている.このとき,次の各問に答えよ.

（1） この物体の t 秒後の速度,加速度を求めよ.

（2） 最高の高さに到達するまでの時間とその高さを求めよ.

次に，平面上を運動する点の速度と加速度[7]について説明しよう．

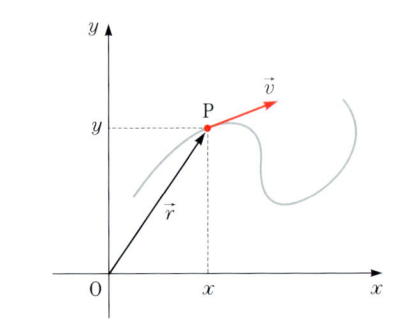

図のように，平面上を運動する点 P があり，時刻 t における P の座標を (x, y) とする．ベクトル記号を用いて

$$\vec{r} = (x, y)$$

と表す．$\vec{r}$ を点 P の**位置ベクトル**ということもある．このとき，

$$\vec{v} = \frac{d\vec{r}}{dt} = \left(\frac{dx}{dt}, \frac{dy}{dt}\right)$$

を点 P の速度（**速度ベクトル**）といい，その大きさ

$$|\vec{v}| = \sqrt{\left(\frac{dx}{dt}\right)^2 + \left(\frac{dy}{dt}\right)^2}$$

を P の速さ（速度ベクトルの大きさ）という．また，

$$\vec{a} = \frac{d\vec{v}}{dt} = \frac{d^2\vec{r}}{dt^2} = \left(\frac{d^2x}{dt^2}, \frac{d^2y}{dt^2}\right)$$

を点 P の加速度（**加速度ベクトル**）といい，その大きさ

$$|\vec{a}| = \sqrt{\left(\frac{d^2x}{dt^2}\right)^2 + \left(\frac{d^2y}{dt^2}\right)^2}$$

を P の加速度の大きさという．

---

[7] 空間上を運動する点の位置と加速度についても同様に考えることができる．

例題 3.34

単位円上を動く点 P の，時刻 t における位置ベクトルが

$$\vec{r}(t) = (\cos\omega t,\ \sin\omega t)$$

で与えられるとき，P の速度と加速度を求めよ．

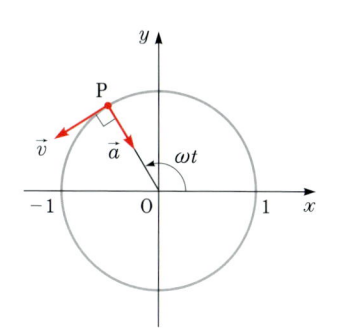

【解】 P の速度は

$$\vec{v}(t) = \frac{d\vec{r}(t)}{dt} = \left(\frac{d}{dt}\cos\omega t,\ \frac{d}{dt}\sin\omega t\right)$$
$$= (-\omega\sin\omega t,\ \omega\cos\omega t)$$

で与えられる．また，加速度は

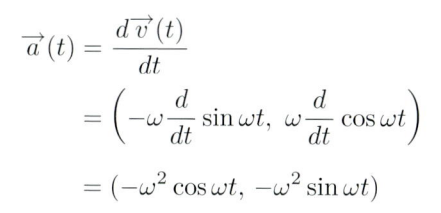

$$\vec{a}(t) = \frac{d\vec{v}(t)}{dt}$$
$$= \left(-\omega\frac{d}{dt}\sin\omega t,\ \omega\frac{d}{dt}\cos\omega t\right)$$
$$= (-\omega^2\cos\omega t,\ -\omega^2\sin\omega t)$$

で与えられる．

◆ **問 3.47** 平面上を運動する点 P の，時刻 t における座標 (x, y) が

$$x = t - \sin t, \qquad y = 1 - \cos t$$

で与えられるとき，P の速度の大きさと加速度の大きさを求めよ．

練 習 問 題

3.1 次の関数を微分せよ．

（1） $y = x^5(1-x)^4$ （2） $y = \sqrt{\dfrac{x-1}{x+1}}$ （3） $y = 2^x$

（4） $y = \log(\log x)$ （5） $y = x^2\cos\dfrac{1}{x}$ （6） $y = \sin(e^{-x^2})$

3.2 関数 $f(x)$, $g(x)$, $h(x)$ が微分可能であるとき，
$$\{f(x)g(x)h(x)\}' = f'(x)g(x)h(x) + f(x)g'(x)h(x) + f(x)g(x)h'(x)$$
が成り立つことを示せ．また，関数 $P(x) = (x-1)(x-2)(x-3)$ に対して，$P'(1)$, $P'(2)$, $P'(3)$ の値を求めよ．

3.3 $z = g(y)$, $y = f(x)$ で，f, g がともに 2 回微分可能ならば，z は x に関して 2 回微分可能であり，次の式が成り立つことを示せ．
$$\frac{d^2z}{dx^2} = \frac{d^2z}{dy^2}\left(\frac{dy}{dx}\right)^2 + \frac{dz}{dy}\frac{d^2y}{dx^2}$$

3.4 $y = f(x)$ の逆関数を $x = f^{-1}(y)$ とする．f が 2 回微分可能で $f'(x) \neq 0$ ならば，$f^{-1}(y)$ も y に関して 2 回微分可能であり，次の式が成り立つことを示せ．
$$\frac{d^2x}{dy^2} = -\frac{d^2y}{dx^2}\left(\frac{dy}{dx}\right)^{-3}$$

3.5 対数微分法を用いて，次の関数を微分せよ．
（1） $y = x^{\log x}$ （2） $y = x^2\sqrt{\dfrac{1-x^2}{1+x^2}}$

3.6 曲線 $y = e^x$ の接線で，原点を通るものの方程式を求めよ．

3.7 次の関数の増減，極値，グラフの凹凸，変曲点などを調べて，グラフの概形を書け．
（1） $f(x) = e^{-x}\sin x \quad (0 \leqq x \leqq \pi)$ （2） $f(x) = \dfrac{x^3}{x^2-1}$

3.8 次の方程式の実数解の個数は，k の値によってどのように変化するかを調べよ．
（1） $x^3 - 3x^2 - 9x + k = 0$ （2） $x^4 - 4x^3 - 8x^2 + k = 0$

3.9 次の関数の最大値と最小値を求めよ．
（1） $f(x) = x - \sqrt{x} \quad (0 \leqq x \leqq 2)$
（2） $f(x) = (x^2-1)e^x \quad (-1 \leqq x \leqq 1)$

3.10 $x > 0$ のとき，次の不等式が成り立つことを示せ．
（1） $\dfrac{1}{x+1} < \log(x+1) - \log x < \dfrac{1}{x}$ （2） $x - \dfrac{1}{2}x^2 < \log(x+1) < x$

3.11 マクローリン展開を利用して，次の極限を求めよ．

（1） $\displaystyle\lim_{x\to 0}\left\{\frac{1}{x}-\frac{\log(1+x)}{x^2}\right\}$ 　　（2） $\displaystyle\lim_{x\to 0}\frac{x-\sin x}{x^3}$

3.12 次の値の近似値を，（ ）内に与えた関数のマクローリン展開の x^3 の項まで計算して求めよ．

（1） $\sqrt{1.1}$ 　（$\sqrt{1+x}$, $x=0.1$）　　（2） $\sin 0.2$ 　（$\sin x$, $x=0.2$）

3.13 次の関数を与えられた点のまわりでテイラー展開せよ．

（1） $f(x)=\sqrt{x+2}$ 　　（$x=2$, 2 次の項まで）

（2） $f(x)=x\cos\pi x$ 　　（$x=1$, 3 次の項まで）

（3） $f(x)=\log(\sin x)$ 　　$\left(x=\dfrac{\pi}{2}\text{, 4 次の項まで}\right)$

（4） $f(x)=\mathrm{Tan}^{-1}x$ 　　（$x=-1$, 3 次の項まで）

3.14 点 $\mathrm{P}(x,y)$ の描く曲線 C が，時刻 t をパラメータとして $x=\cos^3 t$, $y=\sin^3 t$ で表されているとする．

（1） 点 P の速度と加速度を求めよ．また，時刻 $t=\dfrac{\pi}{4}$ における速さと加速度の大きさを求めよ．

（2） 曲線 C の各点における接線が，x 軸と y 軸によって切り取られる長さは一定であることを示せ．ただし，このときの接点は x 軸および y 軸上にないものとする．

3.15（双曲線関数） 次の式で定義される関数を双曲線関数という．

$$\cosh x=\frac{e^x+e^{-x}}{2}\qquad\text{（ハイパボリックコサイン）}$$

$$\sinh x=\frac{e^x-e^{-x}}{2}\qquad\text{（ハイパボリックサイン）}$$

$$\tanh x=\frac{\sinh x}{\cosh x}=\frac{e^x-e^{-x}}{e^x+e^{-x}}\qquad\text{（ハイパボリックタンジェント）}$$

（1） $\cosh^2 x-\sinh^2 x=1$, $\cosh(-x)=\cosh x$, $\sinh(-x)=-\sinh x$ が成り立つことを示せ．

（2） $(\sinh x)'=\cosh x$, $(\cosh x)'=\sinh x$, $(\tanh x)'=\dfrac{1}{\cosh^2 x}$ を示せ．

（3） $\cosh x$, $\sinh x$, $\tanh x$ のグラフを書け．

3.16（ライプニッツの公式） f, g が n 回微分可能な関数であるとき，次の式が成り立つことが知られている：

$$(fg)^{(n)} = \sum_{k=0}^{n} {}_nC_k f^{(n-k)} g^{(k)} \qquad \left({}_nC_k = \frac{n!}{k!(n-k)!} \right)^{8)}$$

この公式を用いて $y = x^2 e^x$ の第 n 次導関数を求めよ．

3.17 （ 1 ） $f(x) = \mathrm{Tan}^{-1} x$ が $(1+x^2)f'(x) = 1$ をみたすことを確かめよ．

（ 2 ） （ 1 ）で確かめた式の両辺を x で微分することによって，次の式が成り立つことを示せ．

$$(1+x^2)f''(x) + 2xf'(x) = 0$$

（ 3 ） 数学的帰納法を用いて，次の式が成り立つことを示せ．

$$(1+x^2)f^{(n+1)}(x) + 2nxf^{(n)}(x) + n(n-1)f^{(n-1)}(x) = 0$$

（ 4 ） $f^{(2n)}(0) = 0$, $f^{(2n+1)}(0) = (-1)^n (2n)!$ が成り立つことを示せ．

---

8) ${}_nC_k$ は **2 項係数**と呼ばれる（付録 A，242 ページ）．

第 4 章

積 分 法

　この章では，1 変数関数の積分法を取り扱う．まず，不定積分（原始関数）の定義と簡単な計算例を述べ，図形の面積にもとづく直観的な定積分の定義を与え，その性質を述べる．次に，部分積分法，置換積分法について説明し，この 2 つの計算法を用いていろいろな関数の不定積分および定積分を計算する．また，定積分の定義（リーマン積分）を述べると同時に，その意味を説明し，面積，体積，曲線の長さを定積分を利用して求める方法を述べる．さらに，広義積分について述べ，最後に積分法の応用として，微分方程式について簡単にふれる．

4.1 　不定積分

　第 3 章では，関数が与えられたとき，その導関数を求めることを学んだ．ここでは，その**逆の演算**を考えよう．関数 $f(x)$ に対して，

$$F'(x) = f(x)$$

をみたす関数 $F(x)$ を $f(x)$ の**原始関数**という．例えば，$(x^2)' = 2x$ であるから，x^2 は $2x$ の原始関数である．また，$(\sin x)' = \cos x$ であるから，$\sin x$ は $\cos x$ の原始関数である．

$f(x)$ の原始関数は 1 つとは限らない．例えば，$(x^2+2)' = 2x$, $(x^2-1)' = 2x$ であるから，x^2+2, x^2-1 は，$2x$ の原始関数である．一般に，x^2 に任意の定数 C を加えた関数 x^2+C はすべて $2x$ の原始関数である．

$F(x)$ が関数 $f(x)$ の原始関数ならば，C を任意の定数として，

$$\{F(x)+C\}' = F'(x) + 0 = f(x)$$

となるから，$F(x)+C$ も $f(x)$ の原始関数である．

逆に，$f(x)$ の原始関数は $F(x)+C$ の形のものしかない．実際，$G(x)$ を $f(x)$ のもう 1 つの原始関数とすれば

$$\{G(x)-F(x)\}' = G'(x) - F'(x) = f(x) - f(x) = 0$$

となる．したがって，$G(x)-F(x)$ は定数でなければならない．よって，その定数を C とすると

$$G(x) - F(x) = C \quad \therefore \quad G(x) = F(x) + C.$$

以上より，一般に，関数 $f(x)$ の原始関数の 1 つを $F(x)$ とすると，$f(x)$ の任意の原始関数は

(1.1) $$F(x) + C \quad (C\text{ は任意の定数})$$

と表される．これらをまとめて

$$\int f(x)\,dx$$

と表し，$f(x)$ の**不定積分**という．すなわち，

$$\int f(x)\,dx = F(x) + C \quad (C\text{ は任意の定数})$$

である．

▶ **注意** 記号 $\int$ は，「インテグラル」と読む．

関数 $f(x)$ の不定積分を求めることを，$f(x)$ を**積分する**という．また，定数 C を**積分定数**という．例えば，$(x^2)' = 2x$ であるから，$2x$ を積分すると

$$\int 2x\,dx = x^2 + C \qquad (C \text{ は積分定数}).$$

不定積分を求めることは，微分の逆演算であるから，微分法の公式より，次の公式が得られる．

公式 4.1（不定積分の公式 1）

（1） $\displaystyle\int x^\alpha\,dx = \frac{1}{\alpha+1} x^{\alpha+1} + C \qquad (\alpha \neq -1)$

（2） $\displaystyle\int \frac{1}{x}\,dx = \log|x| + C$

（3） $\displaystyle\int e^x\,dx = e^x + C$

（4） $\displaystyle\int \cos x\,dx = \sin x + C, \quad \int \sin x\,dx = -\cos x + C$

（5） $\displaystyle\int \frac{1}{\cos^2 x}\,dx = \tan x + C$

例えば，上の公式の $\displaystyle\int \cos x\,dx = \sin x + C$ を示すには，右辺の $\sin x$ を x で微分して $\cos x$ になること，すなわち，$(\sin x)' = \cos x$ を確かめればよい（73 ページの公式 3.1）．一般に，

$$\left(\int f(x)\,dx\right)' = f(x)$$

である．

◆ **問 4.1** 公式 4.1 が正しいことを確かめよ．

▶ **注意** 以後，とくに必要のない限り，積分定数を省略することがある．また，$\displaystyle\int 1\,dx$, $\displaystyle\int \frac{1}{x}\,dx$ などを，それぞれ $\displaystyle\int dx$, $\displaystyle\int \frac{dx}{x}$ のように書くこともある．

公式 4.2 (不定積分の公式 2)

(1) $\displaystyle\int \frac{1}{\sqrt{a^2-x^2}}\,dx = \mathrm{Sin}^{-1}\frac{x}{a} \qquad (a>0)$

(2) $\displaystyle\int \frac{1}{a^2+x^2}\,dx = \frac{1}{a}\mathrm{Tan}^{-1}\frac{x}{a} \qquad (a\neq 0)$

(3) $\displaystyle\int \frac{1}{\sqrt{x^2+a}}\,dx = \log\left|x+\sqrt{x^2+a}\right| \qquad (a\neq 0)$

◆ 問 4.2 公式 4.2 が正しいことを確かめよ．

微分法の公式（定理 3.6，62 ページ）より，次の計算公式が成り立つことが容易に確かめられる．

定理 4.1

(1) $\displaystyle\int kf(x)\,dx = k\int f(x)\,dx \qquad$ (k は定数)

(2) $\displaystyle\int \{f(x)\pm g(x)\}\,dx = \int f(x)\,dx \pm \int g(x)\,dx \qquad$ (複号同順)

例題 4.1

次の不定積分を求めよ．

(1) $\displaystyle\int (6x^2-4x)\,dx \qquad$ (2) $\displaystyle\int (\cos x + 2e^x - 3)\,dx$

【解】 (1) $\displaystyle\int (6x^2-4x)\,dx = 6\int x^2\,dx - 4\int x\,dx$

$\displaystyle\qquad\qquad\qquad\qquad = 6\cdot\frac{x^3}{3} - 4\cdot\frac{x^2}{2} + C = 2x^3 - 2x^2 + C.$

(2) $\displaystyle\int (\cos x + 2e^x - 3)\,dx = \int \cos x\,dx + 2\int e^x\,dx - 3\int dx$

$\displaystyle\qquad\qquad\qquad\qquad = \sin x + 2e^x - 3x + C.$

◆問 4.3　次の不定積分を求めよ．

(1)　$\displaystyle\int (x + 4e^x - 3\sin x)\,dx$　　(2)　$\displaystyle\int \left(1 + \frac{1}{\sqrt{x}}\right)^2 dx$

(3)　$\displaystyle\int \tan^2 x\,dx$　　(4)　$\displaystyle\int \frac{x^2}{1+x^2}\,dx$

4.2　定積分

　連続関数の定積分を，「面積」の概念をすでに知っているものとして説明する．面積という言葉を聞いたことがない人はいないと思われるが，図形の面積を数学的に正確に定義することは意外に難しく，それは後の節で述べる．

　関数 $f(x)$ は閉区間 $[a,b]$ で連続とする．曲線 $y = f(x)$ と直線 $x = a, x = b$ および x 軸で囲まれた部分の面積を，x 軸より上側の部分は正の値，下側の部分は負の値として加え合わせたものを

$$\int_a^b f(x)\,dx$$

で表し，$f(x)$ の区間 $[a,b]$ における**定積分**という．ここで，a, b をそれぞれこの定積分の**下端**，**上端**といい，$f(x)$ を**被積分関数**という．

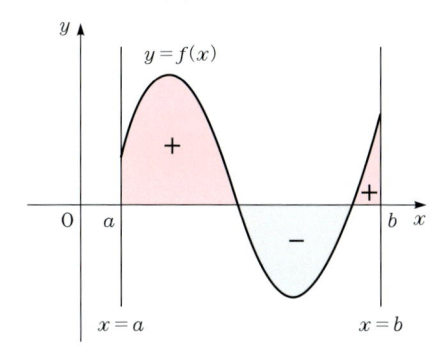

▶注意　図形の面積は，関数を表す変数（文字の種類）に関係なく定まるから，上の定積分を $\displaystyle\int_a^b f(t)\,dt$ などのように表してもよい．

また，$a < b$ のとき，

$$\int_b^a f(x)\,dx = -\int_a^b f(x)\,dx$$

と定義する．

上のように定積分を定義すれば，次の式が成り立つことがわかる：

(2.1) $$\int_a^a f(x)\,dx = 0,$$

(2.2) $$\int_a^c f(x)\,dx + \int_c^b f(x)\,dx = \int_a^b f(x)\,dx.$$

▶ **注意** 等式 (2.2) は a, b, c の大小に関係なく成り立つ．

さらに，区間 $[a, b]$ で $f(x) \leqq g(x)$ のとき，次の不等式（**比較原理**）が成り立つ：

(2.3) $$\int_a^b f(x)\,dx \leqq \int_a^b g(x)\,dx.$$

ただし，等号が成立するのは，常に $f(x) = g(x)$ が成り立つときに限る．

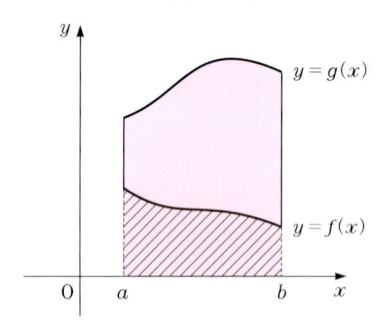

◆ **問 4.4** 性質 (2.1)〜(2.3) が成り立つことを確かめよ．

◆ **問 4.5** 次の不等式が成り立つことを示せ：

$$\left|\int_a^b f(x)\,dx\right| \leqq \int_a^b |f(x)|\,dx.$$

比較原理を用いると，次の定理を示すことができる．

定理 4.2（積分に関する平均値の定理）

区間 $[a, b]$ で $f(x)$ が連続ならば

$$\frac{1}{b-a}\int_a^b f(x)\,dx = f(c) \qquad (a < c < b)$$

をみたす c が少なくとも 1 つ存在する．

【証明】 区間 $[a, b]$ において，$f(x)$ の最大値を M，最小値を m とすると

$$m \leqq f(x) \leqq M$$

であるから，

$$\int_a^b m\,dx \leqq \int_a^b f(x)\,dx \leqq \int_a^b M\,dx$$

$$\therefore \quad m(b-a) \leqq \int_a^b f(x)\,dx \leqq M(b-a).$$

したがって，$\dfrac{1}{b-a}\displaystyle\int_a^b f(x)\,dx = K$ とおくと

$$m \leqq K \leqq M$$

が成り立つ．よって，連続関数についての中間値の定理（56 ページ）を用いると，区間 (a, b) において，$f(c) = K$ をみたす c が少なくとも 1 つ存在する．すなわち，

$$\frac{1}{b-a}\int_a^b f(x)\,dx = f(c) \qquad (a < c < b)$$

が成り立つ．

次に，定積分と微分法の関係を調べよう．a が定数のとき，$\int_a^x f(t)\,dt$ は（上端に x を使うので，積分する変数を t とした）．上端 x の値を決めると，その値がただ 1 つ定まるので，x の関数である．この関数は次の性質をみたす．

定理 4.3

$f(x)$ は区間 I で連続とする．I 上の点 a に対して，$F(x) = \int_a^x f(t)\,dt$ とおくと，$F(x)$ は $f(x)$ の原始関数である．すなわち，

$$\frac{dF(x)}{dx} = f(x).$$

【証明】 導関数の定義より，

$$\frac{dF(x)}{dx} = \lim_{h \to 0} \frac{F(x+h) - F(x)}{h}$$

である．また，

$$\int_a^x f(t)\,dt + \int_x^{x+h} f(t)\,dt = \int_a^{x+h} f(t)\,dt$$

より，

$$F(x+h) - F(x) = \int_x^{x+h} f(t)\,dt$$

である．したがって，$h > 0$ のときは，積分に関する平均値の定理より

$$\frac{1}{h}\int_x^{x+h} f(t)\,dt = f(c) \quad (x < c < x+h)$$

をみたす c が存在する．$h \to 0$ のとき $f(c) \to f(x)$ であるから

$$\frac{dF(x)}{dx} = \lim_{h \to 0} \frac{F(x+h) - F(x)}{h} = \lim_{h \to 0} f(c) = f(x).$$

$h < 0$ のときも同様に示せる．

定理 4.4

$f(x)$ は区間 $[a, b]$ で連続とする．$f(x)$ の原始関数の 1 つを $F(x)$ とすると，

$$\int_a^b f(x)\,dx = F(b) - F(a)$$

である．

【証明】 定理 4.3 より

$$G(x) = \int_a^x f(t)\,dt$$

は $f(x)$ の原始関数の 1 つである．よって，112 ページで述べたことから，

$$G(x) = F(x) + C \qquad (C \text{ は定数})$$

が成り立つ．ここで，$G(a) = 0$ より $C = -F(a)$ であることがわかる．したがって，

$$\int_a^b f(x)\,dx = \int_a^b f(t)\,dt = G(b) = F(b) - F(a).$$ ∎

$F(b) - F(a)$ は記号 $\left[F(x)\right]_a^b$ を用いて表されることが多い．すなわち，

$$\int_a^b f(x)\,dx = \left[F(x)\right]_a^b = F(b) - F(a).$$

定理 4.4 より，$f(x)$ の a から b までの定積分を計算するには，$f(x)$ の原始関数の 1 つを不定積分の公式などを用いて求め，その a と b における値の差を計算すればよいことがわかる．例えば，$f(x) = 2x$ のとき，$F(x) = x^2$ は $f(x)$ の原始関数であるから，

$$\int_1^3 2x\,dx = \left[x^2\right]_1^3 = 3^2 - 1^2 = 8.$$

▶ **注意** $f(x) = 2x$ に対し，$G(x) = x^2 + C$（C は定数）も $f(x)$ の原始関数である．このとき，

$$\int_1^3 2x\,dx = \left[x^2 + C\right]_1^3 = (3^2 + C) - (1^2 + C) = 8$$

となる．したがって，定積分の計算では，積分定数を省略して考えてよい．

定積分について，次の計算公式が成り立つ．

定理 4.5

（1） $\displaystyle\int_a^b \{f(x) \pm g(x)\}\,dx = \int_a^b f(x)\,dx \pm \int_a^b g(x)\,dx$ （複号同順）

（2） $\displaystyle\int_a^b kf(x)\,dx = k\int_a^b f(x)\,dx$ （k は定数）

【証明】 $\displaystyle F(x) = \int_a^x \{f(t) + g(t)\}\,dt, \quad G(x) = \int_a^x f(t)\,dt + \int_a^x g(t)\,dt$

とおくと，定理 4.3 より

$$\frac{dF(x)}{dx} = f(x) + g(x) = \frac{dG(x)}{dx}.$$

よって，

$$F(x) = G(x) + C \quad (C \text{ は定数})$$

である．とくに，$x = a$ とすると，$F(a) = G(a) = 0$ より $C = 0$ であることがわかる．したがって，

$$\int_a^b \{f(t) + g(t)\}\,dt = F(b) = G(b) = \int_a^b f(t)\,dt + \int_a^b g(t)\,dt$$

すなわち

$$\int_a^b \{f(x) + g(x)\}\,dx = \int_a^b f(x)\,dx + \int_a^b g(x)\,dx$$

を得る．他の場合も同様にして示せる．

例題 4.2

次の定積分を求めよ．

（1） $\displaystyle\int_1^2 (x^2 - 4x + 3)\,dx$ 　　（2） $\displaystyle\int_0^\pi (2\cos x + \sqrt{x}\,)\,dx$

【解】（1） $\displaystyle\int_1^2 (x^2 - 4x + 3)\,dx = \left[\frac{1}{3}x^3 - 2x^2 + 3x\right]_1^2$

$= \left(\frac{1}{3}\cdot 2^3 - 2\cdot 2^2 + 3\cdot 2\right) - \left(\frac{1}{3}\cdot 1^3 - 2\cdot 1^2 + 3\cdot 1\right) = -\frac{2}{3}.$

あるいは，次のように計算してもよい．

$\displaystyle\int_1^2 (x^2 - 4x + 3)\,dx = \int_1^2 x^2\,dx - 4\int_1^2 x\,dx + 3\int_1^2 dx$

$= \left[\frac{x^3}{3}\right]_1^2 - 4\left[\frac{x^2}{2}\right]_1^2 + 3\bigl[x\bigr]_1^2$

$= \frac{1}{3}(2^3 - 1^3) - 2(2^2 - 1^2) + 3(2 - 1) = -\frac{2}{3}.$

（2）（1）と同様に，

$\displaystyle\int_0^\pi (2\cos x + \sqrt{x}\,)\,dx = \int_0^\pi (2\cos x + x^{\frac{1}{2}})\,dx$

$= \left[2\sin x + \frac{2}{3}x^{\frac{3}{2}}\right]_0^\pi = \frac{2}{3}\pi^{\frac{3}{2}}.$

あるいは

$\displaystyle\int_0^\pi (2\cos x + \sqrt{x}\,)\,dx = 2\int_0^\pi \cos x\,dx + \int_0^\pi x^{\frac{1}{2}}\,dx$

$= 2\bigl[\sin x\bigr]_0^\pi + \left[\frac{2}{3}x^{\frac{3}{2}}\right]_0^\pi = \frac{2}{3}\pi^{\frac{3}{2}}.$

◆ **問 4.6** 次の定積分を求めよ．

（1） $\displaystyle\int_{-1}^0 (2x^3 + 3x^2 - x + 1)\,dx$ 　　（2） $\displaystyle\int_0^{\frac{\pi}{4}} \left(3\sin x - \frac{1}{\cos^2 x}\right)dx$

（3） $\displaystyle\int_1^e \left(1 + \frac{2}{x} - \frac{3}{x^2}\right)dx$ 　　（4） $\displaystyle\int_0^1 (e^x - 2x + x^2)\,dx$

関数 $y=f(x)$ は区間 $[-a, a]$ で連続とする．$f(x)$ が偶関数，すなわち，グラフが y 軸に関して対称のとき，$\int_{-a}^{0} f(x)\,dx = \int_{0}^{a} f(x)\,dx$ であるから，

$$f(x) \text{ が偶関数} \implies \int_{-a}^{a} f(x)\,dx = 2\int_{0}^{a} f(x)\,dx.$$

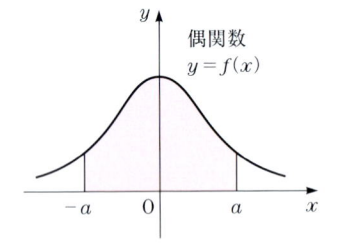

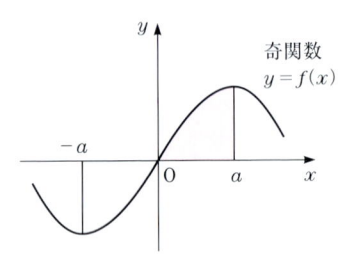

また，$f(x)$ が奇関数，すなわち，グラフが原点に関して対称のとき，$\int_{-a}^{0} f(x)\,dx = -\int_{0}^{a} f(x)\,dx$ であるから，

$$f(x) \text{ が奇関数} \implies \int_{-a}^{a} f(x)\,dx = 0.$$

例題 4.3

$\int_{-1}^{1} (3x^2 - 4x + 1)\,dx$ を求めよ．

【解】 x は奇関数，x^2，1 は偶関数であるから，

$$\int_{-1}^{1} (3x^2 - 4x + 1)\,dx = 3\int_{-1}^{1} x^2\,dx - 4\int_{-1}^{1} x\,dx + \int_{-1}^{1} dx$$

$$= 6\int_{0}^{1} x^2\,dx + 2\int_{0}^{1} dx$$

$$= 6\left[\frac{1}{3}x^3\right]_{0}^{1} + 2\Big[x\Big]_{0}^{1} = 2 + 2 = 4.$$

◆ **問 4.7** 次の定積分を求めよ．

(1) $\int_{-2}^{2} (x^3 - 2x^2 - 4x + 3)\,dx$ (2) $\int_{-\frac{\pi}{4}}^{\frac{\pi}{4}} (\cos x + \sin x)\,dx$

4.3 置換積分法

4.3.1 不定積分の置換積分 関数 $F(x)$ を $f(x)$ の原始関数の 1 つとする．すなわち，$F'(x) = f(x)$ とする．このとき，$x = \phi(t)$ とおいて，合成関数 $F(\phi(t))$ を考える．$F(\phi(t))$ を t で微分すると

$$\frac{d}{dt} F(\phi(t)) = F'(\phi(t))\phi'(t) = f(\phi(t))\phi'(t)$$

であるから，

$$\int f(\phi(t))\phi'(t)\, dt = F(\phi(t)) + C$$

を得る．ここで，$x = \phi(t)$ であることと，$F'(x) = f(x)$ より

$$F(\phi(t)) + C = F(x) + C = \int f(x)\, dx.$$

したがって，次の定理を得る．

定理 4.6（置換積分法の公式）
$x = \phi(t)$ のとき，

$$\int f(\phi(t))\phi'(t)\, dt = \int f(x)\, dx$$

が成り立つ．

▶ **注意** 定理 4.6 は次のように覚えておくとよい．$\int f(x)\, dx$ に対して $x = \phi(t)$ と置き換え，両辺を t で微分すると

$$\frac{dx}{dt} = \phi'(t) \quad \therefore \quad {\color{red} dx = \phi'(t)\, dt}.$$

よって，$\int f(x)\, dx$ において，$x = \phi(t),\ dx = \phi'(t) dt$ とおけば

$$\int f(x)\, dx = \int f(\phi(t))\phi'(t)\, dt.$$

例題 4.4

次の不定積分を置換積分法を用いて求めよ.

（1） $\displaystyle\int \frac{\log x}{x}\,dx$ 　　　（2） $\displaystyle\int \frac{x^2}{(2x-1)^2}\,dx$

【解】（1） $x = e^t$ とおくと, $\dfrac{dx}{dt} = e^t$ より $dx = e^t dt$ であるから,

$$\int \frac{\log x}{x}\,dx = \int \frac{\log e^t}{e^t} \cdot e^t\,dt$$
$$= \int t\,dt = \frac{1}{2}t^2 + C = \frac{1}{2}(\log x)^2 + C.$$

（2） $2x - 1 = t$ とおくと, $x = \dfrac{t+1}{2}$ より $\dfrac{dx}{dt} = \dfrac{1}{2}$ である. よって,

$$\int \frac{x^2}{(2x-1)^2}\,dx = \int \frac{1}{t^2}\left(\frac{t+1}{2}\right)^2 \cdot \frac{1}{2}\,dt = \frac{1}{8}\int \frac{(t+1)^2}{t^2}\,dt$$
$$= \frac{1}{8}\int \frac{t^2 + 2t + 1}{t^2}\,dt = \frac{1}{8}\int \left(1 + \frac{2}{t} + \frac{1}{t^2}\right)dt$$
$$= \frac{1}{8}\left(t + 2\log|t| - \frac{1}{t}\right) + C$$
$$= \frac{1}{8}\left(2x - 1 + 2\log|2x-1| - \frac{1}{2x-1}\right) + C.$$

◆問 4.8　次の不定積分を求めよ.

（1） $\displaystyle\int \sin^3 x \cos x\,dx$ 　　　（2） $\displaystyle\int \frac{x}{\sqrt{x-1}}\,dx$ 　　　（3） $\displaystyle\int xe^{x^2}\,dx$

例題 4.5

$F'(x) = f(x)$ のとき,

$$\int f(ax+b)\,dx = \frac{1}{a}F(ax+b) + C \qquad (a \neq 0)$$

が成り立つことを示せ.

次に, この結果を利用して $\displaystyle\int (2x-3)^5\,dx$ と $\displaystyle\int \cos(3x+1)\,dx$ を求めよ.

【解】 $t = ax + b$ とおくと，$x = \dfrac{t-b}{a}$ より $\dfrac{dx}{dt} = \dfrac{1}{a}$ である．よって，

$$\int f(ax+b)\,dx = \int f(t)\frac{1}{a}\,dt = \frac{1}{a}\int f(t)\,dt$$
$$= \frac{1}{a}F(t) + C = \frac{1}{a}F(ax+b) + C.$$

また，この結果を用いると，

$$\int (2x-3)^5\,dx = \frac{1}{2}\cdot\frac{1}{6}(2x-3)^6 + C = \frac{1}{12}(2x-3)^6 + C,$$
$$\int \cos(3x+1)\,dx = \frac{1}{3}\sin(3x+1) + C.$$

◆ 問 **4.9** 次の不定積分を求めよ．

(1) $\displaystyle\int (5x-3)^4\,dx$ (2) $\displaystyle\int \frac{dx}{(3x+2)^3}$ (3) $\displaystyle\int \sqrt{1-2x}\,dx$

(4) $\displaystyle\int e^{-x}\,dx$ (5) $\displaystyle\int \sin(2x-4)\,dx$

例題 4.6

次の公式が成り立つことを示せ：

$$\int \frac{f'(x)}{f(x)}\,dx = \log|f(x)| + C.$$

また，この公式を利用して $\displaystyle\int \tan x\,dx$ を求めよ．

【解】 $f(x) = t$ とおくと，$\dfrac{dt}{dx} = f'(x)$ より $f'(x)\,dx = dt$ である．よって，

$$\int \frac{f'(x)}{f(x)}\,dx = \int \frac{dt}{t} = \log|t| + C = \log|f(x)| + C.$$

また，この公式を用いると

$$\int \tan x\,dx = \int \frac{\sin x}{\cos x}\,dx = -\int \frac{(\cos x)'}{\cos x}\,dx = -\log|\cos x| + C.$$

◆ 問 4.10　次の不定積分を，置換積分法を用いて求めよ．
（ 1 ）$\displaystyle\int \frac{x^2}{x^3+1}\,dx$　　　（ 2 ）$\displaystyle\int \frac{e^x - e^{-x}}{e^x + e^{-x}}\,dx$　　　（ 3 ）$\displaystyle\int \frac{dx}{x \log x}$

4.3.2　定積分の置換積分　$F'(x) = f(x)$ とするとき，$x = \phi(t)$ とおいて，合成関数 $F(\phi(t))$ を考える．$a = \phi(\alpha),\ b = \phi(\beta)$ とすると，不定積分に関する置換積分法の公式より，

$$\int_\alpha^\beta f(\phi(t))\phi'(t)\,dt = \Big[F(\phi(t))\Big]_\alpha^\beta = \Big[F(x)\Big]_a^b = \int_a^b f(x)\,dx.$$

したがって，次の公式を得る．

定理 4.7（定積分の置換積分法）

$x = \phi(t)$ とおくとき，$a = \phi(\alpha),\ b = \phi(\beta)$ であれば

$$\int_\alpha^\beta f(\phi(t))\phi'(t)\,dt = \int_a^b f(x)\,dx$$

が成り立つ．

▶ **注意**　不定積分の場合と同様に，この公式も次のように覚えておけばよい．

$\displaystyle\int_a^b f(x)\,dx$ に対して $x = \phi(t)$ とおくと，

$$\frac{dx}{dt} = \phi'(t) \qquad \therefore \quad dx = \phi'(t)dt.$$

したがって，$a = \phi(\alpha),\ b = \phi(\beta)$ となる α,β を用いると，

$$\int_a^b f(x)\,dx = \int_\alpha^\beta f(\phi(t))\phi'(t)\,dt.$$

x	a	$\to$	b
t	α	$\to$	β

例題 4.7

次の定積分を，置換積分法を用いて求めよ．
（ 1 ）$\displaystyle\int_1^2 (2x-3)^4\,dx$　　　（ 2 ）$\displaystyle\int_0^1 \frac{1}{1+x^2}\,dx$

【解】（1）$2x-3=t$ とおくと，$\dfrac{dt}{dx}=2$ より $dx=\dfrac{1}{2}dt$ である．また，$x=1$ のとき $t=-1$，$x=2$ のとき $t=1$ であるから，右の表の対応が成り立つ．

x	1	→	2
t	-1	→	1

よって，

$$\int_1^2 (2x-3)^4 \, dx = \frac{1}{2}\int_{-1}^1 t^4 \, dt = \int_0^1 t^4 \, dt = \left[\frac{1}{5}t^5\right]_0^1 = \frac{1}{5}.$$

（2）$x=\tan\theta$ とおくと，$\dfrac{dx}{d\theta}=\dfrac{1}{\cos^2\theta}$ より $dx=\dfrac{d\theta}{\cos^2\theta}$ である．また，$x=0$ のとき $\theta=0$，$x=1$ のとき $\theta=\dfrac{\pi}{4}$ であるから，右の表の対応が成り立つ．よって，$1+\tan^2\theta=\dfrac{1}{\cos^2\theta}$ を用いると，

x	0	→	1
θ	0	→	$\dfrac{\pi}{4}$

$$\int_0^1 \frac{1}{1+x^2} \, dx = \int_0^{\frac{\pi}{4}} \frac{1}{1+\tan^2\theta} \cdot \frac{1}{\cos^2\theta} \, d\theta$$

$$= \int_0^{\frac{\pi}{4}} d\theta = \frac{\pi}{4}.$$

▶ **注意** （2）は逆 3 角関数（不定積分の公式 2，114 ページ）を用いて直接求めることもできる：

$$\int_0^1 \frac{1}{1+x^2}\,dx = \left[\mathrm{Tan}^{-1} x\right]_0^1 = \frac{\pi}{4} - 0 = \frac{\pi}{4}.$$

◆ **問 4.11** 次の定積分を，置換積分法を用いて求めよ．

（1）$\displaystyle\int_0^1 \frac{dx}{(3x+2)^2}$ （2）$\displaystyle\int_0^4 \frac{x}{\sqrt{1+x}}\,dx$ （3）$\displaystyle\int_1^e \frac{\log x}{x}\,dx$

◆ **問 4.12** $x=2\sin\theta$ と置き換えて，$\displaystyle\int_0^2 \sqrt{4-x^2}\,dx$ を求めよ．

4.4 部分積分法

4.4.1 不定積分の部分積分　積の微分法

$$\{f(x)g(x)\}' = f'(x)g(x) + f(x)g'(x)$$

は，$f(x)g(x)$ が $f'(x)g(x) + f(x)g'(x)$ の原始関数であることを意味している．したがって，

(4.1) $$\int f'(x)g(x)\,dx + \int f(x)g'(x)\,dx = f(x)g(x) + C$$

を得る．(4.1) の左辺の第 1 項を移項すると

$$\int f(x)g'(x)\,dx = f(x)g(x) - \int f'(x)g(x)\,dx + C$$

となる．上式は両辺に不定積分を含むので，積分定数 C を省いて

$$\int f(x)g'(x)\,dx = f(x)g(x) - \int f'(x)g(x)\,dx$$

のように書いてもよい．同様に，(4.1) の左辺の第 2 項を移項すれば

$$\int f'(x)g(x)\,dx = f(x)g(x) - \int f(x)g'(x)\,dx$$

を得る．以上より，次の公式が成り立つことがわかる．

定理 4.8（部分積分法の公式）

$G'(x) = g(x)$ のとき，

$$\int f(x)g(x)\,dx = f(x)G(x) - \int f'(x)G(x)\,dx.$$

$F'(x) = f(x)$ のとき，

$$\int f(x)g(x)\,dx = F(x)g(x) - \int F(x)g'(x)\,dx.$$

4.4 部分積分法

例題 4.8

次の積分を，部分積分法を用いて求めよ．

(1) $\displaystyle\int x\cos x\,dx$　　(2) $\displaystyle\int \log x\,dx$

【解】（1）$\displaystyle\int x\cos x\,dx = \int x(\sin x)'\,dx$ であるから，部分積分法を用いると，

$$\int x\cos x\,dx = x\sin x - \int (x)'\sin x\,dx$$
$$= x\sin x - \int 1\cdot \sin x\,dx = x\sin x + \cos x + C \quad (C \text{ は任意定数}).$$

（2）$\displaystyle\int \log x\,dx = \int 1\cdot \log x\,dx = \int (x)'\log x\,dx$ であるから，部分積分法を用いると，

$$\int \log x\,dx = x\log x - \int x(\log x)'\,dx$$
$$= x\log x - \int x\cdot \frac{1}{x}\,dx = x\log x - \int dx$$
$$= x\log x - x + C \quad (C \text{ は任意定数}). \blacksquare$$

◆ 問 4.13　次の不定積分を求めよ．

(1) $\displaystyle\int x\sin x\,dx$　　(2) $\displaystyle\int xe^x\,dx$

4.4.2　定積分の部分積分　積の微分法

$$\{f(x)g(x)\}' = f'(x)g(x) + f(x)g'(x)$$

より

$$\int_a^b \{f'(x)g(x) + f(x)g'(x)\}\,dx = \Big[f(x)g(x)\Big]_a^b$$

であるから，

$$\int_a^b f(x)g'(x)\,dx = \Big[f(x)g(x)\Big]_a^b - \int_a^b f'(x)g(x)\,dx,$$

$$\int_a^b f'(x)g(x)\,dx = \Big[f(x)g(x)\Big]_a^b - \int_a^b f(x)g'(x)\,dx$$

となる．したがって，次の公式を得る．

定理 4.9（定積分の部分積分法の公式）

$G'(x) = g(x)$ のとき，

$$\int_a^b f(x)g(x)\,dx = \Big[f(x)G(x)\Big]_a^b - \int_a^b f'(x)G(x)\,dx.$$

$F'(x) = f(x)$ のとき，

$$\int_a^b f(x)g(x)\,dx = \Big[F(x)g(x)\Big]_a^b - \int_a^b F(x)g'(x)\,dx.$$

例題 4.9

$\int_0^1 xe^x\,dx$ を，部分積分法を用いて求めよ．

【解】 部分積分法の公式を用いると

$$\int_0^1 xe^x\,dx = \int_0^1 x(e^x)'\,dx = \Big[xe^x\Big]_0^1 - \int_0^1 (x)'e^x\,dx$$

$$= (1 \cdot e^1 - 0 \cdot e^0) - \int_0^1 1 \cdot e^x\,dx$$

$$= e - \int_0^1 e^x\,dx = e - \Big[e^x\Big]_0^1 = e - (e^1 - e^0) = 1.$$

◆**問 4.14** 次の不定積分を，部分積分法を用いて求めよ．

(1) $\int_0^\pi x\sin x\,dx$ (2) $\int_1^e x\log x\,dx$ (3) $\int_0^1 \log(1+x)\,dx$

例題 4.10

次の定積分を，部分積分法を用いて求めよ．

(1) $\displaystyle\int_0^\pi x\cos 2x\,dx$ (2) $\displaystyle\int_0^1 x^2 e^x\,dx$

【解】(1) 合成関数の微分法に注意して，部分積分法の公式を用いると

$$\int_0^\pi x\cos 2x\,dx = \int_0^\pi x\left(\frac{1}{2}\sin 2x\right)' dx$$
$$= \left[x\left(\frac{1}{2}\sin 2x\right)\right]_0^\pi - \int_0^\pi (x)'\left(\frac{1}{2}\sin 2x\right) dx$$
$$= 0 - \frac{1}{2}\int_0^\pi \sin 2x\,dx = -\frac{1}{2}\left[-\frac{1}{2}\cos 2x\right]_0^\pi$$
$$= \frac{1}{4} - \frac{1}{4} = 0.$$

(2) 部分積分法を用いると，

$$\int_0^1 x^2 e^x\,dx = \int_0^1 x^2 (e^x)'\,dx = \left[x^2 e^x\right]_0^1 - \int_0^1 (x^2)' e^x\,dx$$
$$= (1\cdot e^1 - 0\cdot e^0) - \int_0^1 2x\cdot e^x\,dx$$
$$= e - 2\int_0^1 xe^x\,dx.$$

ここで再び，部分積分法を用いて

$$= e - 2\int_0^1 x(e^x)'\,dx = e - 2\left\{\left[xe^x\right]_0^1 - \int_0^1 e^x\,dx\right\}$$
$$= e - 2\left(e - \left[e^x\right]_0^1\right) = e - 2.$$

◆問 4.15 次の定積分を求めよ．

(1) $\displaystyle\int_0^{\frac{\pi}{4}} x\sin 2x\,dx$ (2) $\displaystyle\int_0^\pi x^2 \sin x\,dx$ (3) $\displaystyle\int_0^1 x^2 e^{-x}\,dx$

4.5 いろいろな関数の積分計算

積分の計算では，公式をそのまま適用できる場合は少なく，いろいろ工夫を必要とすることが多い．ここでは，それらのうち基本的なものを述べる．

例題 4.11

$\displaystyle\int \frac{dx}{x^2-1}$ を求めよ．

【解】
$$\int \frac{dx}{x^2-1} = \int \frac{dx}{(x-1)(x+1)} = \int \frac{1}{2}\left(\frac{1}{x-1} - \frac{1}{x+1}\right) dx$$
$$= \frac{1}{2}\int \frac{1}{x-1}\,dx - \frac{1}{2}\int \frac{1}{x+1}\,dx$$
$$= \frac{1}{2}\log|x-1| - \frac{1}{2}\log|x+1|$$
$$= \frac{1}{2}\log\left|\frac{x-1}{x+1}\right| + C.$$

▶ **注意** 例題 4.11 においては，

$$\frac{1}{(x-1)(x+1)} = \frac{1}{2}\left(\frac{1}{x-1} - \frac{1}{x+1}\right)$$

のように，分数関数を分解（**部分分数分解**）することがポイントである．このような分解の形をすぐに思いつくことができない場合は，次のように考えるとよい．

$\displaystyle\frac{1}{(x-1)(x+1)} = \frac{A}{x-1} + \frac{B}{x+1}$ とおくと，

$$\frac{A}{x-1} + \frac{B}{x+1} = \frac{A(x+1) + B(x-1)}{(x-1)(x+1)} = \frac{(A+B)x + A - B}{(x-1)(x+1)}$$

であるから

$$1 = (A+B)x + A - B$$

を得る．この両辺を比較して，$A+B=0$, $A-B=1$. これらの連立方程式を解いて $A=\dfrac{1}{2}$, $B=-\dfrac{1}{2}$ を得る．

◆問 4.16　次の不定積分を求めよ．

（1）$\displaystyle\int \frac{dx}{x^2+3x+2}$　　（2）$\displaystyle\int \frac{dx}{2x^2-5x+2}$

◆問 4.17　（1）次の等式が成り立つように定数 a, b, c の値を定めよ：

$$\frac{1}{x(x-1)^2} = \frac{a}{x} + \frac{b}{x-1} + \frac{c}{(x-1)^2}.$$

（2）$\displaystyle\int \frac{dx}{x(x-1)^2}$ を求めよ．

例題 4.12

次の定積分を求めよ．

（1）$\displaystyle\int_0^\pi \cos^2 x\, dx$　　（2）$\displaystyle\int_0^\pi \cos x \sin 3x\, dx$

【解】（1）3角関数の2倍角の公式より $\cos^2 x = \dfrac{1+\cos 2x}{2}$ であるから，

$$\int_0^\pi \cos^2 x\, dx = \int_0^\pi \frac{1+\cos 2x}{2}\, dx = \frac{1}{2}\left[x + \frac{\sin 2x}{2}\right]_0^\pi = \frac{\pi}{2}.$$

（2）$\sin\alpha\cos\beta = \dfrac{1}{2}\{\sin(\alpha+\beta) + \sin(\alpha-\beta)\}$（3角関数の積を和に直す公式）を用いると，

$$\int_0^\pi \cos x \sin 3x\, dx = \frac{1}{2}\int_0^\pi \{\sin(3x+x) + \sin(3x-x)\}\, dx$$

$$= \frac{1}{2}\int_0^\pi \sin 4x\, dx + \frac{1}{2}\int_0^\pi \sin 2x\, dx$$

$$= \frac{1}{2}\left[-\frac{1}{4}\cos 4x\right]_0^\pi + \frac{1}{2}\left[-\frac{1}{2}\cos 2x\right]_0^\pi = 0. \blacksquare$$

◆問 4.18　次の定積分を求めよ．

（1）$\displaystyle\int_0^\pi \sin^2 x\, dx$　　（2）$\displaystyle\int_0^{\frac{\pi}{2}} \cos x \sin x\, dx$　　（3）$\displaystyle\int_0^\pi \sin 5x \cos 4x\, dx$

例題 4.13

次の不定積分を求めよ．

(1) $\displaystyle\int \cos^3 x\, dx$　　　(2) $\displaystyle\int e^x \cos x\, dx$

【解】 (1) $\cos^2 x = 1 - \sin^2 x$ より，

$$\int \cos^3 x\, dx = \int (1 - \sin^2 x) \cos x\, dx$$

であることに注意する．$\sin x = t$ とおくと，$\dfrac{dt}{dx} = \cos x$ より $\cos x\, dx = dt$ であるから，

$$\int (1 - \sin^2 x) \cos x\, dx = \int (1 - t^2)\, dt$$
$$= t - \frac{1}{3} t^3 + C = \sin x - \frac{1}{3} \sin^3 x + C.$$

(2) $I = \displaystyle\int e^x \cos x\, dx$ とおいて，部分積分法を 2 回用いると

$$\begin{aligned}
I &= \int e^x (\sin x)'\, dx = e^x \sin x - \int (e^x)' \sin x\, dx \\
&= e^x \sin x - \int e^x \sin x\, dx = e^x \sin x - \int e^x (-\cos x)'\, dx \\
&= e^x \sin x - \left\{ e^x (-\cos x) - \int (e^x)' (-\cos x)\, dx \right\} \\
&= e^x \sin x + e^x \cos x - \int e^x \cos x\, dx = e^x (\cos x + \sin x) - I.
\end{aligned}$$

よって，$I = \dfrac{1}{2} e^x (\cos x + \sin x)$.

◆ 問 4.19 次の不定積分を求めよ．

(1) $\displaystyle\int \sin^5 x\, dx$　　　(2) $\displaystyle\int e^x \sin x\, dx$　　　(3) $\displaystyle\int e^{-x} \cos 2x\, dx$

4.6 定積分の定義（リーマン積分）

関数 $y = f(x)$ は区間 $[a, b]$ で連続で，$f(x) \geqq 0$ とする[1]．区間 $[a, b]$ を n 個の小区間

$$I_k = [x_{k-1}, x_k] \qquad (k = 1, 2, \ldots, n; \ x_0 = a, \ x_n = b)$$

に分ける．小区間 I_k の中の任意の点 c_k ($x_{k-1} \leqq c_k \leqq x_k$) をとり，底辺の長さが $\Delta x_k = x_k - x_{k-1}$，高さが $f(c_k)$ の長方形を考えると，その面積は

$$f(c_k)\Delta x_k$$

である．これらの n 個の長方形を集めると，その面積の和は

(6.1) $$S_\Delta = \sum_{k=1}^{n} f(c_k)\Delta x_k$$

で与えられる．この和 S_Δ を**リーマン和**という．ここで，n の値を限りなく大きくし，すべての小区間の長さ Δx_k を限りなく 0 に近づけるとき，S_Δ がある一定の値 S に限りなく近づくならば，関数 $f(x)$ は区間 $[a, b]$ で**積分可能**であるという．また，S を曲線 $y = f(x)$ と 2 直線 $x = a, x = b$ および x 軸で囲まれる図形の**面積（リーマン積分）**という．

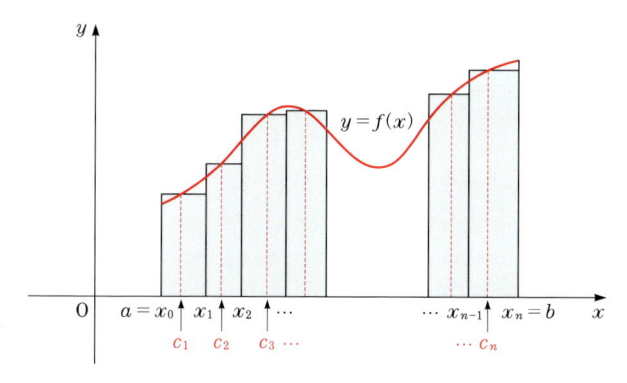

---

[1] 図形の面積を考えるために $f(x) \geqq 0$ とした．単にリーマン積分（リーマン和）を定義するだけであるのならば，この仮定は必要ない．

例題 4.14

面積（リーマン積分）の定義にしたがって，関数 $y=x^2$ と直線 $x=1$ および x 軸とで囲まれる図形の面積を求めよ．

【解】 区間 $[0,1]$ を n 等分して n 個の小区間に分けると

$$x_k = \frac{k}{n}, \quad \Delta x_k = x_k - x_{k-1} = \frac{1}{n} \qquad (k=1,2,\ldots,n)$$

である．$c_k = x_k$ とすると，

$$S_\Delta = \sum_{k=1}^{n} f(c_k) \Delta x_k = \sum_{k=1}^{n} \left(\frac{k}{n}\right)^2 \frac{1}{n} = \frac{1}{n^3} \sum_{k=1}^{n} k^2$$

である．ここで，

$$\sum_{k=1}^{n} k^2 = \frac{1}{6} n(n+1)(2n+1)$$

を用いると（42 ページ，練習問題 2.5）

$$\begin{aligned} S_\Delta &= \frac{1}{n^3} \cdot \frac{1}{6} n(n+1)(2n+1) \\ &= \frac{1}{6} \left(1+\frac{1}{n}\right)\left(2+\frac{1}{n}\right) \\ &= \frac{1}{6} (1+\Delta x_k)(2+\Delta x_k) \end{aligned}$$

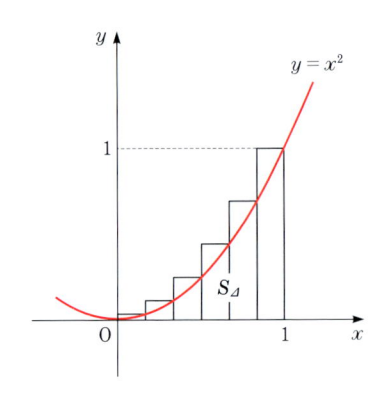

となる．したがって，$\Delta x_k \to 0$ とすると，$S_\Delta \to S = \dfrac{1 \cdot 2}{6} = \dfrac{1}{3}$．

◆**問 4.20** 例題 4.14 において，$c_k = x_{k-1}$ としたときの S_Δ の極限値 S を求めよ．また，$c_k = \dfrac{x_{k-1}+x_k}{2}$ のときはどうか．

◆**問 4.21** 面積（リーマン積分）の定義にしたがって，関数 $y=x^3$ と直線 $x=1$ および x 軸とで囲まれる図形の面積を求めよ．

▶ **注意** 面積（リーマン積分）は，小区間 I_k 上の点 c_k の選び方によらず一定の値に定まる．それは，関数 $f(x)$ が連続であることによる．

4.6 定積分の定義（リーマン積分）

上で述べた面積（リーマン積分）の定義にもとづくと，曲線 $y = f(x)$ と 2 直線 $x = a$, $x = b$ および x 軸で囲まれる図形の面積を求めるときには，極限を計算しなければならず，それは容易にできないことが多い．しかし，次の大きな発見があった．

定理 4.10（微分積分学の基本定理）

$F(x)$ は $f(x)$ の原始関数の 1 つとする．すなわち，$F'(x) = f(x)$ をみたすとする．このとき，(6.1) で定義されたリーマン和 S_Δ の極限 S は

$$S_\Delta \to S = F(b) - F(a)$$

で与えられる．

例題 4.14 では，$f(x) = x^2$ に対して $F(x) = \dfrac{1}{3}x^3$ とすると $F'(x) = f(x)$ である．よって，面積は

$$S = F(1) - F(0) = \frac{1}{3} - 0 = \frac{1}{3}$$

となる．つまり，極限の計算をする代わりに，$f(x)$ の原始関数を求めればよいのである．

そこで，曲線 $y = f(x)$ と 2 直線 $x = a$, $x = b$ および x 軸で囲まれる図形の面積を

$$\int_a^b f(x)\,dx = \Bigl[F(x)\Bigr]_a^b$$

で表し，$f(x)$ の a から b までの定積分とよぶことにしたのである．

▶ **注意** 積分記号 $\int$ は Sum（和）の頭文字 S を変形したものである．微分積分で用いられる記号の多くは，ライプニッツによるものである．

▶ **参考** 面積（リーマン積分）を上のように定義すれば，116 ページで述べた定積分の性質 (2.1)〜(2.3) が成り立つことがわかる．すると，定理 4.2〜4.4（117〜119 ページ）の証明と同様の議論により，上の定理 4.10 が示される．

上で述べた面積の考え方を応用して，様々な問題に定積分を利用するときは，次のように理解しておくとよいだろう．

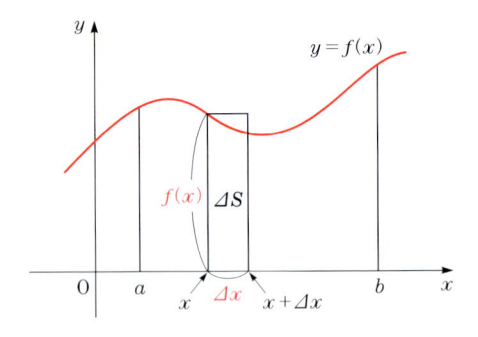

図の微小な長方形の面積は $\Delta S = f(x)\Delta x$ で与えられる．これらを寄せ集めて加え合わせた

$$\sum \Delta S = \sum f(x)\Delta x$$

は，曲線 $y = f(x)$ と 2 直線 $x = a$, $x = b$ および x 軸で囲まれる図形の面積の近似と考えることができる．この近似の誤差は，微小な長方形を小さくすることによって，いくらでも小さくできる．つまり，

$$\lim_{\Delta x \to 0} \sum f(x)\Delta x = \int_a^b f(x)\,dx$$

のように，「和の極限」を「定積分」に置き換えることができるのである．

以上では，$f(x) \geqq 0$ を仮定していた．一般には，曲線 $y = f(x)$ と 2 直線 $x = a$, $x = b$ および x 軸で囲まれる図形の面積は

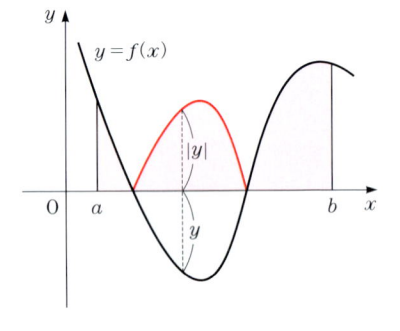

$$\lim_{\Delta x \to 0} \sum |f(x)|\,\Delta x = \int_a^b |y|\,dx = \int_a^b |f(x)|\,dx$$

で定義される．

◆問 **4.22** 2つの曲線 $y = f(x)$, $y = g(x)$ および2直線 $x = a$, $x = b$ で囲まれる図形の面積 S は次の式で与えられることを示せ：

$$S = \int_a^b |f(x) - g(x)|\, dx.$$

また，2つの曲線 $y = x^2 + 1$, $y = \sqrt{x}$ および2直線 $x = 0$, $x = 1$ で囲まれる図形の面積を求めよ．

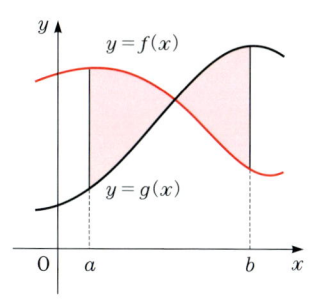

4.7 曲線の長さ

平面上の曲線 $y = f(x)$ $(a \leqq x \leqq b)$ の長さを求めよう．

図の微小部分の曲線の長さ $\Delta \ell$ は $\sqrt{(\Delta x)^2 + (\Delta y)^2}$ で近似できる．これらを寄せ集めて極限をとると，曲線の長さ ℓ が次のように与えられる：

$$\begin{aligned}
\ell &= \sum \Delta \ell \\
&= \lim_{\Delta x, \Delta y \to 0} \sum \sqrt{(\Delta x)^2 + (\Delta y)^2} \\
&= \lim_{\Delta x \to 0} \sum \sqrt{1 + \left(\frac{\Delta y}{\Delta x}\right)^2}\, \Delta x.
\end{aligned}$$

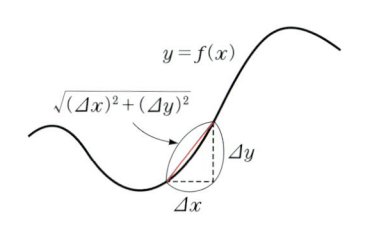

ここで，導関数の定義より $\displaystyle\lim_{\Delta x \to 0} \frac{\Delta y}{\Delta x} = f'(x) = y'$ であるから，曲線の長さ ℓ は

$$\ell = \int_a^b \sqrt{1 + \{f'(x)\}^2}\, dx = \int_a^b \sqrt{1 + y'^2}\, dx$$

で与えられる．

例題 4.15（懸垂線（カテナリー）の長さ）

曲線 $y = \dfrac{e^x + e^{-x}}{2}$ において，$x = 0$, $x = 1$ に対応する2点間の曲線の長さ ℓ を求めよ．

【解】 $y' = \dfrac{e^x - e^{-x}}{2}$ より

$$1 + y'^2 = 1 + \left(\dfrac{e^x - e^{-x}}{2}\right)^2$$
$$= 1 + \dfrac{e^{2x} - 2e^x \cdot e^{-x} + e^{-2x}}{4}$$
$$= \dfrac{e^{2x} + 2 + e^{-2x}}{4}$$
$$= \left(\dfrac{e^x + e^{-x}}{2}\right)^2.$$

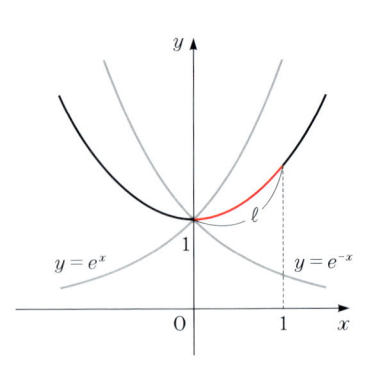

したがって，

$$\ell = \int_0^1 \sqrt{1 + y'^2}\, dx = \int_0^1 \dfrac{e^x + e^{-x}}{2}\, dx = \left[\dfrac{e^x - e^{-x}}{2}\right]_0^1 = \dfrac{e - e^{-1}}{2}.$$

◆問 **4.23** 次の曲線の長さを求めよ．
（1） $y = \dfrac{x^3}{3} + \dfrac{1}{4x}$ （$1 \leqq x \leqq 3$） （2） $y = \dfrac{2}{3}\sqrt{x^3}$ （$0 \leqq x \leqq 3$）

4.8 立体の体積

x 軸上の点 x を通り，x 軸に垂直な平面による切り口の面積（断面積）が $S(x)$ であるような立体がある．この立体の，2つの平面 $x = a$, $x = b$（$a < b$）ではさまれた部分の体積を求めよう．

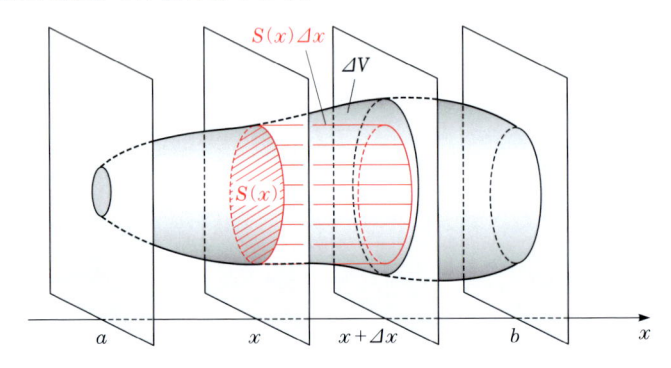

図の微小部分の立体の体積 ΔV は $S(x)\Delta x$ で近似できる．これらを寄せ集めて極限をとると，立体の体積 V は次の式で与えられる：

$$V = \sum \Delta V = \lim_{\Delta x \to 0} \sum S(x)\Delta x = \int_a^b S(x)\,dx.$$

▶ **注意** 複雑な形状をもつ立体の体積を求めるには，第 6 章の重積分を用いなければならないことがある．

例題 4.16

図のような半径 r の直円柱を，底面の直径 AB を通り底面と $\dfrac{\pi}{4}$ の角をなす平面で切るとき，底面と平面の間の部分の体積 V を求めよ．

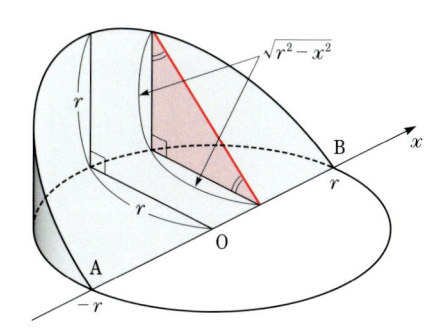

【解】 AB を x 軸にとり，底面の中心を原点にとる．区間 $[-r, r]$ 内の点 x における切り口は直角 2 等辺 3 角形であり，底辺の長さと高さはともに $\sqrt{r^2 - x^2}$ である．よって，切り口の面積は次の式で

$$S(x) = \frac{1}{2}(\sqrt{r^2 - x^2})^2 = \frac{1}{2}(r^2 - x^2).$$

したがって，求める体積 V は

$$\begin{aligned}
V &= \int_{-r}^{r} S(x)\,dx = \int_{-r}^{r} \frac{1}{2}(r^2 - x^2)\,dx \\
&= \int_{0}^{r} (r^2 - x^2)\,dx = \left[r^2 x - \frac{1}{3}x^3\right]_0^r = \frac{2}{3}r^3.
\end{aligned}$$

◆問 **4.24** 1辺の長さが a の正方形を底面とし，高さが h の正4角錐の体積 V は $V = \dfrac{1}{3}a^2 h$ で与えられることを示せ．

関数 $f(x)$ が区間 $[a, b]$ で連続であるとき，曲線 $y = f(x)$ と x 軸および2直線 $x = a$, $x = b$ で囲まれる図形を x 軸のまわりに回転してできる回転体の体積を求めよう．

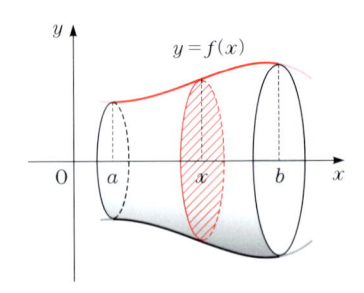

区間 $[a, b]$ 上の点 x における回転体の切り口は円板であり，その半径は $f(x)$ に等しいから，切り口の面積は $S(x) = \pi \{f(x)\}^2$ である．したがって，求める回転体の体積 V は

$$V = \int_a^b S(x)\,dx = \pi \int_a^b \{f(x)\}^2\,dx$$

で与えられる．

例題 4.17

半径 a の球の体積を求めよ．

【解】 円 $x^2 + y^2 = a^2$ を x 軸のまわりに回転してできる回転体が半径 a の球である．区間 $[-a, a]$ 上の点 x における切り口は円板であり，その半径は，$x^2 + y^2 = a^2$ を y について解いた

$$y = \sqrt{a^2 - x^2}$$

である．よって，切り口の円板の面積 $S(x)$ は

$$S(x) = \pi(\sqrt{a^2-x^2}\,)^2 = \pi(a^2-x^2).$$

したがって，球の体積は

$$V = \int_{-a}^{a} S(x)\,dx = \int_{-a}^{a} \pi(a^2-x^2)\,dx = 2\pi \int_{0}^{a} (a^2-x^2)\,dx$$
$$= 2\pi\left[a^2 x - \frac{1}{3}x^3\right]_0^a = 2\pi \cdot \frac{2}{3}a^3 = \frac{4}{3}\pi a^3.$$

◆ **問 4.25** 楕円 $\dfrac{x^2}{a^2} + \dfrac{y^2}{b^2} = 1\ (a, b > 0)$ を x 軸のまわりに回転してできる回転体の体積 V を求めよ．

4.9 回転体の側面積

関数 $f(x)$ が区間 $[a, b]$ で連続であるとき，曲線 $y = f(x)\ (a \leqq x \leqq b)$ を x 軸のまわりに回転してできる回転体の側面積を求めよう．

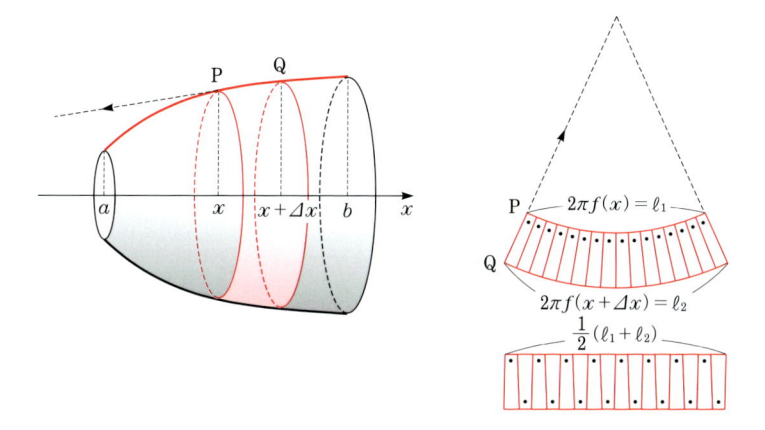

曲線の長さを求めるときに，曲線の小さい弧を線分で近似したように，回転体の微小幅の側面積 dS を，線分を回転してできる円錐台の側面積で近似する．左図のように，$P(x, f(x))$，$Q(x + \Delta x,\ f(x + \Delta x))$ とするとき，線分 PQ を x 軸のまわりに回転してできる円錐台の側面積は，上の右側の展開図により

$$\frac{1}{2}(\ell_1 + \ell_2)\overline{\mathrm{PQ}}$$
$$= \pi\{f(x) + f(x+\Delta x)\}\sqrt{(\Delta x)^2 + \{f(x+\Delta x) - f(x)\}^2}$$
$$= \pi\{f(x) + f(x+\Delta x)\}\sqrt{1 + \left\{\frac{f(x+\Delta x) - f(x)}{\Delta x}\right\}^2}\,\Delta x$$
$$\fallingdotseq 2\pi f(x)\sqrt{1 + \{f'(x)\}^2}\,\Delta x$$

で与えられる (27 ページ, 練習問題 1.1 参照). よって, 求める回転体の側面積 S は

$$S = \sum \Delta S = \lim_{\Delta x \to 0} \sum 2\pi f(x)\sqrt{1 + \{f'(x)\}^2}\,\Delta x$$
$$= 2\pi \int_a^b f(x)\sqrt{1 + \{f'(x)\}^2}\,dx = 2\pi \int_a^b y\sqrt{1 + y'^2}\,dx$$

で与えられる.

例題 4.18

曲線 $y = 2\sqrt{x}$ $(1 \leqq x \leqq 2)$ を x 軸のまわりに回転してできる回転面の側面積を求めよ.

【解】 $y' = 2(x^{\frac{1}{2}})' = x^{-\frac{1}{2}}$ であるから, 求める側面積 S は

$$S = 2\pi \int_1^2 2\sqrt{x}\,\sqrt{1 + x^{-1}}\,dx$$
$$= 4\pi \int_1^2 \sqrt{x+1}\,dx$$
$$= 4\pi \left[\frac{2}{3}(x+1)^{\frac{3}{2}}\right]_1^2$$
$$= \frac{8\pi}{3}(3^{\frac{3}{2}} - 2^{\frac{3}{2}}) = \frac{8\pi}{3}(3\sqrt{3} - 2\sqrt{2}).$$

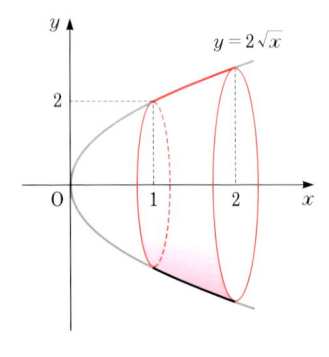

◆ 問 4.26 半径 r の球の表面積が $4\pi r^2$ で与えられることを示せ.

4.10　パラメータ表示と積分法

パラメータ表示された曲線 $x = f(t)$, $y = g(t)$ を考える．ただし，$f(t)$, $g(t)$ の導関数はともに連続であるとする．この曲線と x 軸および 2 直線 $x = a$, $x = b$ で囲まれた図形の面積 S は，置換積分法を用いて

$$S = \int_a^b |y|\, dx = \int_\alpha^\beta \left| y \frac{dx}{dt} \right| dt = \int_\alpha^\beta |g(t) f'(t)|\, dt$$

で与えられる．ただし，$a = f(\alpha)$, $b = g(\beta)$ であり，区間 $[\alpha, \beta]$ で $\dfrac{dx}{dt} = f'(t)$ の符号は一定であるとする．

また，この曲線の，$x = a$ から $x = b$ までの長さ ℓ は，

$$\frac{dy}{dx} = \frac{\dfrac{dy}{dt}}{\dfrac{dx}{dt}} = \frac{g'(t)}{f'(t)}, \quad dx = \frac{dx}{dt}\, dt = f'(t)\, dt$$

であるから，次のように与えられる：

$$\ell = \int_a^b \sqrt{1 + \left(\frac{dy}{dx}\right)^2}\, dx$$
$$= \int_\alpha^\beta \sqrt{\left(\frac{dx}{dt}\right)^2 + \left(\frac{dy}{dt}\right)^2}\, dt = \int_\alpha^\beta \sqrt{\{f'(t)\}^2 + \{g'(t)\}^2}\, dt.$$

例題 4.19

次のサイクロイド曲線（104 ページ）

$$C : x = a(t - \sin t), \quad y = a(1 - \cos t) \quad (a > 0,\ 0 \leqq t \leqq 2\pi)$$

について，以下の各問に答えよ．

（1）曲線 C と x 軸で囲まれた図形の面積 S を求めよ．

（2）曲線 C の長さ ℓ を求めよ．

【解】（1） $S = \displaystyle\int_0^{2\pi} y\frac{dx}{dt}\,dt = \int_0^{2\pi} a(1-\cos t)\cdot a(1-\cos t)\,dt$

$\quad = a^2 \displaystyle\int_0^{2\pi}(1 - 2\cos t + \cos^2 t)\,dt$

$\quad = a^2 \displaystyle\int_0^{2\pi}\left(1 - 2\cos t + \frac{1+\cos 2t}{2}\right)dt$

$\quad = a^2 \left[\dfrac{3}{2}t - 2\sin t + \dfrac{1}{4}\sin 2t\right]_0^{2\pi} = 3\pi a^2.$

（2） $\ell = \displaystyle\int_0^{2\pi}\sqrt{\left(\frac{dx}{dt}\right)^2+\left(\frac{dy}{dt}\right)^2}\,dt$

$\quad = \displaystyle\int_0^{2\pi}\sqrt{a^2(1-\cos t)^2 + a^2\sin^2 t}\,dt$

$\quad = \displaystyle\int_0^{2\pi}\sqrt{2a^2(1-\cos t)}\,dt = \sqrt{2}\,a\int_0^{2\pi}\sqrt{2\sin^2\frac{t}{2}}\,dt$

$\quad = 2a\displaystyle\int_0^{2\pi}\sin\frac{t}{2}\,dt = 2a\left[-2\cos\frac{t}{2}\right]_0^{2\pi} = 8a.$

曲線 $x = f(t), y = g(t)\ (\alpha \leqq t \leqq \beta)$ を x 軸のまわりに回転させてできる立体の体積 V および側面積 S は，同様に考えて

$$V = \pi\int_\alpha^\beta y^2\left|\frac{dx}{dt}\right|dt, \qquad S = 2\pi\int_\alpha^\beta |y|\sqrt{\left(\frac{dx}{dt}\right)^2+\left(\frac{dy}{dt}\right)^2}\,dt$$

で与えられる．

◆問 **4.27** パラメータ表示された曲線 $C : x = 3t^2,\ y = 3t - t^3\ (0 \leqq t \leqq 1)$ と x 軸および直線 $x = 3$ で囲まれた図形を K で表す．

（1） 曲線 C の長さを求めよ．

（2） K の面積を求めよ．

（3） K を x 軸のまわりに回転してできる立体の体積を求めよ．

（4） K を x 軸のまわりに回転してできる立体の側面積を求めよ．

4.11　広義積分

これまでは，関数 $f(x)$ が閉区間 $[a, b]$ で連続である場合に，定積分 $\int_a^b f(x)\,dx$ を考えてきた．ここでは，それ以外に定積分の定義が可能な場合を考えよう．

関数 $y = \dfrac{1}{\sqrt{x}}$ の 0 から 1 までの定積分を考える．この関数は $x = 0$ で定義されていないが，区間 $(0, 1]$ で連続である．したがって，$0 < \varepsilon < 1$ をみたす ε をとると

$$\int_\varepsilon^1 \frac{1}{\sqrt{x}}\,dx = \Big[2\sqrt{x}\Big]_\varepsilon^1 = 2 - 2\sqrt{\varepsilon}$$

が成り立つ．ここで，$\varepsilon \to +0$ とすると，右辺の値は限りなく 2 に近づく．この極限値 2 を，関数 $y = \dfrac{1}{\sqrt{x}}$ を 0 から 1 まで積分したときの値と定義する．すなわち，

$$\begin{aligned}
\int_0^1 \frac{1}{\sqrt{x}}\,dx &= \lim_{\varepsilon \to +0} \int_\varepsilon^1 \frac{1}{\sqrt{x}}\,dx \\
&= \lim_{\varepsilon \to +0} \Big[2\sqrt{x}\Big]_\varepsilon^1 \\
&= \lim_{\varepsilon \to +0} (2 - 2\sqrt{\varepsilon}) = 2.
\end{aligned}$$

このように定義された定積分を**広義積分**という．

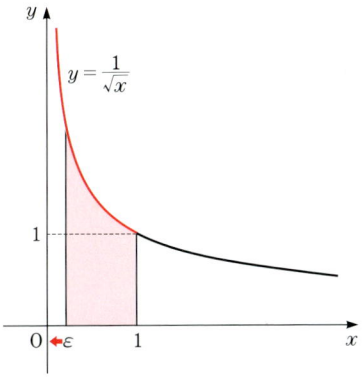

一般に，$f(x)$ が a を除いた区間 $(a, b]$ において連続で，次の右辺の極限値が存在するとき，広義積分を次のように定義する：

$$\int_a^b f(x)\,dx = \lim_{\varepsilon \to +0} \int_{a+\varepsilon}^b f(x)\,dx.$$

同様に，$f(x)$ が b を除いた区間 $[a, b)$ において連続であるときの広義積分を

$$\int_a^b f(x)\,dx = \lim_{\varepsilon \to +0} \int_a^{b-\varepsilon} f(x)\,dx$$

と定義する．

◆問 **4.28** 次の広義積分の値を求めよ．

（1） $\displaystyle\int_0^1 \frac{1}{\sqrt[3]{x}}\,dx$ （2） $\displaystyle\int_0^2 \frac{1}{\sqrt{2-x}}\,dx$

次に，関数 $y = \dfrac{1}{x^2}$ の 1 から ∞ までの定積分を考えよう．この関数は $[1, \infty)$ で連続であり，1 から b $(b > 1)$ までの定積分は，

$$\int_1^b \frac{1}{x^2}\,dx = \left[-\frac{1}{x}\right]_1^b = -\frac{1}{b} + 1$$

となる．ここで，$b \to \infty$ とすると，右辺は限りなく 1 に近づく．この極限値 1 を，関数 $y = \dfrac{1}{x^2}$ を 1 から ∞ まで積分したときの値と定義する．すなわち，

$$\int_1^\infty \frac{1}{x^2}\,dx = \lim_{b \to \infty} \int_1^b \frac{1}{x^2}\,dx = \lim_{b \to \infty} \left[-\frac{1}{x}\right]_1^b$$
$$= \lim_{b \to \infty} \left(-\frac{1}{b} + 1\right) = 1.$$

このような無限区間上の定積分も**広義積分**（あるいは**無限積分**）とよばれる．

一般に，$f(x)$ が無限区間 $[a, \infty)$ において連続で，次の右辺の極限値が存在するとき，広義積分（無限積分）を次のように定義する：

$$\int_a^\infty f(x)\,dx = \lim_{b \to \infty} \int_a^b f(x)\,dx$$

同様に，$\displaystyle\int_{-\infty}^b f(x)\,dx$, $\displaystyle\int_{-\infty}^\infty f(x)\,dx$ なども定義される．

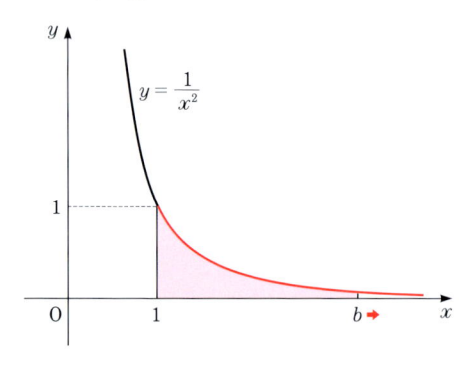

◆ **問 4.29** 次の広義積分の値を求めよ.

(1) $\displaystyle\int_1^\infty \frac{1}{x^3}\,dx$ 　　(2) $\displaystyle\int_0^\infty e^{-3x}\,dx$

▶ **注意** 実際には，広義積分を次のように計算しても差し支えない：

$$\int_0^1 \frac{1}{\sqrt{x}}\,dx = \left[2\sqrt{x}\right]_0^1 = 2,$$
$$\int_1^\infty \frac{1}{x^2}\,dx = \left[-\frac{1}{x}\right]_1^\infty = 1 \quad \left(\text{ここで，}\frac{1}{\infty}=0\text{と考えた}\right).$$

▶ **注意** 広義積分は存在しないこともある．例えば，

$$\int_0^\infty \cos x\,dx = \lim_{b\to\infty}\int_0^b \cos x\,dx = \lim_{b\to\infty}\left[\sin x\right]_0^b = \lim_{b\to\infty}\sin b$$

は発散（振動）するから，この積分は存在しない．

例題 4.20

広義積分 $\displaystyle\int_0^\infty \frac{dx}{1+x^2}$ の値を求めよ．

【解】 $x = \tan\theta$ とおくと

$$\frac{dx}{d\theta} = \frac{1}{\cos^2\theta} \quad \therefore\quad dx = \frac{d\theta}{\cos^2\theta}.$$

$\tan 0 = 0,\ \tan\dfrac{\pi}{2} = \infty$ であるから，右の表の対応が成り立つ．したがって，

x	0	$\to$	∞
θ	0	$\to$	$\dfrac{\pi}{2}$

$$\int_0^\infty \frac{dx}{1+x^2} = \int_0^{\frac{\pi}{2}} \frac{1}{1+\tan^2\theta}\cdot\frac{d\theta}{\cos^2\theta} = \int_0^{\frac{\pi}{2}} d\theta = \frac{\pi}{2}.$$

◆ **問 4.30** 次の広義積分が存在すれば，その値を求めよ．

(1) $\displaystyle\int_0^1 \frac{1}{\sqrt{1-x^2}}\,dx$ 　　(2) $\displaystyle\int_0^\infty \frac{dx}{4+x^2}$ 　　(3) $\displaystyle\int_1^\infty \frac{dx}{x}$

4.12 微分方程式の初等解法

高等学校までに学んだ方程式は，

$$2x + 1 = 3 \quad \text{をみたす数 } x \text{ を求めよ.}$$

$$x^2 - x - 6 = 0 \text{ をみたす数 } x \text{ を求めよ.}$$

などのように，その答えが「数」になるものであった．**微分方程式**とは，答えが「関数」になるような方程式である．例えば，

(12.1) $\qquad \dfrac{dy}{dx} = 2x + 1 \quad$ をみたす x の関数 $y = y(x)$ を求めよ.

というのは，最も簡単な微分方程式である．この微分方程式の答えは，容易にわかるように，

(12.2) $\qquad\qquad\qquad y(x) = x^2 + x + C$

である．ここで，C は任意の定数である．したがって，微分方程式の答えは，任意定数の分だけ**自由度**があるということになる．(12.2) を微分方程式 (12.1) の**一般解**という．この任意定数 C をただ1通りに決めるためには，何らかの条件が必要になる．例えば，

(12.3) $\qquad\qquad\qquad x = 0 \text{ のとき，} y = -1$

という条件をつけると，この条件をみたす (12.1) の解は，

$$y(x) = x^2 + x - 1$$

という特定の決まった関数になる．(12.3) のような条件を**初期条件**という．また，微分方程式をみたす特定の解を**特殊解**という．

微分方程式の初等的解法は積分を用いるもので，**求積法**とよばれる．以下でその基本的な解法を述べる．

4.12.1 変数分離法　微分方程式

(12.4) $$\frac{dy}{dx} + ay = 0 \qquad (a \text{ は定数})$$

をみたす x の関数 $y = y(x)$ を求めよう．(12.4) の両辺を y で割る[2]と

$$\frac{1}{y} \cdot \frac{dy}{dx} = -a.$$

この両辺を x で積分すると

$$\int \frac{1}{y} \cdot \frac{dy}{dx} \, dx = -a \int dx$$

となるが，左辺は x から y への置換積分の形だから

(12.5) $$\int \frac{1}{y} \, dy = -a \int dx$$

となる．両辺の不定積分を計算して

$$\log|y| = -ax + C \qquad (C \text{ は任意定数}).$$

これを y について解くと

$$|y| = e^{-ax+C} = e^C e^{-ax} \qquad \therefore \quad y = \pm e^C e^{-ax}.$$

ここで，$\pm e^C$ を改めて C とおくと

(12.6) $$y = Ce^{-ax} \qquad (C \text{ は任意定数})$$

を得る．これが (12.4) の解である．逆に，(12.6) を (12.4) に代入すると，(12.6) が (12.4) をみたすことが確かめられるので，これが (12.4) の一般解である．以上をまとめると次を得る．

---

[2] 数学的には，$y \neq 0$ であることを仮定しておく必要がある．しかし，$y = 0$ が方程式をみたすことは明らかで，後に示す解 (12.6) に含まれる（$C = 0$ とおけばよい）．このことは変数分離法では一般的に成り立つので，$y = 0$ 以外の解を求めればよい．

定理 4.11

微分方程式
$$\frac{dy}{dx} + ay = 0$$
の一般解は
$$y(x) = Ce^{-ax} \qquad (C \text{ は任意定数})$$
で与えられる．とくに，初期条件 $y(0) = y_0$ をみたす解は次式で与えられる：
$$y(x) = y_0 e^{-ax}.$$

▶ **注意** (12.4) から (12.5) への変形は，次のように考えてもよい．

(12.4) より $\dfrac{dy}{y} = -a\,dx$ である．ここで，左辺は y だけの式，右辺は x だけの式であり，方程式において変数 y と x が分離される（**変数分離法**）．この両辺に積分記号をかぶせれば
$$\int \frac{1}{y}\,dy = -a \int dx$$
のように積分の式が得られる．一般に，$\dfrac{dy}{dx} = P(x)Q(y)$ の形の微分方程式は
$$\frac{dy}{Q(y)} = P(x)dx \qquad \therefore \quad \int \frac{dy}{Q(y)} = \int P(x)\,dx$$
のように変形して解く．

例題 4.21

微分方程式 $y' = \dfrac{y-1}{x}$ を解け．また，$y(1) = -1$ をみたす解を求めよ．

【解】 $\dfrac{dy}{dx} = \dfrac{y-1}{x}$ より
$$\frac{1}{y-1}\,dy = \frac{1}{x}\,dx \qquad \therefore \quad \int \frac{dy}{y-1} = \int \frac{dx}{x}.$$

両辺の不定積分を計算すると

$$\log|y-1| = \log|x| + C \qquad \therefore \quad \log\left|\frac{y-1}{x}\right| = C.$$

これより $\left|\dfrac{y-1}{x}\right| = e^C$ すなわち $\dfrac{y-1}{x} = \pm e^C$ を得る．したがって，$\pm e^C$ を改めて C とおくと $\dfrac{y-1}{x} = C$ を得る．これより，一般解は

$$y = Cx + 1 \qquad (C \text{ は任意定数})$$

で与えられる．

また，$y(1) = -1$ をみたす解は，上式において $x = 1$, $y = -1$ とおくと，$-1 = C + 1$ より $C = -2$ であるから，$y = -2x + 1$ となる．

◆問 4.31　次の微分方程式を解け．
（1）　$y' + \dfrac{y}{x} = 0$　　　（2）　$y' + y^2 = 0$　　　（3）　$y' + xy = x$

◆問 4.32　xy 平面上の曲線 $y = y(x)$ は，点 $(1, 2)$ を通り，微分方程式 $yy' = -x$ をみたすという．この曲線を求めよ．

4.12.2　定数変化法　定数変化法とよばれる微分方程式の解法を，具体例を使って説明しよう．

例題 4.22

微分方程式 $\dfrac{dy}{dx} = y + x$ を解け．

【解】　微分方程式

(12.7) $$\frac{dy}{dx} = y + x$$

は変数分離形 $\dfrac{dy}{dx} = P(x)Q(y)$ の形に直せない．そこで，いったん補助問題

$$(12.8) \qquad \frac{dy}{dx} = y$$

を考えて (12.8) を解くと，定理 4.11 より

$$y(x) = Ce^x \qquad (C \text{ は任意定数})$$

を得る．ここで，定数 C を関数 $C(x)$ と考えて

$$(12.9) \qquad y(x) = C(x)e^x$$

とおく（**定数変化法**）．これを (12.7) へ代入すると

$$\frac{dy}{dx} = \frac{d}{dx}(C(x)e^x) = C'(x)e^x + C(x)e^x, \qquad y + x = C(x)e^x + x$$

であるから，$C'(x) = xe^{-x}$ を得る．よって，部分積分法を使って

$$C(x) = \int xe^{-x}\,dx = x(-e^{-x}) - \int (x)'(-e^{-x})\,dx$$

$$= -xe^{-x} + \int e^{-x}\,dx = -xe^{-x} - e^{-x} + C.$$

したがって，(12.9) より

$$(12.10) \quad y(x) = (-xe^{-x} - e^{-x} + C)e^x = -x - 1 + Ce^x \quad (C \text{ は任意定数})$$

を得る．(12.10) を (12.7) へ代入してみると，(12.7) をみたすことが確かめられるので，(12.10) が (12.7) の一般解であることがわかる．

◆ **問 4.33** 次の微分方程式を解け．
（1） $y' + \dfrac{y}{x} = x+1$ 　（2） $y' + y = e^{-x}$

▶ **注意** 一般に，$y' + P(x)y = Q(x)$ の一般解は次の式で与えられる：

$$y = e^{-\int P(x)dx}\left\{\int Q(x)e^{\int P(x)dx}\,dx + C\right\} \qquad (C \text{ は任意定数}).$$

4.12.3　定数係数 2 階線形微分方程式　微分方程式

(12.11) $$\frac{d^2y}{dx^2} + a\frac{dy}{dx} + by = 0 \qquad (a, b\text{ は定数})$$

を考えよう．(12.11) は，2 階の**定数係数線形微分方程式**とよばれている．いま，定理 4.11 の類推から (12.11) が $y(x) = e^{\lambda x}$ の形の解をもっていると仮定して，これを (12.11) へ代入して計算しよう．$y'(x) = \lambda e^{\lambda x}$ と $y''(x) = \lambda^2 e^{\lambda x}$ であることから，

$$e^{\lambda x}(\lambda^2 + a\lambda + b) = 0$$

を得る．$e^{\lambda x} \neq 0$ であるから，上の式が成り立つためには

(12.12) $$\lambda^2 + a\lambda + b = 0$$

をみたす λ を選べばよいことがわかる．(12.12) を (12.11) の**特性方程式**[3]という．微分方程式 (12.11) の解は，次の定理によって与えられる．

定理 4.12

微分方程式 (12.11) の解について，次が成り立つ．

（ⅰ）特性方程式 (12.12) が異なる 2 つの実数解 μ_1 と μ_2 をもつとき，解は

$$y(x) = C_1 e^{\mu_1 x} + C_2 e^{\mu_2 x} \qquad (C_1, C_2 \text{ は任意定数}).$$

（ⅱ）特性方程式 (12.12) が 2 重解 μ をもつとき，解は

$$y(x) = C_1 e^{\mu x} + C_2 x e^{\mu x} \qquad (C_1, C_2 \text{ は任意定数}).$$

（ⅲ）特性方程式 (12.12) が異なる 2 つの複素数解 $\alpha + \beta i$ と $\alpha - \beta i$ $(i = \sqrt{-1}\,)$ をもつとき，解は

$$y(x) = C_1 e^{\alpha x} \cos \beta x + C_2 e^{\alpha x} \sin \beta x \qquad (C_1, C_2 \text{ は任意定数}).$$

---

[3] 微分方程式 (12.11) において，2 階微分 $\frac{d^2y}{dx^2}$ を λ^2，1 階微分 $\frac{dy}{dx}$ を λ，y を 1 にそれぞれ置き換えれば，特性方程式 (12.12) が得られる．

読者は，定理 4.12 で与えられた解 $y(x)$ が微分方程式 (12.11) をみたしていることを実際に計算して確かめてみるとよい．

例題 4.23

次の微分方程式を解け．

（1） $y'' - 5y' + 6y = 0$ （2） $y'' - 4y' + 4y = 0$

（3） $y'' + y' + y = 0$

【解】（1） 特性方程式は，$\lambda^2 - 5\lambda + 6 = 0$ である．これを解いて $\lambda = 2, 3$ を得る．よって，一般解は

$$y(x) = C_1 e^{2x} + C_2 e^{3x} \quad (C_1, C_2 は任意定数)$$

である．

（2） 特性方程式は，$\lambda^2 - 4\lambda + 4 = 0$ である．これを解いて $\lambda = 2$（2 重解）を得る．よって，一般解は

$$y(x) = C_1 e^{2x} + C_2 x e^{2x} \quad (C_1, C_2 は任意定数)$$

である．

（3） 特性方程式は，$\lambda^2 + \lambda + 1 = 0$ である．これを解いて $\lambda = \dfrac{-1 \pm \sqrt{3}\,i}{2}$（複素数解）を得る．よって，一般解は

$$y(x) = C_1 e^{-\frac{x}{2}} \cos \frac{\sqrt{3}\,x}{2} + C_2 e^{-\frac{x}{2}} \sin \frac{\sqrt{3}\,x}{2} \quad (C_1, C_2 は任意定数)$$

である．

◆ **問 4.34** 次の微分方程式を解け．

（1） $y'' + 2y' - 3y = 0, \quad y(0) = 1, \; y'(0) = 2$

（2） $y'' + 6y' + 9y = 0, \quad y(0) = -1, \; y'(0) = 1$

（3） $y'' + 4y' + 5y = 0, \quad y(0) = 0, \; y'(0) = 1$

4.12 微分方程式の初等解法

微分方程式は，数学だけでなく自然科学や経済学など多くの分野でいろいろな現象を記述するのに用いられる．以下では，そのような例を挙げる．

例題 4.24

曲線 $y = f(x)$ 上の任意の点 $P(x, y)$ における接線と x 軸との交点を T とするとき，線分 PT は y 軸で 2 等分されるという．このような曲線のうち点 $(1, 2)$ を通るものの方程式を求めよ．

【解】点 $P(x, y)$ における接線の方程式は
$$Y - y = y'(X - x)$$
である．$Y = 0$ とおいた $X = x - \dfrac{y}{y'}$ は点 T の x 座標で，これは $-x$ であるから

$$x - \frac{y}{y'} = -x \qquad \therefore \quad \frac{dy}{dx} = \frac{y}{2x}.$$

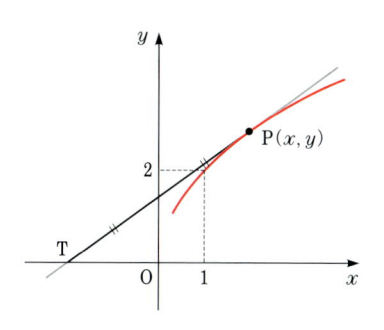

これより $\dfrac{dy}{y} = \dfrac{1}{2} \cdot \dfrac{dx}{x}$ を得る．よって，この両辺を積分すると

$$\int \frac{dy}{y} = \frac{1}{2} \int \frac{dx}{x} \qquad \therefore \quad \log|y| = \frac{1}{2}\log|x| + C \quad (C \text{ は任意定数}).$$

したがって，

$$2\log|y| - \log|x| = 2C \qquad \therefore \quad \log\left|\frac{y^2}{x}\right| = 2C.$$

$\pm e^{2C}$ を改めて C とおくと $y^2 = Cx$ である．これが，点 $(1, 2)$ を通ることから $C = 4$．よって，求める曲線は $y^2 = 4x$ である．

◆ **問 4.35** 曲線 $y = f(x)$ 上の任意の点 $P(x, y)$ における接線と y 軸との交点を S とするとき，線分 PS が x 軸によって 2 等分されるという．このような曲線のうち点 $(1, 1)$ を通るものを求めよ．

例題 4.25

温められた物体を一定の温度の部屋に放置したとき，物体の温度の下降する割合は室温との差に比例するという．室温はつねに 15 度とし，時刻 t における物体の温度を $u = u(t)$ とするとき，次の問いに答えよ．

（1） 比例定数を k として，u のみたす微分方程式をつくれ．

（2） $t = 0$ における温度を u_0 とするとき，u を求めよ．ただし，$u_0 > 15$ とする．

【解】（1） 温度が下降するとき，温度変化 $\dfrac{du}{dt}$ は負であるから，求める微分方程式は
$$\frac{du}{dt} = -k(u - 15) \qquad (k \text{ は正の定数})$$
で与えられる．

（2） 上式より $\dfrac{du}{u - 15} = -k\,dt$．この両辺を積分して
$$\int \frac{du}{u - 15} = -k \int dt \qquad \therefore \quad \log|u - 15| = -kt + C.$$
これより
$$u - 15 = \pm e^{-kt + C} = \pm e^C e^{-kt}.$$
ここで，$\pm e^C$ を改めて C とおくと
$$u = Ce^{-kt} + 15$$
を得る．$t = 0$ のとき $u = u_0$ であるから，$u_0 = Ce^0 + 15$ より $C = u_0 - 15$ である．よって，求める u は
$$u = (u_0 - 15)e^{-kt} + 15.$$

◆**問 4.36** 気温 20 度の空気中に 50 度の物体を放置しておくと，物体の温度はだんだん 20 度（気温）に近づいていく．ここでは，物体の温度の下降する割合は，気温

との温度差に比例するものとする．いま，物体の温度が 50 度から 40 度になるのに 1 時間かかったとすれば，さらに 1 時間後（観察開始から 2 時間後）には何度になるか．

練 習 問 題

4.1 $\dfrac{d}{dx}\displaystyle\int_{\alpha(x)}^{\beta(x)} f(t)\,dt = f(\beta(x))\beta'(x) - f(\alpha(x))\alpha'(x)$ を示せ．

4.2 次の不定積分を求めよ．

(1) $\displaystyle\int x\sqrt{x+1}\,dx$ (2) $\displaystyle\int \dfrac{dx}{\sqrt{x+1}+\sqrt{x}}$

(3) $\displaystyle\int \cos^2 x \sin 3x\,dx$ (4) $\displaystyle\int \dfrac{x+1}{x(x+2)(x+3)}\,dx$

(5) $\displaystyle\int (\log x)^2\,dx$ (6) $\displaystyle\int \dfrac{dx}{\sin x}$

4.3 次の定積分を求めよ．

(1) $\displaystyle\int_0^\pi e^{2x}\cos 3x\,dx$ (2) $\displaystyle\int_0^2 x\log(x^2+1)\,dx$

(3) $\displaystyle\int_0^1 \dfrac{dx}{(x^2+1)^2}$ (4) $\displaystyle\int_1^2 \sqrt{3+2x-x^2}\,dx$

(5) $\displaystyle\int_0^1 x^3 e^{-x^2}\,dx$ (6) $\displaystyle\int_0^{\frac{\pi}{4}} \dfrac{dx}{1+\sin x}$

4.4 $I_n = \displaystyle\int_0^{\frac{\pi}{2}} \sin^n x\,dx$ とするとき，次の式が成り立つことを示せ：

$$I_n = \dfrac{n-1}{n} I_{n-2} \quad (n \geqq 2).$$

また，この結果を利用して，$I_4 = \displaystyle\int_0^{\frac{\pi}{2}} \sin^4 x\,dx,\ I_5 = \displaystyle\int_0^{\frac{\pi}{2}} \sin^5 x\,dx$ を求めよ．

4.5 k は正の定数とする．次の広義積分が存在する k の範囲を調べ，そのときの広義積分の値を求めよ．

(1) $\displaystyle\int_0^1 \dfrac{dx}{x^k}$ (2) $\displaystyle\int_1^\infty \dfrac{dx}{x^k}$

4.6 $f(a) = \displaystyle\int_0^1 |e^x - a|\,dx$ を最小にする a の値と，その最小値を求めよ．

4.7 $\displaystyle\int_0^n \dfrac{dx}{1+x} = \log(1+n)$ であることを確かめ，次の不等式を示せ：

$$\log(1+n) < 1 + \dfrac{1}{2} + \dfrac{1}{3} + \cdots + \dfrac{1}{n}.$$

4.8 次の曲線の長さを求めよ．

（1） $y = \log(1-x^2)$ $\left(0 \leqq x \leqq \dfrac{1}{2}\right)$

（2） $x = \cos^3 t,\ y = \sin^3 t$ （$0 \leqq t \leqq 2\pi$）

4.9 （1） $\displaystyle\int_0^a \sqrt{a^2+x^2}\,dx$ を変数変換 $x = a\sinh t$ を利用して求めよ．

（2） $y = \sin x\ (0 \leqq x \leqq \pi)$ を x 軸のまわりに回転してできる立体の表面積を求めよ．

4.10 ある容器に毎秒 $a\,\mathrm{cm}^3$ の割合で水を注ぐとき，注ぎ始めてから t 秒後における水面の上昇速度は $\dfrac{1}{\sqrt[3]{t^2}}$ であるという．水の深さが $h\,\mathrm{cm}$ になったとき，この容器に入っている水の体積を求めよ．

4.11 次の微分方程式の一般解を求めよ．

（1） $y' = y(1-y)$ 　　　　（2） $(1+x^2)y' + 2xy = -2x$

（3） $y' + 2y = e^{-x}\cos x$ 　　（4） $y' + \dfrac{2}{x}y = x$

4.12 次の式をみたす関数 $f(x)$ を求めよ：

$$f(x) = \int_1^x f(t)\,dt + x.$$

4.13 x 軸上を運動する質量 m の質点 P がある．時刻 t における P の x 座標を x とするとき，次の微分方程式

$$m\dfrac{d^2 x}{dt^2} = -kx \qquad (k\text{ は正の定数})$$

が成り立っている．$t=0$ のとき $x=0$, $\dfrac{dx}{dt} = v_0$（定数）として，x を t の式で表せ．

第 5 章

偏 微 分

この章では，偏微分法を説明する．理解のしやすさから，主に 2 変数関数の偏微分を取り扱うが，一般的な多変数関数についても同様に扱える．まず，2 変数関数の極限と連続性の定義を述べ，偏微分と全微分について説明する．次に，接平面の方程式，合成関数の偏微分法，高次偏導関数を扱う．さらに，2 変数関数のテイラー展開，極値問題，陰関数の定理，ラグランジュの未定係数法などについて説明する．

5.1 平面上の点集合

最初に，平面上の点集合について簡単に説明しておこう．

xy 平面上において，点 $\mathrm{P}(a, b)$ を中心とする半径 ε の円の内部を

$$U(\mathrm{P}, \varepsilon) = \{(x, y) \mid (x-a)^2 + (y-b)^2 < \varepsilon^2\}$$

で表し，点 P の ε **近傍**または単に**近傍**という．

D を xy 平面上の点の集合とする．点 P に対し，十分小さな半径 ε をとれば P の近傍 $U(\mathrm{P}, \varepsilon)$ が D に含まれるとき，点 P を集合 D の**内点**という．

点 Q に対し，半径 ε をどんなに小さくとっても $U(\mathrm{Q}, \varepsilon)$ が D に属する点と属さない点を含むとき，点 Q を集合 D の**境界点**という．

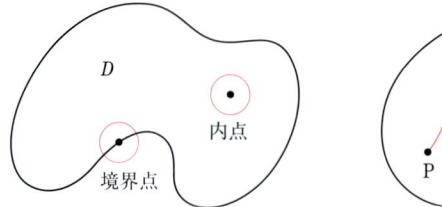

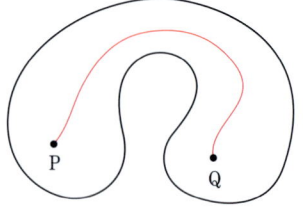

境界点をもたない集合，すなわち，D のすべての点が D の内点である集合を**開集合**という．一方，境界点をすべて含むような集合を**閉集合**という．

　図のように，集合 D 内の任意の 2 点を D 内の連続曲線で結ぶことができるとき，D を**連結集合**（正確には，弧状連結集合）という．連結である開集合を**開領域**または単に**領域**という．同様に，連結である閉集合を**閉領域**という．例えば，次の 4 つの集合のうち，開領域は D_1, D_4 であり，閉領域は D_3 である．

$$D_1 = \{(x, y) \mid 1 < x < 2,\ 1 < y < 3\},$$
$$D_2 = \{(x, y) \mid 1 < x \leqq 2,\ 1 \leqq y < 3\},$$
$$D_3 = \{(x, y) \mid 1 \leqq x \leqq 2,\ 1 \leqq y \leqq 3\},$$
$$D_4 = \{(x, y) \mid x < 2,\ 1 < y < 3\}.$$

　開領域，閉領域は数直線上の開区間，閉区間に対応するものである．集合 D が，原点を中心とする有限な半径の円の内部に含まれるとき，D を**有界集合**という．例えば，上の 4 つの集合のうち，有界集合は D_1, D_2, D_3 である．

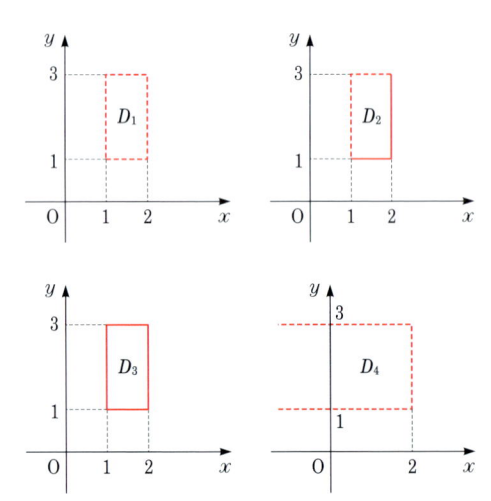

5.2　2変数関数

2つの変数 x と y に値を与えると z の値がただ1つ決まるとき，z は x, y の **2変数関数** であるといい，

$$z = f(x, y)$$

のように表す．関数 $z = f(x, y)$ において，$x = a, y = b$ に対応する値を $f(a, b)$ で表す．例えば，$f(x, y) = x^2 + 3xy$ のとき，

$$f(2, 0) = 2^2 + 3 \cdot 2 \cdot 0 = 4, \quad f(1, -2) = 1^2 + 3 \cdot 1 \cdot (-2) = -5$$

である．

　関数 $z = f(x, y)$ に対して，変数の組 (x, y) が動く範囲を関数 f の **定義域** という．関数の定義域は，大文字アルファベットの D で表されることが多い．

　関数 $z = f(x, y)$ に対して，(x, y) をその定義域内のすべての範囲で動かしたとき，z のとりうる範囲を関数 f の **値域** という．

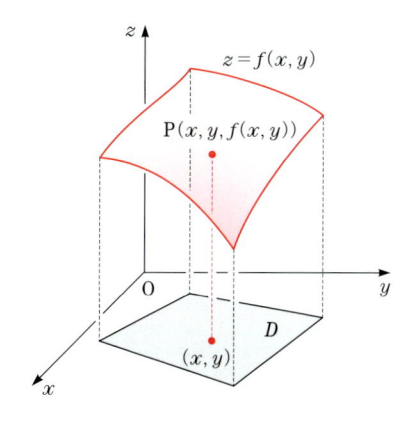

　関数 $z = f(x, y)$ が与えられているとき，x と y の値を定めると，$z = f(x, y)$ をみたす点 (x, y, z) が1つ決まる．したがって，(x, y) を f の定義域内のすべての範囲で動かすと，点 (x, y, z) の集合は，xyz 空間内において図形（一般には曲面）をつくる．この図形を関数 $z = f(x, y)$ の **グラフ** といい，図形が曲面のときには曲面 $z = f(x, y)$ ともいう．このとき，$z = f(x, y)$ をその曲面の方程式という．

5.3　2 変数関数の極限

関数 $f(x, y)$ において，点 (x, y) が点 (a, b) と異なる点をとりながら点 (a, b) に限りなく近づくとき，その近づき方によらず $f(x, y)$ の値が一定の値 ℓ に限りなく近づくならば，点 (x, y) が点 (a, b) に近づくときの $f(x, y)$ の**極限値**は ℓ であるといい，

$$(x, y) \to (a, b) \text{ のとき}, \ f(x, y) \to \ell,$$

または　　$x \to a, \ y \to b$ のとき, $f(x, y) \to \ell.$

あるいは

$$\lim_{(x,y) \to (a,b)} f(x, y) = \ell, \quad \text{または} \quad \lim_{x \to a, y \to b} f(x, y) = \ell$$

のように表す．例えば，

$$\lim_{(x,y) \to (1,2)} (x^2 + 3xy) = 1^2 + 3 \cdot 1 \cdot 2 = 7,$$

$$\lim_{(x,y) \to (-1,0)} \frac{3x + y}{x - y} = \frac{3(-1) + 0}{(-1) - 0} = 3.$$

また，1 変数関数の場合と同様に

$$\lim_{(x,y) \to (a,b)} f(x, y) = \infty, \quad \lim_{x \to \infty, y \to \infty} f(x, y) = \ell$$

なども定義することができる．

1 変数関数の場合と違って，2 変数関数の定義域は xy 平面上の領域である．したがって，点 (x, y) が点 (a, b) に近づくとき，その近づき方は図のように無数にある．そのため，2 変数関数の極限を取り扱うときは，どのような方向から近づいているのかを考えなければならない．

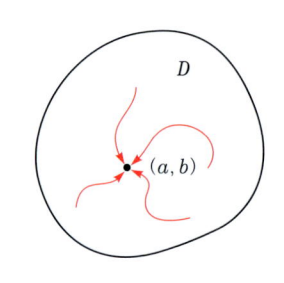

例題 5.1

次の関数の極限を調べよ．
（1） $\displaystyle\lim_{(x,y)\to(0,0)} \frac{xy}{x^2+y^2}$ （2） $\displaystyle\lim_{(x,y)\to(0,0)} \frac{x^2y^2}{x^2+y^2}$

【解】（1）直線 $y=mx$ に沿って[1] (x,y) を $(0,0)$ に近づけてみよう．$y=mx$ のとき，

$$\frac{xy}{x^2+y^2} = \frac{mx^2}{x^2+m^2x^2} = \frac{m}{1+m^2}$$

であるから，

$$\lim_{\substack{(x,y)\to(0,0) \\ y=mx}} \frac{xy}{x^2+y^2} = \lim_{x\to 0} \frac{x(mx)}{x^2+(mx)^2} = \frac{m}{1+m^2}$$

となり，この値は m によって異なる．よって，$(0,0)$ への近づき方によって極限が異なるため，この極限は存在しない（次ページの左図参照）．

（2）直線 $y=mx$ に沿って，(x,y) を $(0,0)$ に近づけると

$$\lim_{\substack{(x,y)\to(0,0) \\ y=mx}} \frac{x^2y^2}{x^2+y^2} = \lim_{x\to 0} \frac{x^2(mx)^2}{x^2+(mx)^2} = \lim_{x\to 0} \frac{m^2x^2}{1+m^2} = 0$$

となり，この値は m によらない．また，直線 $x=0$ に沿って (x,y) を $(0,0)$ に近づけても

$$\lim_{\substack{(x,y)\to(0,0) \\ x=0}} \frac{x^2y^2}{x^2+y^2} = \lim_{y\to 0} 0 = 0$$

---

[1] $y=mx$ には，x 軸に垂直な直線（この場合は y 軸に一致する）$x=0$ は含まれない．直線 $x=0$ に沿って極限を考えると，$x=0$ のとき $\dfrac{xy}{x^2+y^2}=0$ であるから，

$$\lim_{\substack{(x,y)\to(0,0) \\ x=0}} \frac{xy}{x^2+y^2} = \lim_{y\to 0} 0 = 0.$$

となる．これより，(x, y) が $(0, 0)$ にどんな近づき方をしても，$\dfrac{x^2 y^2}{x^2 + y^2}$ の値は 0 に近づくと考えられる．このことを，次のようにして証明しよう．

$x = r\cos\theta$, $y = r\sin\theta$ とおくと，
$$\frac{x^2 y^2}{x^2 + y^2} = \frac{r^4 \cos^2\theta \sin^2\theta}{r^2} = r^2 \cos^2\theta \sin^2\theta$$
であるから，$|\cos\theta|$, $|\sin\theta| \leqq 1$ より
$$0 \leqq \frac{x^2 y^2}{x^2 + y^2} \leqq r^2$$
である．$(x, y) \to (0, 0)$ のとき，$r = \sqrt{x^2 + y^2} \to 0$ であるから，はさみうちの原理により，
$$\lim_{(x,y)\to(0,0)} \frac{x^2 y^2}{x^2 + y^2} = 0$$
となることがわかる（下の右図参照）．

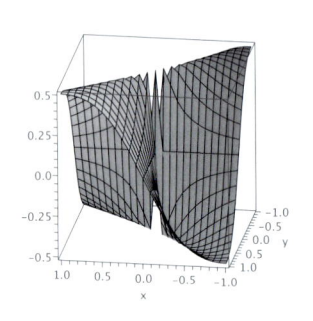

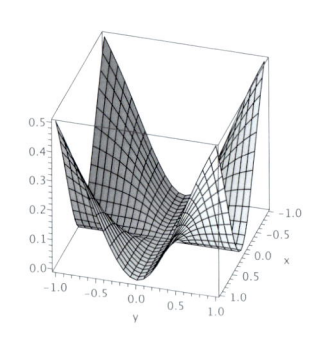

▶ **注意** 極限が存在しないことを示すためには，近づき方によって発散したり，極限が異なることをいえばよい．また，極限を求めるには，適当な近づき方により極限の候補 ℓ を求めた後，$f(x, y)$ と ℓ の差を調べればよい．そのとき，$x = a + r\cos\theta$, $y = b + r\sin\theta$ とおいて，$r \to 0$ とすれば，点 (a, b) へのあらゆる方向からの近づき方を考えたことになる（極座標，222 ページ参照）．

◆ **問 5.1** 次の関数の極限を調べよ．
（1） $\displaystyle\lim_{(x,y)\to(0,0)} \frac{x^2 - y^2}{x^2 + y^2}$ （2） $\displaystyle\lim_{(x,y)\to(0,0)} \frac{x^2 y}{x^2 + y^2}$

5.4　関数の連続性

1変数関数の場合と同様に，関数 $f(x, y)$ の連続性を考えることができる．

定義 5.1

関数 $f(x, y)$ が点 $(x, y) = (a, b)$ で**連続**であるとは，次の3つの条件がすべてみたされているときをいう．

（1）点 (a, b) は $f(x, y)$ の定義域に属する．
（2）極限値 $\lim_{(x,y)\to(a,b)} f(x, y)$ が存在する．
（3）$\lim_{(x,y)\to(a,b)} f(x, y) = f(a, b)$ が成り立つ．

関数 $f(x, y)$ が点 $(x, y) = (a, b)$ で連続でないとき，$f(x, y)$ は点 (a, b) で**不連続**であるという．

例題 5.2

次の関数は点 $(0, 0)$ で連続であるかどうか調べよ．

$$f(x, y) = \begin{cases} \dfrac{y^3}{x^2 + y^2} & (x, y) \neq (0, 0) \\ 0 & (x, y) = (0, 0) \end{cases}$$

【解】$x = r\cos\theta,\ y = r\sin\theta$ とおくと，$\dfrac{y^3}{x^2 + y^2} = \dfrac{r^3 \sin^3\theta}{r^2} = r\sin^3\theta$ であるから，

$$0 \leqq \left| \frac{y^3}{x^2 + y^2} \right| \leqq r.$$

したがって，$(x, y) \to (0, 0)$ のとき，$r = \sqrt{x^2 + y^2} \to 0$ であり，

$$\lim_{(x,y)\to(0,0)} \frac{y^3}{x^2 + y^2} = 0$$

が成り立つ．よって，$f(x, y)$ は点 $(0, 0)$ において連続である．

◆ 問 5.2 次の関数は点 $(0, 0)$ で連続であるかどうか調べよ．

(1) $f(x, y) = \begin{cases} \dfrac{x^4 - y^4}{x^2 + y^2} & (x, y) \neq (0, 0) \\ 0 & (x, y) = (0, 0) \end{cases}$

(2) $f(x, y) = \begin{cases} \dfrac{2xy}{x^2 + y^2} & (x, y) \neq (0, 0) \\ 0 & (x, y) = (0, 0) \end{cases}$

5.5　偏微分と偏導関数

2 変数関数 $z = f(x, y)$ が「点 (a, b) で x について**偏微分可能**」であるとは，$y = b$ とおいて得られる x の（1 変数）関数 $f(x, b)$ が，$x = a$ で微分可能であることをいう．つまり，

$$\lim_{h \to 0} \frac{f(a+h, b) - f(a, b)}{h}$$

が存在するときをいう．この極限値を

$$f_x(a, b), \quad \frac{\partial f}{\partial x}(a, b), \quad z_x(a, b), \quad \left.\frac{\partial f}{\partial x}\right|_{(a,b)}$$

のように表し，$z = f(x, y)$ の「点 (a, b) における **x についての偏微分係数**」という．

y についての偏微分可能性も同様に考えることができる．つまり，

$$\lim_{k \to 0} \frac{f(a, b+k) - f(a, b)}{k}$$

が存在するとき，$z = f(x, y)$ は「点 (a, b) で y について偏微分可能」であるといい，この極限値を

$$f_y(a, b), \quad \frac{\partial f}{\partial y}(a, b), \quad z_y(a, b), \quad \left.\frac{\partial f}{\partial y}\right|_{(a,b)}$$

のように表し，$z = f(x, y)$ の「点 (a, b) における **y についての偏微分係数**」という．

例えば，関数 $f(x, y) = x^2 + y^2$ に対して

$$f_x(1, 2) = \lim_{h \to 0} \frac{\{(1+h)^2 + 2^2\} - (1^2 + 2^2)}{h} = \lim_{h \to 0}(2 + h) = 2,$$

$$f_y(1, 2) = \lim_{k \to 0} \frac{\{1^2 + (2+k)^2\} - (1^2 + 2^2)}{k} = \lim_{k \to 0}(4 + k) = 4.$$

$f_x(a, b)$ は，x の関数 $f(x, b)$ の $x = a$ における微分係数である．図形的には，曲面 $z = f(x, y)$ と平面 $y = b$ の交わりを表す曲線 $z = f(x, b)$ の，$x = a$ における接線の傾きを意味する．同様に，$f_y(a, b)$ は，y の関数 $f(a, y)$ の $y = b$ における微分係数であり，曲面 $z = f(x, y)$ と平面 $x = a$ の交わりを表す曲線 $z = f(a, y)$ の，$y = b$ における接線の傾きを意味する．

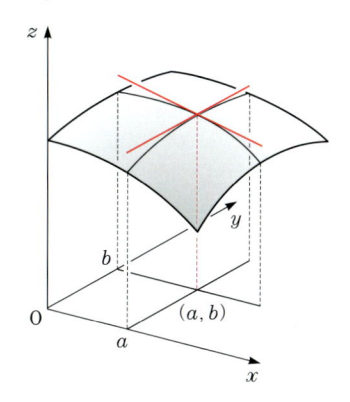

関数 $z = f(x, y)$ が定義域 D 上のすべての点 (x, y) で x について偏微分可能であるとき，$z = f(x, y)$ は D で x について偏微分可能であるという．このとき，D 上の各点 (x, y) における x についての偏微分係数 $f_x(x, y)$ は x, y の 2 変数関数である．この関数を $f(x, y)$ の **x についての偏導関数**といい，

$$f_x(x, y), \quad \frac{\partial f}{\partial x}(x, y), \quad z_x(x, y), \quad f_x, \quad \frac{\partial f}{\partial x}, \quad z_x$$

のような記号で表す．**y についての偏導関数**も同様に定義され

$$f_y(x, y), \quad \frac{\partial f}{\partial y}(x, y), \quad z_y(x, y), \quad f_y, \quad \frac{\partial f}{\partial y}, \quad z_y$$

のような記号で表される．

偏導関数を求めることを，$f(x, y)$ を**偏微分**するという．f_x を求めるには，y を定数とみなして，$f(x, y)$ を x について微分すればよい．また，f_y を求めるには，x を定数とみなして，$f(x, y)$ を y について微分すればよい．

例題 5.3

次の関数を偏微分せよ．また，点 $(2, 1)$ における偏微分係数を求めよ．
（1） $f(x, y) = x^3 + x^2 y - y^2$　　　（2） $f(x, y) = \log(x^2 - y)$

【解】（1） y を定数とみなして，$f(x, y)$ を x について微分すれば

$$f_x = 3x^2 + 2xy.$$

また，x を定数とみなして，$f(x, y)$ を y について微分すれば

$$f_y = x^2 - 2y.$$

このとき，

$$f_x(2, 1) = 3 \cdot 2^2 + 2 \cdot 2 \cdot 1 = 16, \quad f_y(2, 1) = 2^2 - 2 \cdot 1 = 2.$$

（2） 合成関数の微分法を用いる．

$$f_x = \frac{1}{x^2 - y} \cdot \frac{\partial}{\partial x}(x^2 - y) = \frac{1}{x^2 - y} \cdot (2x) = \frac{2x}{x^2 - y},$$

$$f_y = \frac{1}{x^2 - y} \cdot \frac{\partial}{\partial y}(x^2 - y) = \frac{1}{x^2 - y} \cdot (-1) = -\frac{1}{x^2 - y},$$

$$f_x(2, 1) = \frac{2 \cdot 2}{2^2 - 1} = \frac{4}{3}, \quad f_y(2, 1) = -\frac{1}{2^2 - 1} = -\frac{1}{3}.$$

◆問 5.3　次の関数を偏微分せよ．
（1） $z = 4x^3 y - 6x^2 y^4$　　　（2） $z = \log(2x - 5y)$　　　（3） $z = \dfrac{3x - y}{x + 2y}$
（4） $z = \sin x \cos 3y$　　　（5） $z = e^{-4x} \sin 2y$

◆問 5.4　次の関数の，点 $(1, 0)$ における偏微分係数を求めよ．
（1） $f(x, y) = \sqrt{x^2 + xy + y^2}$　　　（2） $f(x, y) = e^{x^2 + y^2}$
（3） $f(x, y) = \dfrac{xy}{x - y}$

5.6 全微分

1 変数関数 $y = f(x)$ が $x = a$ で微分可能であるとき,極限

$$\lim_{h \to 0} \frac{f(a+h) - f(a)}{h}$$

が存在する.この極限値を c とするとき,

$$\varepsilon(h) = f(a+h) - f(a) - ch$$

とおくと,

$$\lim_{h \to 0} \frac{\varepsilon(h)}{h} = 0$$

が成り立つ.実際,

$$\lim_{h \to 0} \frac{\varepsilon(h)}{h} = \lim_{h \to 0} \frac{f(a+h) - f(a) - ch}{h}$$
$$= \lim_{h \to 0} \left\{ \frac{f(a+h) - f(a)}{h} - c \right\} = 0.$$

逆に,関数 $f(x)$ が $x = a$ の近くで,定数 c と

$$\lim_{h \to 0} \frac{\varepsilon(h)}{h} = 0$$

をみたす (h の関数) $\varepsilon(h)$ を用いて

(6.1) $$f(a+h) = f(a) + ch + \varepsilon(h)$$

のように表されるとき,$f(x)$ は $x = a$ で微分可能であり,その微分係数は c である.実際,

$$\lim_{h \to 0} \frac{f(a+h) - f(a)}{h} = \lim_{h \to 0} \frac{ch + \varepsilon(h)}{h} = \lim_{h \to 0} \left(c + \frac{\varepsilon(h)}{h} \right) = c.$$

したがって,1 変数関数 $f(x)$ の微分可能性の定義を (6.1) とすることができる.

この定義を用いて，2変数関数 $f(x, y)$ が点 (a, b) で x について偏微分可能であることを書き表せば，

(6.2) $\qquad f(a+h, b) = f(a, b) + \alpha h + \varepsilon_1(h), \quad \lim_{h \to 0} \dfrac{\varepsilon_1(h)}{|h|} = 0$

であり，x についての偏微分係数は α で与えられる．実際，

$$\lim_{h \to 0} \frac{f(a+h, b) - f(a, b)}{h} = \lim_{h \to 0} \frac{\alpha h + \varepsilon_1(h)}{h} = \lim_{h \to 0} \left(\alpha + \frac{\varepsilon_1(h)}{h} \right) = \alpha$$

より，$f_x(a, b) = \alpha$ を得る．同様に，$f(x, y)$ が点 (a, b) で y について偏微分可能であることは

(6.3) $\qquad f(a, b+k) = f(a, b) + \beta k + \varepsilon_2(k), \quad \lim_{k \to 0} \dfrac{\varepsilon_2(k)}{|k|} = 0.$

上の2つの式 (6.2) と (6.3) を見ればわかるように，2変数関数の偏微分可能性は，2つの変数のうちのどれか1つだけを動かしたときの関数値の変化を調べることによって決まる．しかし，2変数関数 $f(x, y)$ の点 (a, b) における**微分可能性**は，2つの変数を同時に動かしたときの関数値の変化を調べることによって決めなければならない．それは次のように定義される．

定義 5.2

関数 $f(x, y)$ が点 (a, b) の近くで

(6.4)
$$f(a+h, b+k) = f(a, b) + \alpha h + \beta k + \varepsilon(h, k) \quad (\alpha, \beta \text{ は定数}),$$
$$\lim_{(h,k) \to (0,0)} \frac{\varepsilon(h, k)}{\sqrt{h^2 + k^2}} = 0$$

をみたすとき，$f(x, y)$ は点 (a, b) で**全微分可能**であるという．

(6.4) においては，(6.2), (6.3) と異なり，h と k の 2つを同時に動かしていることに注意しよう．

全微分は偏微分よりも強い概念である．偏微分は，2つの変数のうちのどれか1つを動かしたときの関数値の変化を考えたものだが，全微分はすべての変

数を同時に動かしたときの関数値の変化を与える．全微分可能性と偏微分係数の間には次の関係が成り立つ．

定理 5.1

関数 $f(x, y)$ が点 (a, b) で全微分可能ならば，$f(x, y)$ は x, y について (a, b) で偏微分可能であり，

$$\alpha = f_x(a, b), \quad \beta = f_y(a, b)$$

が成り立つ．

▶ **注意** 定理 5.1 の逆は成り立たない．すなわち，偏微分可能であっても，全微分可能とは限らない．

【**証明**】 関数 $f(x, y)$ が点 (a, b) で全微分可能であるから，(6.4) において $k = 0$ とおくと，

$$f(a + h, b) = f(a, b) + \alpha h + \varepsilon_1(h), \quad \lim_{h \to 0} \frac{\varepsilon_1(h)}{|h|} = 0$$

を得る．ここで，$\varepsilon_1(h) = \varepsilon(h, 0)$ である．よって，$f(x, y)$ は x について偏微分可能で，$\alpha = f_x(a, b)$ である．同様にして，$f(x, y)$ は y について偏微分可能で，$\beta = f_y(a, b)$ であることがわかる． ∎

証明は省略するが，関数 $f(x, y)$ の全微分可能性を確かめるのに，次の定理が役立つ．

定理 5.2

関数 $f(x, y)$ が点 (a, b) で偏微分可能であり，$f_x(x, y), f_y(x, y)$ が (a, b) で連続ならば，$f(x, y)$ は (a, b) で全微分可能である．

定理 5.2 を用いると，例えば，関数 $f(x, y) = x^2 \sin y$ の全微分可能性が次のようにして示される．$f(x, y)$ の偏導関数は

$$f_x(x, y) = 2x \sin y, \quad f_y(x, y) = x^2 \cos y$$

である．$f_x(x, y)$, $f_y(x, y)$ はすべての x, y で連続であるから，$f(x, y)$ は全微分可能である．

関数 $z = f(x, y)$ は点 (x, y) で全微分可能であるとする．このとき，定義 5.2 と定理 5.1 より，

$$f(x + \Delta x, \, y + \Delta y) = f(x, y) + f_x(x, y)\Delta x + f_y(x, y)\Delta y + \varepsilon(\Delta x, \, \Delta y),$$

$$\lim_{(\Delta x, \Delta y) \to (0,0)} \frac{\varepsilon(\Delta x, \, \Delta y)}{\sqrt{(\Delta x)^2 + (\Delta y)^2}} = 0$$

が成り立つ．ここで，(6.4) において $h = \Delta x$, $k = \Delta y$ とおいた．
$\Delta z = f(x + \Delta x, \, y + \Delta y) - f(x, y)$ とおくと

$$\Delta z = f_x(x, y)\Delta x + f_y(x, y)\Delta y + \varepsilon(\Delta x, \, \Delta y)$$

となる．この式は，x, y をわずかに Δx, Δy だけ変化させたとき，z の値が，およそ

$$\Delta z \fallingdotseq f_x(x, y)\Delta x + f_y(x, y)\Delta y$$

くらい変化することを意味している．そこで，上式の右辺の Δx, Δy を x, y の微分 dx, dy に書き直して得られる

$$f_x(x, y)dx + f_y(x, y)dy$$

を関数 $z = f(x, y)$ の**全微分**といい，記号 dz で表す．すなわち，$z = f(x, y)$ が全微分可能であるとき，全微分 dz は定義され，次の式で与えられる：

$$dz = f_x(x, y)dx + f_y(x, y)dy.$$

例題 5.4

次の関数 $z = x^3 y$ の全微分を求めよ．

【解】 $z = x^3 y$ を x, y について偏微分すると

$$z_x = 3x^2 y, \quad z_y = x^3$$

である．z_x, z_y は連続であるから，$z = x^3 y$ は全微分可能であり，

$$dz = z_x dx + z_y dy$$
$$= 3x^2 y dx + x^3 dy.$$

◆問 5.5 次の関数の全微分を求めよ．
（1） $z = x^2 + xy - y^2$ （2） $z = \sin(x + y)$
（3） $z = \dfrac{xy}{1 + x^2 + y^2}$ （4） $z = xe^{-y}$

1 変数関数の場合と同様に，次の定理が成り立つ．

定理 5.3

関数 $f(x, y)$ が点 (a, b) で全微分可能ならば，$f(x, y)$ は (a, b) で連続である．

【証明】 (6.4) より

$$\lim_{(h,k) \to (0,0)} \{f(a+h, b+k) - f(a, b)\} = \lim_{(h,k) \to (0,0)} \{\alpha h + \beta k + \varepsilon(h, k)\} = 0$$

であるから，関数 $f(x, y)$ は点 (a, b) で連続である．

▶注意 この定理からもわかるように，x, y についての偏微分可能性だけで，関数の連続性を判断してはいけない (203 ページ，練習問題 5.1 参照)．

5.7 接平面

1 変数関数 $y = f(x)$ が $x = a$ で微分可能であるとき,曲線 $y = f(x)$ 上の点 $(a, f(a))$ において接線

$$y - f(a) = f'(a)(x - a)$$

を描くことができた.同様に,2 変数関数 $z = f(x, y)$ が点 (a, b) で全微分可能であるとき,xyz 空間上で $z = f(x, y)$ が表す曲面上の点 $(a, b, f(a, b))$ において**接平面**を描くことができる.

定理 5.4

$z = f(x, y)$ が点 (a, b) で全微分可能なとき,曲面 $z = f(x, y)$ 上の点 $(a, b, f(a, b))$ における**接平面の方程式**は

(7.1) $\qquad z - f(a, b) = f_x(a, b)(x - a) + f_y(a, b)(y - b)$

で与えられる.

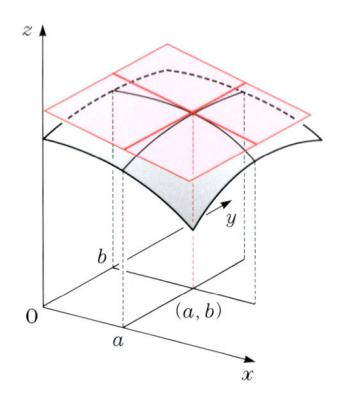

(7.1) が点 $(a, b, f(a, b))$ において,曲面 $z = f(x, y)$ に接している平面であることは,次のようにして確かめられる.

(7.1) において $y = b$ とおくと

$$z - f(a, b) = f_x(a, b)(x - a)$$

を得る.これは,曲面 $z = f(x, y)$ と平面 $y = b$ の交わりを表す曲線 $z = f(x, b)$ の,$x = a$ における接線の方程

式である．同様に，(7.1) において $x = a$ とおけば，曲面 $z = f(x, y)$ と平面 $x = a$ の交わりを表す曲線 $z = f(a, y)$ の $y = b$ における接線の方程式

$$z - f(a, b) = f_y(a, b)(y - b)$$

を得る．よって，(7.1) は点 $(a, b, f(a, b))$ において，前ページの図のように曲面 $z = f(x, y)$ に接している平面である．

▶ **注意** 関数 $z = f(x, y)$ の点 (a, b) における全微分可能性の定義 (6.4)（172 ページ）において，$h = x - a$, $k = y - b$ とおき，$\alpha = f_x(a, b)$, $\beta = f_y(a, b)$ に注意して $\varepsilon(h, k)$ を無視すれば，接平面の方程式 (7.1) を得る．

▶ **参考** 空間図形，とくに平面の 1 次方程式に関する知識（付録 C，245 ページ参照）を利用して定理 5.4 が成り立つことを確かめよう．

曲面 $z = f(x, y)$ 上の点 P$(a, b, f(a, b))$ を通る平面 $y = b$ が，この曲面と交わってできる曲線を C_1 とする．この曲線 C_1 上の点の座標は

$$(x, y, z) = (x, b, f(x, b))$$

で与えられる．点 P は C_1 上の点であるが，この点 P における C_1 の接線の方向ベクトル $\vec{t}_1$ は，偏微分係数の図形的意味から，

$$\vec{t}_1 = (1, 0, f_x(a, b))$$

である．同様に，曲面 $z = f(x, y)$ 上の点 P を通る平面 $x = a$ が，この曲面と交わってできる曲線 C_2 の点の座標は

$$(x, y, z) = (a, y, f(a, y))$$

であり，点 P における C_2 の接線の方向ベクトル $\vec{t}_2$ は

$$\vec{t}_2 = (0, 1, f_y(a, b))$$

で与えられる．

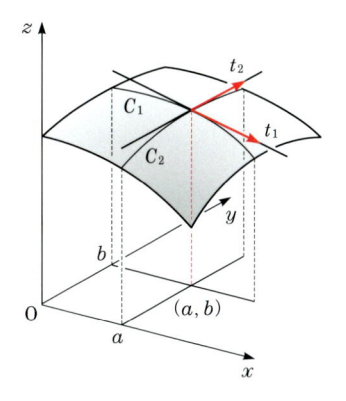

曲面 $z = f(x, y)$ 上の点 P における接平面の法線ベクトル $\vec{n}$ は $\vec{t}_1$ と $\vec{t}_2$ の両方に直交するから，ベクトルの外積を使えば，

$$\vec{n} = \vec{t}_1 \times \vec{t}_2 = (-f_x(a, b), -f_y(a, b), 1)$$

である．したがって，点 P における接平面は

$$-f_x(a, b)(x - a) - f_y(a, b)(y - b) + 1 \cdot (z - f(a, b)) = 0$$

すなわち，

$$z - f(a, b) = f_x(a, b)(x - a) + f_y(a, b)(y - b)$$

で表される．

例題 5.5

曲面 $z = x^2 + y^2$ 上の点 $(x, y, z) = (2, 1, 5)$ における接平面の方程式を求めよ．

【解】 $z_x = 2x, z_y = 2y$ であるから，$(x, y) = (2, 1)$ のとき，

$$z = 5, \quad z_x = 4, \quad z_y = 2$$

である．よって，接平面の方程式は

$$z - 5 = 4(x - 2) + 2(y - 1) \qquad \therefore \quad 4x + 2y - z = 5$$

で与えられる．

◆**問 5.6** 次の曲面上の指定された点における接平面の方程式を求めよ．
（1） $z = xy \qquad (x, y, z) = (2, 3, 6)$
（2） $z = \sqrt{x^2 + y^2} \qquad (x, y, z) = (3, 4, 5)$

5.8　合成関数の微分法

2 変数関数 $z = f(x, y)$ と，2 つの 1 変数関数 $x = x(t)$, $y = y(t)$ があるとき，
$$z = f(x(t), y(t))$$
は t の 1 変数関数である．$z = f(x, y)$ が全微分可能で，$x = x(t)$, $y = y(t)$ が微分可能であるとき，$z = f(x(t), y(t))$ の導関数を求めよう．

t の増分 Δt に対応する x, y の増分をそれぞれ Δx, Δy，それらに対応する z の増分を Δz とする．$z = f(x, y)$ は全微分可能であるから，
$$\begin{cases} \Delta z = f_x(x, y)\Delta x + f_y(x, y)\Delta y + \varepsilon(\Delta x, \Delta y), \\ \displaystyle\lim_{(\Delta x, \Delta y)\to(0,0)} \frac{\varepsilon(\Delta x, \Delta y)}{\sqrt{(\Delta x)^2 + (\Delta y)^2}} = 0 \end{cases}$$
が成り立つ．Δz の両辺を Δt で割ると
$$\frac{\Delta z}{\Delta t} = f_x(x, y)\frac{\Delta x}{\Delta t} + f_y(x, y)\frac{\Delta y}{\Delta t} + \frac{\varepsilon(\Delta x, \Delta y)}{\Delta t}.$$
ここで，$x = x(t)$, $y = y(t)$ は t について微分可能であるから，$\Delta t \to 0$ のとき，
$$\frac{\Delta x}{\Delta t} \to \frac{dx}{dt}, \quad \frac{\Delta y}{\Delta t} \to \frac{dy}{dt},$$
$$\left|\frac{\varepsilon(\Delta x, \Delta y)}{\Delta t}\right| = \frac{|\varepsilon(\Delta x, \Delta y)|}{\sqrt{(\Delta x)^2 + (\Delta y)^2}} \sqrt{\left(\frac{\Delta x}{\Delta t}\right)^2 + \left(\frac{\Delta y}{\Delta t}\right)^2} \to 0$$
となる．したがって，
$$\frac{dz}{dt} = \lim_{\Delta t \to 0} \frac{\Delta z}{\Delta t} = f_x(x, y)\frac{dx}{dt} + f_y(x, y)\frac{dy}{dt}$$
となることがわかる．

以上より，次の定理を得る．

定理 5.5

$z = f(x, y)$ が全微分可能で，$x = x(t)$, $y = y(t)$ が微分可能であるとき，$z = f(x(t), y(t))$ は t について微分可能であり，次の式が成り立つ：

$$\frac{dz}{dt} = \frac{\partial z}{\partial x}\frac{dx}{dt} + \frac{\partial z}{\partial y}\frac{dy}{dt}.$$

この結果は次のように覚えるとよい．$z = f(x, y)$ は全微分可能であるから，

$$dz = \frac{\partial z}{\partial x}dx + \frac{\partial z}{\partial y}dy.$$

両辺を dt で割ると，

$$\frac{dz}{dt} = \frac{\partial z}{\partial x}\frac{dx}{dt} + \frac{\partial z}{\partial y}\frac{dy}{dt}.$$

例えば，$z = x^3 + xy - y^2$, $x = \cos t$, $y = \sin t$ のとき，z は

$$z = \cos^3 t + \cos t \sin t - \sin^2 t$$

と表される．この式は t で微分可能であり，

$$\frac{dz}{dt} = 3\cos^2 t(-\sin t) + (-\sin t)\sin t + \cos t \cos t - 2\sin t \cos t$$

と計算できる．一方，

$$dz = \frac{\partial z}{\partial x}dx + \frac{\partial z}{\partial y}dy = (3x^2 + y)dx + (x - 2y)dy$$

から，

$$\frac{dz}{dt} = (3x^2 + y)\frac{dx}{dt} + (x - 2y)\frac{dy}{dt}$$
$$= (3\cos^2 t + \sin t)(-\sin t) + (\cos t - 2\sin t)\cos t$$

のように計算しても同じ結果を得る．

◆ **問 5.7** $z = \dfrac{3x - y}{x + 2y}$, $x = e^t$, $y = e^{-t}$ のとき，$\dfrac{dz}{dt}$ を求めよ．

関数 $z = f(x, y)$ は全微分可能であるとする．xy 平面上の点 (a, b) を通り，方向ベクトルが大きさ 1 のベクトル $\vec{n} = (k, \ell)$ で与えられる直線は

$$(x, y) = (a, b) + t(k, \ell) \quad (t \text{ はパラメータ，} k^2 + \ell^2 = 1)$$

で表される．このとき，t の関数 $F(t) = f(a + tk, b + t\ell)$ の $t = 0$ における微分係数は，定理 5.5 により

$$F'(0) = \frac{dF}{dt}(0) = f_x(a, b)k + f_y(a, b)\ell$$

となる．図を見ればわかるように，$F'(0)$ は関数 $z = f(x, y)$ の点 (a, b) における $\vec{n}$ 方向の微分係数と考えられる．これを $f(x, y)$ の点 (a, b) における $\vec{n}$ **方向微分（係数）**といい，$\dfrac{\partial f}{\partial \vec{n}}(a, b)$ で表す．

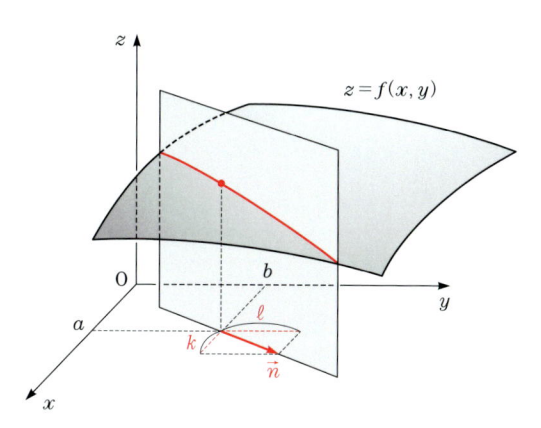

▶ **発展** 全微分可能な関数 $f(x, y)$ に対して，ベクトル

$$\mathrm{grad}\, f(a, b) = (f_x(a, b),\ f_y(a, b))$$

を $f(x, y)$ の点 (a, b) における**勾配（グラジエント）**という．この記号を用いると，次の式が成り立つ．

$$\frac{\partial f}{\partial \vec{n}}(a, b) = \mathrm{grad}\, f(a, b) \cdot \vec{n}$$

関数 $f(x, y)$ の点 (a, b) における勾配の方向は，関数 $f(x, y)$ の点 (a, b) における $\vec{n}$ 方向微分の値を最大にする $\vec{n}$ の方向と一致する．

◆ **問 5.8** 関数 $f(x, y) = x^2 + y^2$ の点 $(1, 1)$ における勾配および $\vec{n} = (\cos\theta, \sin\theta)$ 方向微分を求めよ．また，この方向微分の値を最大にする $\theta\ (0 \leqq \theta < 2\pi)$ を求めよ．

関数 $z = f(x, y)$ が全微分可能で，x, y はいずれも 2 つの変数 u, v の偏微分可能な関数 $x = x(u, v)$, $y = y(u, v)$ であるとする．このとき，

$$z = f(x(u, v), y(u, v))$$

は，u, v についての 2 変数関数であって，u, v について偏微分可能である．実際，定理 5.5 と同様に次の定理が成り立つ．

定理 5.6

$z = f(x, y)$ が全微分可能で，$x = x(u, v)$, $y = y(u, v)$ が偏微分可能であるとき，$z = f(x(u, v), y(u, v))$ は偏微分可能であり，

$$\frac{\partial z}{\partial u} = \frac{\partial z}{\partial x}\frac{\partial x}{\partial u} + \frac{\partial z}{\partial y}\frac{\partial y}{\partial u}, \quad \frac{\partial z}{\partial v} = \frac{\partial z}{\partial x}\frac{\partial x}{\partial v} + \frac{\partial z}{\partial y}\frac{\partial y}{\partial v}.$$

例題 5.6

$z = f(x, y)$ は全微分可能な関数とし，x, y が $x = r\cos\theta$, $y = r\sin\theta$ で与えられるとき，次の等式が成り立つことを証明せよ：

$$\left(\frac{\partial z}{\partial x}\right)^2 + \left(\frac{\partial z}{\partial y}\right)^2 = \left(\frac{\partial z}{\partial r}\right)^2 + \frac{1}{r^2}\left(\frac{\partial z}{\partial \theta}\right)^2.$$

【解】 x, y は r, θ の関数と考えてよいから，

(8.1) $$\frac{\partial z}{\partial r} = \frac{\partial z}{\partial x}\frac{\partial x}{\partial r} + \frac{\partial z}{\partial y}\frac{\partial y}{\partial r} = \frac{\partial z}{\partial x}\cos\theta + \frac{\partial z}{\partial y}\sin\theta,$$

(8.2) $$\frac{\partial z}{\partial \theta} = \frac{\partial z}{\partial x}\frac{\partial x}{\partial \theta} + \frac{\partial z}{\partial y}\frac{\partial y}{\partial \theta} = \frac{\partial z}{\partial x}(-r\sin\theta) + \frac{\partial z}{\partial y}(r\cos\theta).$$

したがって，(8.2) より

(8.3) $$\frac{1}{r}\frac{\partial z}{\partial \theta} = -\frac{\partial z}{\partial x}\sin\theta + \frac{\partial z}{\partial y}\cos\theta.$$

よって，(8.1) と (8.3) の両辺を 2 乗して加えると

$$\left(\frac{\partial z}{\partial r}\right)^2 + \frac{1}{r^2}\left(\frac{\partial z}{\partial \theta}\right)^2$$
$$= \left(\frac{\partial z}{\partial x}\right)^2 (\cos^2 \theta + \sin^2 \theta)$$
$$\quad + 2\frac{\partial z}{\partial x}\frac{\partial z}{\partial y}(\cos\theta \sin\theta - \sin\theta \cos\theta) + \left(\frac{\partial z}{\partial y}\right)^2 (\cos^2 \theta + \sin^2 \theta)$$
$$= \left(\frac{\partial z}{\partial x}\right)^2 + \left(\frac{\partial z}{\partial y}\right)^2 .$$

◆ **問 5.9**　$z = f(x, y)$ が全微分可能な関数で，$x = e^u \cos v$, $y = e^u \sin v$ のとき，z_u, z_v を，u, v, z_x, z_y を用いて表せ．また，${z_x}^2 + {z_y}^2$ を，u, v, z_u, z_v を用いて表せ．

▶ **注意**　$x = r\cos\theta$, $y = r\sin\theta$ は極座標変換と呼ばれる（222 ページ参照）．

5.9　高次偏導関数

関数 $z = f(x, y)$ の x に関する偏導関数 $z_x = f_x = \dfrac{\partial f}{\partial x}$ が，x, y について偏微分可能であるとき，その偏導関数

$$(z_x)_x = (f_x)_x = \frac{\partial}{\partial x}\left(\frac{\partial f}{\partial x}\right), \quad (z_x)_y = (f_x)_y = \frac{\partial}{\partial y}\left(\frac{\partial f}{\partial x}\right)$$

をそれぞれ

$$z_{xx} = f_{xx} = \frac{\partial^2 f}{\partial x^2}, \quad z_{xy} = f_{xy} = \frac{\partial^2 f}{\partial y \partial x}$$

のように表す．同様に，

$$z_{yy} = f_{yy} = \frac{\partial^2 f}{\partial y^2}, \quad z_{yx} = f_{yx} = \frac{\partial^2 f}{\partial x \partial y}$$

も考えることができる．これらを $f(x, y)$ の**第 2 次偏導関数**という．関数 $f(x, y)$ の第 2 次偏導関数が存在するとき，$f(x, y)$ は **2 回偏微分可能**であるという．

例題 5.7

関数 $f(x, y) = x^3 \sin y$ について，$f_{xx}, f_{xy}, f_{yx}, f_{yy}$ を求めよ．

【解】 $f_x = 3x^2 \sin y$, $f_y = x^3 \cos y$ であるから，

$$f_{xx} = \frac{\partial}{\partial x}(3x^2 \sin y) = 6x \sin y, \quad f_{yx} = \frac{\partial}{\partial x}(x^3 \cos y) = 3x^2 \cos y,$$

$$f_{xy} = \frac{\partial}{\partial y}(3x^2 \sin y) = 3x^2 \cos y, \quad f_{yy} = \frac{\partial}{\partial y}(x^3 \cos y) = -x^3 \sin y.$$

上の例題では，$f_{xy} = f_{yx}$ が成り立つが，一般には，f_{xy} と f_{yx} が等しいとは限らない．しかし，次の定理が成り立つことが知られている．

定理 5.7

f_{xy} または f_{yx} のいずれかが連続ならば，

$$f_{xy}(x, y) = f_{yx}(x, y).$$

定理 5.7 により，普通に用いられている関数については，$f_{xy} = f_{yx}$ が成り立つと思っておけばよいだろう．また，

$$\frac{\partial}{\partial y}\left(\frac{\partial f}{\partial x}\right) = \frac{\partial^2 f}{\partial y \partial x}, \quad \frac{\partial}{\partial x}\left(\frac{\partial f}{\partial y}\right) = \frac{\partial^2 f}{\partial x \partial y}$$

は多くの場合，区別せずに使用される．習慣として，$\dfrac{\partial^2 f}{\partial y \partial x}$ より $\dfrac{\partial^2 f}{\partial x \partial y}$ の表示を利用することが多い．

◆ 問 5.10 次の関数の第 2 次偏導関数をすべて求めよ．

（1） $z = -2x^4 y^3 + 5y^2$　　（2） $z = e^{x^2 - y^2}$　　（3） $z = \cos 2x \sin 3y$

3次以上の高次偏導関数も考えていくことができる．例えば，第2次偏導関数 $f_{xx}, f_{xy}, \ldots$ がさらに偏微分可能であるとき，第3次偏導関数

$$f_{xxx} = \frac{\partial^3 f}{\partial x^3}, \quad f_{xxy} = \frac{\partial^3 f}{\partial x^2 \partial y}, \quad f_{xyy} = \frac{\partial^3 f}{\partial x \partial y^2}, \quad f_{yyy} = \frac{\partial^3 f}{\partial y^3}$$

なども同様に定義される．一般に，**第 n 次偏導関数**

$$\underbrace{f_{xx\cdots x}}_{k \text{ 個}}\underbrace{{}_{yy\cdots y}}_{n-k \text{ 個}} = \frac{\partial^n f}{\partial x^k \partial y^{n-k}} \quad (k = 0, 1, 2, \ldots, n)$$

（f を，x で k 回，y で $n-k$ 回偏微分する）が定義され，これらのすべてが連続であるとき，関数 f は **n 回連続微分可能**，または，**C^n 級関数**であるという．また，何回でも偏微分できる関数を **C^∞ 級関数**という．

◆ 問 **5.11** $f(x, y) = x^3 y^2$ のとき，$f_{xxx}, f_{xyy}, f_{xxxy}, f_{xyyy}, f_{xxxyy}$ を求めよ．

5.10 近似式

1変数関数 $f(x)$ を $x = a$ のまわりでテイラー展開すると

$$f(x) = f(a) + f'(a)(x-a) + \frac{1}{2!}f''(a)(x-a)^2 + \frac{1}{3!}f'''(a)(x-a)^3 + \cdots$$

となり，$f(x)$ が x の多項式を用いて近似できることを学んだ．

同様に，2変数関数 $f(x, y)$ についても $(x, y) = (a, b)$ のまわりで**テイラー展開**できて，$f(x, y)$ を x, y の多項式を用いて近似することができる：

$$\begin{aligned}
f(x, y) &= f(a, b) + f_x(a, b)(x-a) + f_y(a, b)(y-b) \\
&\quad + \frac{1}{2!}\{f_{xx}(a, b)(x-a)^2 + 2f_{xy}(a, b)(x-a)(y-b) + f_{yy}(a, b)(y-b)^2\} \\
&\quad + \frac{1}{3!}\{f_{xxx}(a, b)(x-a)^3 + 3f_{xxy}(a, b)(x-a)^2(y-b) \\
&\qquad\qquad + 3f_{xyy}(a, b)(x-a)(y-b)^2 + f_{yyy}(a, b)(y-b)^3\} + \cdots.
\end{aligned}$$

ここで，{ } 内に現れる各項の係数は

1 回	$1(f_x)$	$1(f_y)$	
2 回	$1(f_{xx})$	$2(f_{xy})$	$1(f_{yy})$
3 回	$1(f_{xxx})$ $3(f_{xxy})$	$3(f_{xyy})$	$1(f_{yyy})$

のようになっている（2 項定理におけるパスカルの 3 角形，243 ページ参照）．

また，$(a, b) = (0, 0)$ のときは，**マクローリン展開**とよばれ，次のような形に展開される：

$$\begin{aligned}f(x, y) &= f(0, 0) + f_x(0, 0)x + f_y(0, 0)y \\ &+ \frac{1}{2!}\{f_{xx}(0, 0)x^2 + 2f_{xy}(0, 0)xy + f_{yy}(0, 0)y^2\} \\ &+ \frac{1}{3!}\{f_{xxx}(0, 0)x^3 + 3f_{xxy}(0, 0)x^2y \\ &+ 3f_{xyy}(0, 0)xy^2 + f_{yyy}(0, 0)y^3\} + \cdots .\end{aligned}$$

例題 5.8

$f(x, y) = e^{-x}\cos y$ を $(x, y) = (0, \pi)$ のまわりで（2 次の項まで）テイラー展開せよ．

【解】
$$f_x = -e^{-x}\cos y, \quad f_y = -e^{-x}\sin y,$$
$$f_{xx} = e^{-x}\cos y, \quad f_{xy} = e^{-x}\sin y, \quad f_{yy} = -e^{-x}\cos y$$

より

$$f(0, \pi) = -1,$$
$$f_x(0, \pi) = 1, \quad f_y(0, \pi) = 0,$$
$$f_{xx}(0, \pi) = -1, \quad f_{xy}(0, \pi) = 0, \quad f_{yy}(0, \pi) = 1$$

であるから，

$$f(x,y) = -1 + 1 \cdot (x-0) + 0 \cdot (y-\pi)$$
$$+ \frac{1}{2}\{(-1) \cdot (x-0)^2 + 2 \cdot 0 \cdot (x-0)(y-\pi) + 1 \cdot (y-\pi)^2\} + \cdots$$
$$= -1 + x - \frac{1}{2}x^2 + \frac{1}{2}(y-\pi)^2 + \cdots.$$

◆問 5.12 関数 $f(x,y) = e^{x-y}$ を $(x,y) = (1,0)$ のまわりで（2次の項まで）テイラー展開せよ．

2変数関数のテイラー展開の公式を，数学的に正確に書き表すと次のようになる．

定理 5.8（2変数関数のテイラー展開の公式）

$$f(a+h, b+k) = \sum_{j=0}^{n-1} \frac{1}{j!}\left(h\frac{\partial}{\partial x} + k\frac{\partial}{\partial y}\right)^j f(a,b) + R_n$$

ただし，

$$R_n = \frac{1}{n!}\left(h\frac{\partial}{\partial x} + k\frac{\partial}{\partial y}\right)^n f(a+\theta h, b+\theta k), \quad (0 < \theta < 1)$$

は剰余項である．ここで，$\left(h\dfrac{\partial}{\partial x} + k\dfrac{\partial}{\partial y}\right)^j f$ は，関数 $f(x,y)$ に対する**偏微分作用素**とよばれ，次を意味する：

$$\left(h\frac{\partial}{\partial x} + k\frac{\partial}{\partial y}\right)^0 f = f,$$
$$\left(h\frac{\partial}{\partial x} + k\frac{\partial}{\partial y}\right)^1 f = h\frac{\partial f}{\partial x} + k\frac{\partial f}{\partial y},$$
$$\left(h\frac{\partial}{\partial x} + k\frac{\partial}{\partial y}\right)^2 f = h^2\frac{\partial^2 f}{\partial x^2} + 2hk\frac{\partial^2 f}{\partial x \partial y} + k^2\frac{\partial^2 f}{\partial y^2}.$$

一般には，2項定理の形と対応しており，

$$\left(h\frac{\partial}{\partial x} + k\frac{\partial}{\partial y}\right)^n f = \sum_{r=0}^{n} {}_n C_r\, h^{n-r} k^r \frac{\partial f}{\partial x^{n-r} \partial y^r}.$$

定理 5.8 の証明は省略する．ここでは，1 変数関数のマクローリン展開の公式の場合と同様に，$f(x, y)$ が x と y の多項式で表されるものと仮定して，2 変数関数のマクローリン展開の公式を（形式的に）導こう．

$$
\begin{aligned}
f(x, y) &= \sum_{m,n=0} a_{mn} x^m y^n \\
&= a_{00} + a_{10}x + a_{01}y + a_{20}x^2 + a_{11}xy + a_{02}y^2 + \cdots
\end{aligned}
\tag{10.1}
$$

とおく．(10.1) において $x = y = 0$ とおくと，$a_{00} = f(0, 0)$ を得る．

次に，(10.1) の両辺を x で偏微分すると

$$
f_x(x, y) = a_{10} + 2a_{20}x + a_{11}y + \cdots \tag{10.2}
$$

となる．$x = y = 0$ とおくと，$a_{10} = f_x(0, 0)$ を得る．同様に，

$$
f_y(x, y) = a_{01} + a_{11}x + 2a_{02}y + \cdots \tag{10.3}
$$

において $x = y = 0$ とおくと，$a_{01} = f_y(0, 0)$ であることがわかる．

さらに，(10.2) の両辺を x および y で偏微分して，$x = y = 0$ とおくと，$a_{20} = \dfrac{1}{2} f_{xx}(0, 0)$，$a_{11} = f_{xy}(0, 0)$ を得る．また，(10.3) の両辺を y で偏微分して，$x = y = 0$ とおくと，$a_{02} = \dfrac{1}{2} f_{yy}(0, 0)$ を得る．以上より，

$$
\begin{aligned}
f(x, y) =\ & f(0, 0) + f_x(0, 0)x + f_y(0, 0)y \\
& + \frac{1}{2!} \{ f_{xx}(0, 0)x^2 + 2f_{xy}(0, 0)xy + f_{yy}(0, 0)y^2 \} + \cdots
\end{aligned}
$$

となることがわかる．この手続きを繰り返せば，3 次以上の項の係数も，f の偏導関数を用いて表すことができ，マクローリン展開の公式を得る．

◆ 問 **5.13** 上と同様の考え方で，2 変数関数のテイラー展開の公式を（形式的に）導け．

5.11　極値問題

点 (a, b) の近くの任意の点 (x, y)（ただし，$(x, y) \neq (a, b)$）に対して，

$$f(x, y) < f(a, b)$$

が成り立つとき，関数 $f(x, y)$ は点 (a, b) で**極大**であるといい，$f(a, b)$ を**極大値**という．同様に，

$$f(x, y) > f(a, b)$$

が成り立つとき，$f(x, y)$ は点 (a, b) で**極小**であるといい，$f(a, b)$ を**極小値**という．極大値と極小値をあわせて**極値**という．

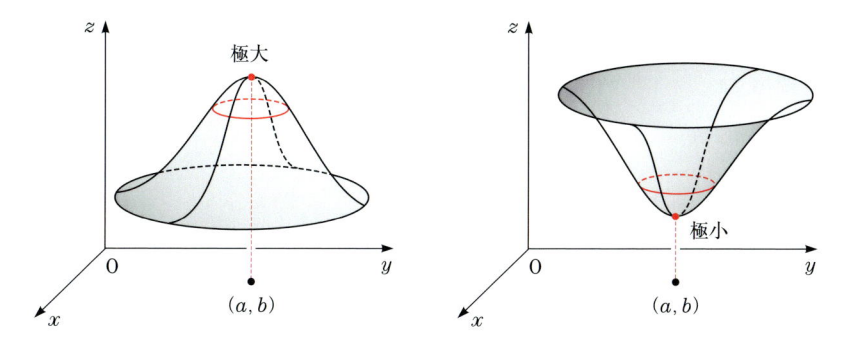

$f(x, y)$ が点 (a, b) で極値をとるならば，$f(x, b)$ は x の関数として $x = a$ で極値をとる．したがって，$f(x, y)$ が x について偏微分可能ならば

$$f_x(a, b) = 0$$

である．同様に，$f(a, y)$ は y の関数として $y = b$ で極値をとり，$f(x, y)$ が y について偏微分可能ならば

$$f_y(a, b) = 0$$

である．したがって，次の定理を得る．

定理 5.9

関数 $f(x, y)$ が点 (a, b) で極値をとるための必要条件は

$$f_x(a, b) = f_y(a, b) = 0.$$

例題 5.9

関数 $z = x^3 + y^3 - 3xy$ が極値をとりうる（候補）点を求めよ．

【解】 $z_x = 3x^2 - 3y = 0$, $z_y = 3y^2 - 3x = 0$ の 2 式から，y を消去すれば，$x^4 - x = 0$．これより，$x = 0, 1$ を得る．よって，極値を与える可能性のある点は $(0, 0), (1, 1)$ である．

◆問 5.14 次の関数が極値をとりうる点を求めよ．
（1） $z = xy + 3y - x^2 - y^2$ （2） $z = x^4 + y^2 + 2x^2 - 4xy + 1$

定理 5.9 は極値をとるための必要条件であるが，十分条件ではない．例えば，関数 $f(x, y) = x^2 - y^2$ については，

$$f_x = 2x = 0, \quad f_y = -2y = 0$$

より $x = 0, y = 0$ である．よって，関数 $f(x, y)$ は点 $(0, 0)$ で極値をとりうる可能性がある．しかし，点 $(0, 0)$ 以外の点において

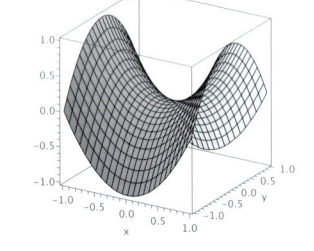

$|x| > |y|$ のとき，$f(x, y) > f(0, 0) = 0$,

$|x| < |y|$ のとき，$f(x, y) < f(0, 0) = 0$

である．したがって，この関数は点 $(0, 0)$ で極大でも極小でもない．

次に，関数 $f(x, y)$ が実際に極値をとるための十分条件を調べよう．

定理 5.10

関数 $z = f(x, y)$ が,点 (a, b) で $f_x = f_y = 0$ をみたすとき,

$$D = f_{xx}(a, b) f_{yy}(a, b) - \{f_{xy}(a, b)\}^2$$

とおくと,次が成り立つ.

(i) $D > 0$ のとき: $f_{xx}(a, b) > 0$ ならば, $f(x, y)$ は点 (a, b) で極小.
$f_{xx}(a, b) < 0$ ならば, $f(x, y)$ は点 (a, b) で極大.

(ii) $D < 0$ のとき, $f(x, y)$ は点 (a, b) で極値をとらない.

▶ **注意** $D = 0$ のときは,上の定理 5.10 だけでは極値についての判定ができない.

▶ **発展** $f(x, y)$ の点 (a, b) における 2 次偏微分係数からなる行列

$$H = \begin{pmatrix} f_{xx}(a, b) & f_{xy}(a, b) \\ f_{xy}(a, b) & f_{yy}(a, b) \end{pmatrix}$$

を考える.H は**ヘッセ行列**とよばれる対称行列であり,定理 5.10 の D は H の行列式である.このとき,$f(x, y)$ が点 (a, b) で極小であるための条件「$D > 0$ かつ $f_{xx}(a, b) > 0$」は,H が正値対称行列であることと同値であることが知られている.このような行列を用いた定式化は,一般の n 変数関数 $f(x_1, x_2, \ldots, x_n)$ が極値をもつための条件を考えるときに用いられる.

【略証】 剰余項を R_2 として,テイラー展開の公式を用いると

$$f(a+h, b+k) = f(a, b) + h f_x(a, b) + k f_y(a, b)$$
$$+ \frac{1}{2!} \{ h^2 f_{xx}(a+\theta h, b+\theta k) + 2hk f_{xy}(a+\theta h, b+\theta k)$$
$$+ k^2 f_{yy}(a+\theta h, b+\theta k) \} \quad (0 < \theta < 1).$$

ここで,$f_x(a, b) = 0$, $f_y(a, b) = 0$ であることから,f_{xx}, f_{xy}, f_{yy} が連続で

あるとすると，$|h|$，$|k|$ が十分小さいとき，次の近似式が成り立つ：

$$f(a+h, b+k) - f(a, b) \fallingdotseq \frac{1}{2}\{h^2 f_{xx}(a, b) + 2hk f_{xy}(a, b) + k^2 f_{yy}(a, b)\}.$$

ここで，$A = f_{xx}(a, b)$, $B = f_{xy}(a, b)$, $C = f_{yy}(a, b)$ とおくと

$$f(a+h, b+k) - f(a, b) \fallingdotseq \frac{1}{2}(Ah^2 + 2Bhk + Ck^2).$$

したがって，任意の h, k に対して $Ah^2 + 2Bhk + Ck^2 > 0$ であれば

$$f(a+h, b+k) > f(a, b)$$

が成り立ち，$f(x, y)$ は点 (a, b) において極小である．

同様に，$Ah^2 + 2Bhk + Ck^2 < 0$ が成り立つときは，$f(x, y)$ は点 (a, b) において極大となる．

さて，$A \neq 0$ のとき $Ah^2 + 2Bhk + Ck^2$ を h の 2 次式とみて平方完成の形に整理すれば

(11.1) $$Ah^2 + 2Bhk + Ck^2 = A\left\{\left(h + \frac{B}{A}k\right)^2 + \frac{AC - B^2}{A^2}k^2\right\}$$

と表せる．したがって，次の 2 通りの場合を考える．

（i）$AC - B^2 > 0$ のとき：

$0 \leqq B^2 < AC$ より，$A \neq 0$ である．このとき，(11.1) の $\{\ \}$ 内の符号は $(h, k) \neq (0, 0)$ のときつねに正であるから，

　$A > 0$ ならば，

$$Ah^2 + 2Bhk + Ck^2 > 0 \quad \text{すなわち} \quad f(x, y) \text{ は点 } (a, b) \text{ で極小}.$$

　$A < 0$ ならば，

$$Ah^2 + 2Bhk + Ck^2 < 0 \quad \text{すなわち} \quad f(x, y) \text{ は点 } (a, b) \text{ で極大}.$$

となる．

（ ii ） $AC - B^2 < 0$ のとき：

$A \neq 0$ ならば，(11.1) の $\{\ \}$ 内の値は，h, k のとり方によって正にも負にもなるから，$f(x, y)$ は点 (a, b) で極値をとらない．

$A = 0$ であれば，$B^2 > 0$ より $B \neq 0$ である．このとき，$Ah^2 + 2Bhk + Ck^2 = 2Bhk + Ck^2$ の値は，h, k のとり方によって正にも負にもなるから，$f(x, y)$ は点 (a, b) で極値をとらない．

例題 5.10

$z = x^3 + y^3 - 3xy$ の極値を求めよ．

【解】 例題 5.9 から，極値をとり得る点は $(0, 0), (1, 1)$ である．また，

$$z_{xx} = 6x, \quad z_{xy} = -3, \quad z_{yy} = 6y.$$

（ i ） $(x, y) = (0, 0)$ のとき，$z_{xx} = 0, z_{xy} = -3, z_{yy} = 0$ となり，

$$D = 0 - (-3)^2 = -9 < 0.$$

ゆえに，点 $(0, 0)$ で極値をとらない．

（ ii ） $(x, y) = (1, 1)$ のとき，$z_{xx} = 6, z_{xy} = -3, z_{yy} = 6$ となり，

$$D = 6 \cdot 6 - (-3)^2 = 27 > 0, \quad z_{xx} > 0.$$

ゆえに，点 $(1, 1)$ で極小となり，極小値は -1．

▶ **注意** 定理 5.10 が使えない $D = 0$ の場合は，別の考察が必要である．例えば，$f(x, y) = x^2 + ay^4$ （a は 0 でない定数）の極値について調べてみよう．

$$f_x = 2x, \quad f_y = 4ay^3, \quad f_{xx} = 2, \quad f_{xy} = 0, \quad f_{yy} = 12ay^2$$

であるから，極値をとりうる点は，$f_x = f_y = 0$ より $(x, y) = (0, 0)$ である．しかし，$(x, y) = (0, 0)$ のとき，$f_{xx} = 2, f_{xy} = 0, f_{yy} = 0$ より，$D = 2 \cdot 0 - 0^2 = 0$ であるから，定理 5.10 は使えない．

この場合，$a > 0$ のとき，$(x, y) \neq (0, 0)$ ならば

$$f(x, y) = x^2 + ay^4 > 0 = f(0, 0)$$

であるから，$f(x, y)$ は $(x, y) = (0, 0)$ で極小となる．一方，$a < 0$ のとき，

$$x \neq 0 \text{ ならば，} f(x, 0) = x^2 > 0 = f(0, 0).$$

$$y \neq 0 \text{ ならば，} f(0, y) = ay^4 < 0 = f(0, 0)$$

であるから，$f(x, y)$ は $(x, y) = (0, 0)$ で極値をとらない．

◆ **問 5.15** 次の関数の極値を求めよ．
(1)　$z = 1 - 2x^2 - xy - y^2 + 2x - 3y$　　(2)　$z = e^{-\frac{x}{2}}(x - y^2)$
(3)　$z = \sin x + \cos y \quad (0 < x < 2\pi,\ 0 < y < 2\pi)$

5.12　陰関数

　$f(x, y) = x^2 + y^2 - 1 = 0$ の表す図形は，原点を中心とする半径 1 の円であるが，これは関数のグラフではない．なぜなら，x を決めると y がただ 1 つ決まるものを関数と定義したからである．

　しかし，例えば，点 $(0, 1)$ の近くを見れば，x を決めると y がただ 1 つ決まるから，y は x の関数であるとみることができる．実際，点 $(0, 1)$ の近くでは，$y > 0$ であるから，$y^2 = 1 - x^2$ より

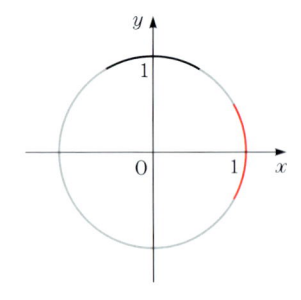

$$y = \sqrt{1 - x^2}$$

として，y は x について一意的に解ける（x の 1 つの式で表せる）．このことは，点 $(0, 1)$ の近くでは，x を決めれば y がただ 1 つ決まることを意味している．

　このとき，$f(x, y) = x^2 + y^2 - 1$ について $f_y(x, y) = 2y$ であるが，点 $(0, 1)$ において，$f_y(0, 1) = 2 \neq 0$ が成り立つことに注意しよう．

▶ **注意** 前ページの図を見ればわかるように，$f_y(x, y) = 0$ となる点（この例では $(x, y) = (\pm 1, 0)$ の 2 点）の近くでは，y は x について一意的に解けない．すなわち，x を決めても y がただ 1 つに決まらないため，y は x の関数にならない．

一般に，次のことが成り立つ．

定理 5.11（陰関数定理）

$f(x, y)$ は連続な偏導関数をもつものとする．

$$f(a, b) = 0 \quad \text{かつ} \quad f_y(a, b) \neq 0$$

ならば，点 (a, b) のまわりで，y は x について一意的に解くことができる．すなわち，

$$f(x, \varphi(x)) = 0, \quad \varphi(a) = b$$

をみたす $y = \varphi(x)$ が存在する．$\varphi(x)$ を $f(x, y) = 0$ で定義された**陰関数**という．このとき，

$$\varphi'(x) = -\frac{f_x(x, y)}{f_y(x, y)}$$

が成り立つ．

▶ **注意** 上の定理では $f_y(a, b) \neq 0$ を仮定したが，$f_x(a, b) \neq 0$ を仮定した場合でも同様に考えることができる．$f_x(a, b) \neq 0$ ならば，点 (a, b) のまわりで x は y について解ける．すなわち，

$$f(\psi(y), y) = 0, \quad \psi(b) = a$$

をみたす**陰関数** $x = \psi(y)$ が存在し，その導関数は次の式で与えられる：

$$\psi'(y) = -\frac{f_y(x, y)}{f_x(x, y)}.$$

【略証】 陰関数定理をきちんと証明することは難しい．ここでは，定理 5.11 の証明の方針だけを簡単に説明しておこう．

$f(x, y)$ を，点 (a, b) のまわりでテイラー展開すると

$$f(x, y) = f(a, b) + f_x(a, b)(x - a) + f_y(a, b)(y - b) + (2 \text{ 次以上の項})$$

である．2 次以上の項は (x, y) が (a, b) に近いときはわずかな誤差であると考えることができる．このとき，$f(a, b) = 0$ であることに注意すれば，$f(x, y) = 0$ より

$$f_x(a, b)(x - a) + f_y(a, b)(y - b) + (\text{誤差}) = 0$$

となる．よって，$f_y(a, b) \neq 0$ ならば

$$y - b \fallingdotseq -\frac{f_x(a, b)}{f_y(a, b)}(x - a)$$

$$\therefore \quad y = \varphi(x) \fallingdotseq -\frac{f_x(a, b)}{f_y(a, b)}(x - a) + b.$$

また，$(x, y) = (a, b)$ のとき，誤差は完全に 0 になるから，$\varphi(a) = b$ である．したがって，$f(x, y) = 0$ をみたす x と y の間には，$y = \varphi(x)$ という関数関係が成り立つ．

さらに，$f(x, \varphi(x)) = 0$ の両辺を，合成関数の微分法（定理 5.5）を用いて x で微分すると

$$f_x(x, y) + f_y(x, y)\varphi'(x) = 0 \qquad \therefore \quad \varphi'(x) = -\frac{f_x(x, y)}{f_y(x, y)}$$

が成り立つ．

上の証明の方針を見ればわかるように，陰関数定理の本質は，2 変数関数がテイラー展開の公式によって 1 次式で近似 されることにある．すなわち，方程式 $f(x, y) = 0$ を点 (a, b) のまわりで，1 次方程式

(12.1) $$f_x(a, b)(x - a) + f_y(a, b)(y - b) = 0$$

で近似して，これを y について解いているのである．(12.1) は，曲線 $y = \varphi(x)$ 上の点 $(a, \varphi(a))$ における**接線の方程式**である．実際，(12.1) より

$$y - b = -\frac{f_x(a, b)}{f_y(a, b)}(x - a)$$

であるが，$b = \varphi(a)$ と $\varphi'(a) = -\dfrac{f_x(a, b)}{f_y(a, b)}$ に注意すれば

$$y - \varphi(a) = \varphi'(a)(x - a)$$

を得る．また，

$$\vec{n} = (f_x(a, b),\ f_y(a, b))$$

は，点 $(a, \varphi(a))$ における曲線 $y = \varphi(x)$ の法線の方向を表すベクトル（**法線ベクトル**）である．

例題 5.11

$f(x, y) = x^3 + 2xy - y^2 + x + 1 = 0$ 上の点 $(1, -1)$ における接線の方程式を求めよ．

【解】 $f_y(x, y) = 2x - 2y$ より $f_y(1, -1) = 4 \neq 0$ であるから，$f(x, y) = 0$ は点 $(1, -1)$ の近くで $y = \varphi(x)$ の形の陰関数をもつ．

$$f_x(x, y) = 3x^2 + 2y + 1$$

より $f_x(1, -1) = 2$ であるから，求める接線の方程式は

$$2(x - 1) + 4(y + 1) = 0 \qquad \therefore \quad x + 2y = -1.$$

◆ **問 5.16** $f(x, y) = 3x^2 - xy^3 + 2xy + y - x = 0$ 上の点 $(1, 2)$ における接線の方程式を求めよ．

例題 5.12

$f(x, y) = 0$ で定義される陰関数 $y = y(x)$ について，

$$f(a, b) = 0, \quad f_x(a, b) = 0, \quad f_y(a, b) \neq 0$$

のとき，次が成り立つことを示せ．

(1) $f_{xx}(a, b) f_y(a, b) < 0$ ならば，$y(x)$ は $x = a$ で極小値 b をもつ．

(2) $f_{xx}(a, b) f_y(a, b) > 0$ ならば，$y(x)$ は $x = a$ で極大値 b をもつ．

【解】 定理 5.11 より

$$y'(x) = -\frac{f_x(x, y)}{f_y(x, y)}$$

である．この両辺を x で微分（偏微分ではない！）すると

$$y''(x) = -\frac{1}{\{f_y(x, y)\}^2} \left\{ \frac{d f_x(x, y)}{dx} f_y(x, y) - f_x(x, y) \frac{d f_y(x, y)}{dx} \right\}.$$

ここで，

$$\frac{d f_x(x, y)}{dx} = f_{xx}(x, y) + f_{xy}(x, y) \frac{dy}{dx} = f_{xx}(x, y) - f_{xy}(x, y) \frac{f_x(x, y)}{f_y(x, y)},$$

$$\frac{d f_y(x, y)}{dx} = f_{yx}(x, y) + f_{yy}(x, y) \frac{dy}{dx} = f_{xy}(x, y) - f_{yy}(x, y) \frac{f_x(x, y)}{f_y(x, y)}$$

である．したがって，$(x, y) = (a, b)$ において $f_x(a, b) = 0$ であるから，

$$y'(a) = 0, \quad y''(a) = -\frac{f_{xx}(a, b)}{f_y(a, b)}.$$

よって，$f_{xx}(a, b) f_y(a, b) < 0$ ならば $y''(a) > 0$ となるから，$y = y(x)$ は $x = a$ で極小値 b をもつ．$f_{xx}(a, b) f_y(a, b) > 0$ ならば $y''(a) < 0$ となるから，$y = y(x)$ は $x = a$ で極大値 b をもつ．

◆ **問 5.17** $2x^2 - 2xy + y^2 - 4 = 0$ で与えられる陰関数 $y = y(x)$ の極値を求めよ．

▶ **発展 1（3 変数関数の陰関数定理）** 陰関数定理は，次のように 3 変数関数の場合にも拡張される．$f(x, y, z)$ は連続な偏導関数をもつものとする．

$$f(a, b, c) = 0 \quad \text{かつ} \quad f_z(a, b, c) \neq 0$$

ならば，点 (a, b, c) のまわりで，z は x, y について解ける．すなわち，

$$f(x, y, \varphi(x, y)) = 0, \quad \varphi(a, b) = c$$

をみたす $z = \varphi(x, y)$ が存在し，

$$\varphi_x(x, y) = -\frac{f_x(x, y, z)}{f_z(x, y, z)}, \quad \varphi_y(x, y) = -\frac{f_y(x, y, z)}{f_z(x, y, z)}$$

が成り立つ．

$f_x(a, b, c) \neq 0$ または $f_y(a, b, c) \neq 0$ の場合も同様に考えることができる．例えば，$f_x(a, b, c) \neq 0$ ならば，

$$f(\psi(y, z), y, z) = 0, \quad \psi(b, c) = a$$

をみたす $x = \psi(y, z)$ が存在し，

$$\psi_y(y, z) = -\frac{f_y(x, y, z)}{f_x(x, y, z)}, \quad \psi_z(y, z) = -\frac{f_z(x, y, z)}{f_x(x, y, z)}$$

が成り立つ．

これは，3 変数関数 $f(x, y, z)$ に対する点 (a, b, c) のまわりのテイラー展開の公式を用いることによって示される．また，一般に n 変数関数の場合にも同様の拡張ができることもわかるだろう．

▶ **発展 2** xyz 空間上の曲面は，一般に $f(x, y, z) = 0$ の形で与えられる．例えば，原点を中心とする半径 1 の球面は $f(x, y, z) = x^2 + y^2 + z^2 - 1$ とするとき，$f(x, y, z) = 0$ で与えられる．

曲面 $f(x, y, z) = 0$ 上の点 (a, b, c) における**接平面の方程式**は

$$f_x(a, b, c)(x - a) + f_y(a, b, c)(y - b) + f_z(a, b, c)(z - c) = 0$$

で与えられることが知られている．これは，3 変数関数 $f(x, y, z)$ に対する点 (a, b, c) のまわりのテイラー展開の公式を用いることによって示される．また，

$$\overrightarrow{n} = (f_x(a, b, c),\ f_y(a, b, c),\ f_z(a, b, c))$$

は，点 (a, b, c) において接平面に直交する直線（法線）の方向を表すベクトル（**法線ベクトル**）である．

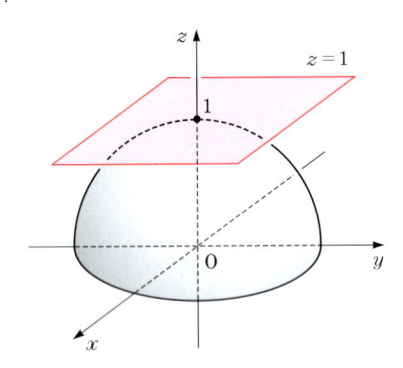

例えば，球面
$$f(x, y, z) = x^2 + y^2 + z^2 - 1 = 0$$
上の点 $(0, 0, 1)$ で考えると，
$$f_x(x, y, z) = 2x,\quad f_y(x, y, z) = 2y,\quad f_z(x, y, z) = 2z$$
であるから，
$$f_x(0, 0, 1) = 0,\quad f_y(0, 0, 1) = 0,\quad f_z(0, 0, 1) = 2 \neq 0$$
となり，点 $(0, 0, 1)$ における接平面の方程式は
$$0 \cdot (x - 0) + 0 \cdot (y - 0) + 2 \cdot (z - 1) = 0 \qquad \therefore\quad z = 1$$
となる．また，点 $(0, 0, 1)$ における法線ベクトルは
$$\overrightarrow{n} = (f_x(0, 0, 1),\ f_y(0, 0, 1),\ f_z(0, 0, 1)) = (0, 0, 2)$$
なので，z 軸が法線であることがわかる．

◆問 5.18　球面 $f(x, y, z) = x^2 + y^2 + z^2 - 1 = 0$ 上の点 $\left(\dfrac{1}{\sqrt{3}},\ \dfrac{1}{\sqrt{3}},\ \dfrac{1}{\sqrt{3}}\right)$ における接平面の方程式を求めよ．

5.13 条件付き極値問題

ここでは，変数 x と y が $g(x, y) = 0$ をみたしながら動くときの，関数 $z = f(x, y)$ の極値について考えよう．

定理 5.12（ラグランジュの未定係数法）

$f(x, y)$, $g(x, y)$ は連続な偏導関数をもつものとする．条件 $g(x, y) = 0$ のもとで $z = f(x, y)$ が点 (a, b) で極値をとり，$g_x(a, b)$ と $g_y(a, b)$ の少なくとも一方が 0 でなければ，ある定数 λ が存在して，次の式が成り立つ．

$$\begin{cases} f_x(a, b) - \lambda g_x(a, b) = 0, \\ f_y(a, b) - \lambda g_y(a, b) = 0, \\ g(a, b) = 0. \end{cases}$$

【証明】 $g_y(a, b) \neq 0$ ならば陰関数定理により，点 (a, b) のまわりで $g(x, y) = 0$ の陰関数

$$y = \varphi(x) \quad (\text{ただし}, \ b = \varphi(a))$$

が求まる．これを $z = f(x, y)$ に代入して得られる x の関数

$$z = f(x, y) = f(x, \varphi(x))$$

が $x = a$ で極値をとるためには，

$$\frac{dz}{dx} = f_x(a, b) + f_y(a, b)\varphi'(a) = 0 \quad \cdots (*)$$

であることが必要である．また，$y = \varphi(x)$ は $g(x, y) = 0$ の陰関数であるから，$g(x, \varphi(x)) = 0$ である．この式の両辺を x で微分して $(x, y) = (a, b)$ とおくと，

$$g_x(a, b) + g_y(a, b)\varphi'(a) = 0 \quad \therefore \quad \varphi'(a) = -\frac{g_x(a, b)}{g_y(a, b)}$$

となる．よって，(∗) 式から

$$f_x(a, b) - f_y(a, b)\frac{g_x(a, b)}{g_y(a, b)} = 0$$

が成り立つ．そこで，$\lambda = \dfrac{f_y(a, b)}{g_y(a, b)}$ とおけば，

$$f_x(a, b) - \lambda g_x(a, b) = 0 \quad \text{および} \quad f_y(a, b) - \lambda g_y(a, b) = 0$$

を得る．また，$b = \varphi(a)$ より $g(a, b) = 0$ である．

$g_x(a, b) \neq 0$ のときも同様の議論をすればよい．

▶ **注意** 上の定理 5.12 では，「極値をとっている」ことを前提としている．したがって，極値を求める立場からは，必要条件であって，十分条件でないことに注意が必要である．また，定数 λ の値は，条件 $g(x, y) = 0$ から求められる．

例題 5.13

$x^2 + y^2 = 1$ のとき，関数 $f(x, y) = x + y + 1$ の極値をとりうる（候補）点の座標を求めよ．

【解】 $g(x, y) = x^2 + y^2 - 1$ とおくと，与えられた条件は $g(x, y) = 0$ と書ける．λ を（未知）定数として

$$F(x, y, \lambda) = f(x, y) - \lambda g(x, y) = (x + y + 1) - \lambda(x^2 + y^2 - 1)$$

とおくと，

$$F_x = 1 - 2\lambda x, \quad F_y = 1 - 2\lambda y.$$

$F_x = F_y = 0$ をみたす x, y は

(13.1) $$x = \frac{1}{2\lambda}, \quad y = \frac{1}{2\lambda}$$

である．これを $g(x, y) = x^2 + y^2 - 1 = 0$ に代入すると

$$\left(\frac{1}{2\lambda}\right)^2 + \left(\frac{1}{2\lambda}\right)^2 - 1 = 0$$

となる．これより，$\lambda = \pm\dfrac{1}{\sqrt{2}}$ を得る．したがって，(13.1) より，極値をとりうる点は $\left(\pm\dfrac{1}{\sqrt{2}},\ \pm\dfrac{1}{\sqrt{2}}\right)$（複号同順）である．

一般に，点 (x, y) が円周のように端点のない曲線（**閉曲線**という）上を動くとき，連続な関数 $f(x, y)$ は最大値と最小値をもつことが知られている．上の例題において，極値をとりうる点における $z = f(x, y)$ の値を計算すると

$$\left(\dfrac{1}{\sqrt{2}},\ \dfrac{1}{\sqrt{2}}\right) \text{で，} z = 1 + \sqrt{2},\quad \left(-\dfrac{1}{\sqrt{2}},\ -\dfrac{1}{\sqrt{2}}\right) \text{で，} z = 1 - \sqrt{2}$$

となる．したがって，関数 $f(x, y) = x + y + 1$ は $x^2 + y^2 = 1$ 上の点 $\left(\dfrac{1}{\sqrt{2}},\ \dfrac{1}{\sqrt{2}}\right)$ において最大値 $1 + \sqrt{2}$，点 $\left(-\dfrac{1}{\sqrt{2}},\ -\dfrac{1}{\sqrt{2}}\right)$ において最小値 $1 - \sqrt{2}$ をとる．

◆ **問 5.19** $x^2 + y^2 = 1$ のとき，関数 $z = 2 - xy$ の最大値と最小値，およびそれらをとる点を求めよ．

◆ **問 5.20** 体積が一定な直円柱のうちで，表面積が最小なものの底面の半径と高さの比を求めよ．

▶ **発展** ラグランジュの未定係数法は，変数や条件式の個数が増えても利用できる．例えば，条件式 $g_1(x, y, z) = 0$, $g_2(x, y, z) = 0$ のもとで，3 変数関数 $f(x, y, z)$ の極値をとりうる点をさがすときは，λ_1, λ_2 を（未知）定数として，

$$F(x, y, z) = f(x, y, z) - \lambda_1 g_1(x, y, z) - \lambda_2 g_2(x, y, z)$$

とおいて，例題 5.13 のように考えていけばよい．

練 習 問 題

5.1 次の関数の原点 $(0, 0)$ での連続性，偏微分可能性，全微分可能性を調べよ．

$$f(x, y) = \begin{cases} 0 & (x, y) = (0, 0), \\ \dfrac{xy}{x^2 + y^2} & (x, y) \neq (0, 0) \end{cases}$$

5.2 次の関数を偏微分せよ．

（1） $z = x^2 y + 3xy^4 + x^3$ （2） $z = \dfrac{xy}{x+y}$

（3） $z = \cos^2(x-y)$ （4） $z = \log\sqrt{1 + x^2 + y^2}$

（5） $w = x^2 y^3 z^2$ （6） $w = \mathrm{Sin}^{-1}(x + yz)$

5.3 次の関数の全微分を求めよ．

（1） $z = xy \sin(x-y)$ （2） $z = \dfrac{y}{x} - \dfrac{x}{y}$

（3） $w = e^{-x} \cos(y+z)$ （4） $w = \mathrm{Cos}^{-1}(xyz)$

5.4 次の曲面上の，指定された点における接平面の方程式を求めよ．

（1） $z = \sqrt{3 - x^2 - y^2}$, $(x, y, z) = (1, 1, 1)$

（2） $z = \dfrac{y}{x}$, $(x, y, z) = (1, 2, 2)$

（3） $z = \sin x + \sin y + \cos(x+y)$, $(x, y, z) = (0, \pi, -1)$

5.5 次の関数の第 2 次偏導関数をすべて求めよ．

（1） $z = x^3 y + xy^2$ （2） $z = x \sin xy$

（3） $z = x^y$ （4） $z = \mathrm{Tan}^{-1} xy$

（5） $w = x^3 yz^2$ （6） $w = \log(x - y + z)$

5.6 合成関数の微分法を用いて $\dfrac{dz}{dt}$ を求めよ．

（1） $z = xy^2 - x^2 y$, $x = t^2$, $y = e^t$

（2） $z = e^{x+y}$, $x = \cos t$, $y = t^2$

（3） $z = f(x, y)$, $x = \cos t$, $y = \sin t$

5.7 合成関数の微分法を用いて z_u, z_v を求めよ．

（1） $z = xy^2 + x^2 y$, $x = u + v$, $y = u - v$

（2） $z = \sin(x - y)$, $x = u^2 + v^2$, $y = 2uv$

（3） $z = f(x, y)$, $x = \cos(u + v)$, $y = \sin(u - v)$

5.8 関数 $f(x, y)$ に対して

$$\Delta f = \frac{\partial^2 f}{\partial x^2} + \frac{\partial^2 f}{\partial y^2}$$

と定義する（Δ は**ラプラシアン**とよばれる）．$f(x,y)$ が $\Delta f = 0$ をみたすとき，
$g(u,v) = f\left(\dfrac{u}{u^2+v^2}, \dfrac{-v}{u^2+v^2}\right)$ も $\Delta g = 0$ をみたすことを示せ．

5.9 $z = f(x,y)$, $x = r\cos\theta$, $y = r\sin\theta$ のとき，次の関係式が成り立つことを示せ：

$$z_{xx} + z_{yy} = z_{rr} + \frac{1}{r}z_r + \frac{1}{r^2}z_{\theta\theta}.$$

5.10 次の関数をマクローリン展開せよ．また，$(x,y) = (1,1)$ のまわりでテイラー展開せよ．

（1） $f(x,y) = \log(1+xy)$ （2次の項まで）

（2） $f(x,y) = xye^{x-y}$ （2次の項まで）

（3） $f(x,y) = x\cos\pi y$ （3次の項まで）

（4） $f(x,y) = \sqrt{1-x+y^2}$ （3次の項まで）

5.11 次の関数の極値を求めよ．

（1） $f(x,y) = xy + \dfrac{8}{x} + \dfrac{8}{y}$ $(x > 0, y > 0)$

（2） $f(x,y) = e^{-(x^2+y^2)}(x^2 + 2y^2)$

（3） $f(x,y) = \cos^2 x - \sin^2 y$ $(0 < x < 2\pi,\ 0 < y < 2\pi)$

5.12 関数 $f(x,y) = x^4 + y^4 + a(x+y)^2$ （a は定数）の極値を調べよ．

5.13 $D = \{(x,y) \mid 0 \leqq x \leqq 1,\ 0 \leqq y \leqq 1,\ x+y \leqq 1\}$ における

$$f(x,y) = xy(1-x-y)$$

の最小値と最大値を求めよ．

5.14 次の曲線上の点 (x_0, y_0) における接線の方程式を求めよ．

（1） 楕円 $\dfrac{x^2}{a^2} + \dfrac{y^2}{b^2} = 1$ （2） 双曲線 $\dfrac{x^2}{a^2} - \dfrac{y^2}{b^2} = 1$

（3） 放物線 $y^2 = 4px$

5.15 次の関係式で定義される陰関数の極値があれば求めよ．

（1） $x^3 + y^3 - 3xy = 0$ （2） $x^2 + 2xy - y^2 = 1$

5.16 $x^2+4y^2=4$ のとき，次の関数の最大値と最小値を求めよ．
（1） $z=x+2y$ 　　（2） $z=xy$

5.17 表面積が一定な直円柱のうちで，体積が最大のものの底面の半径と高さの比を求めよ．

5.18 直方体の辺の和が一定であるとき，体積が最大となるのは立方体であることを示せ．

第 6 章

重 積 分

　この章では，重積分とよばれる多変数関数の積分法を説明する．理解のしやすさから，主に 2 変数関数の重積分を取り扱うが，一般的な多変数関数についても同様に扱える．まず，重積分の定義を述べ，それを累次積分によって具体的に計算する方法を説明する．次に，1 変数関数の場合の置換積分法に相当する変数変換法を述べ，広義重積分について説明する．また，空間図形の体積や曲面積（表面積）を重積分を利用して求める方法を述べる．最後に，応用上重要なガンマ関数とベータ関数について簡単にふれる．

6.1　重積分の定義と性質

　2 変数関数 $z = f(x, y)$ は xy 平面上の長方形領域

$$D = \{(x, y) \mid a \leqq x \leqq b,\ c \leqq y \leqq d\}$$

上で定義され，$f(x, y) \geqq 0$ とする．曲面 $z = f(x, y)$ と，領域[1] D および 4 つの平面 $x = a$, $x = b$, $y = c$, $y = d$ で囲まれた立体 V の体積を考える．

---

[1] この章では，境界を含む閉領域を単に領域とよぶ．

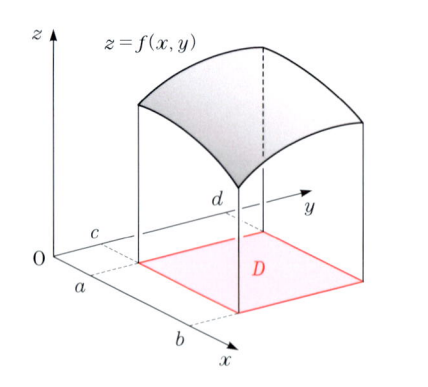

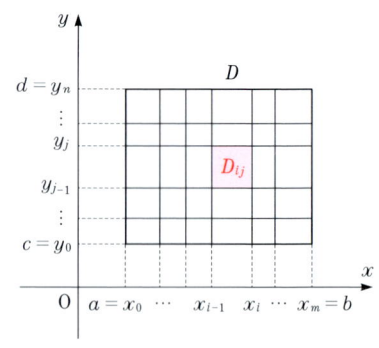

領域 D の 2 つの辺をそれぞれ m 個と n 個の小区間に分け，領域 D を $mn\ (=m\times n)$ 個の小さな長方形に分割する．すなわち，

$$a = x_0 < x_1 < x_2 < \cdots < x_m = b, \quad c = y_0 < y_1 < y_2 < \cdots < y_n = d$$

とし，

$$D_{ij} = \{(x, y) \mid x_{i-1} \leqq x \leqq x_i,\ y_{j-1} \leqq y \leqq y_j\},$$

$$(i = 1, 2, \ldots, m;\ j = 1, 2, \ldots, n)$$

とおく．D_{ij} 内の 1 つの点を任意に選び (ξ_i, η_j) とする．このとき，図の赤色で示された柱状部分の体積 V_{ij} は，D_{ij} を底面とし，高さが $f(\xi_i, \eta_j)$ である直方体の体積で近似される．すなわち，

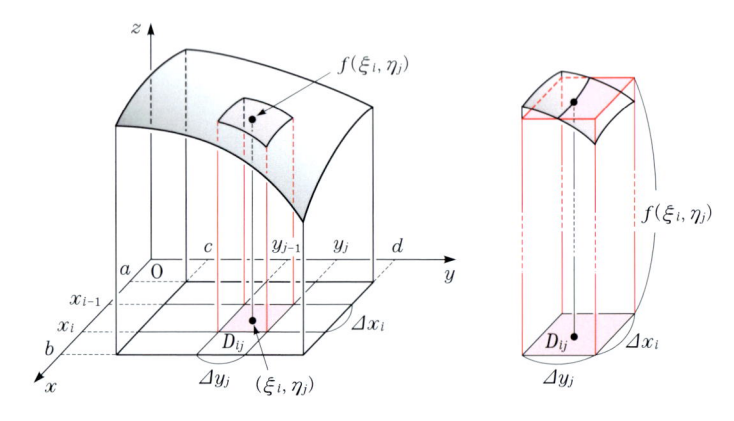

$$V_{ij} \fallingdotseq f(\xi_i, \eta_j)(x_i - x_{i-1})(y_j - y_{j-1}) = f(\xi_i, \eta_j)\Delta x_i \Delta y_j.$$

ただし，$\Delta x_i = x_i - x_{i-1}$，$\Delta y_j = y_j - y_{j-1}$ である．これらの mn 個の直方体を寄せ集めると，その体積の和（リーマン和）は

$$V_\Delta = \sum_{i=1}^{m} \sum_{j=1}^{n} f(\xi_i, \eta_j)\Delta x_i \Delta y_j$$

となる．ここで，m, n の値を限りなく大きくし，すべての i, j について $\Delta x_i, \Delta y_j$ を限りなく 0 に近づけるとき，V_Δ がある一定の値 V に限りなく近づくならば，関数 $f(x, y)$ は領域 D 上で**積分可能**であるといい，この極限値を

$$\iint_D f(x, y)\, dxdy$$

で表し，$f(x, y)$ の D における **2 重積分**という．

ここでは，立体の体積を用いて 2 重積分を説明したため，$f(x, y) \geqq 0$ を仮定した．しかし，リーマン和 V_Δ は $f(x, y)$ の正負によらず考えることができるので，$f(x, y)$ が領域 D 上で $f(x, y) \geqq 0$ をみたしていない場合でも，2 重積分を定義することができる．

次に，一般の形の領域 D 上で定義された関数 $f(x, y)$ の 2 重積分を定義しよう．D を含む長方形領域 $\tilde{D}$ をとり，$\tilde{D}$ 上の関数 $\tilde{f}(x, y)$ を

$$\tilde{f}(x, y) = \begin{cases} f(x, y) & ((x, y) \in D) \\ 0 & ((x, y) \notin D) \end{cases}$$

で定義する．

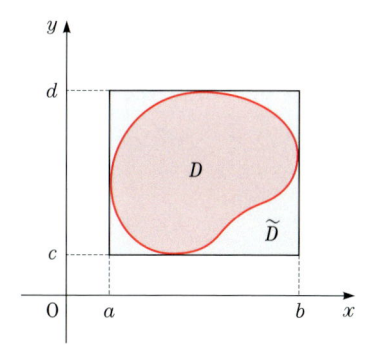

関数 $\tilde{f}(x, y)$ が $\tilde{D}$ で積分可能なとき，$f(x, y)$ は D で積分可能であるといい，

$$\iint_D f(x, y)\, dxdy = \iint_{\tilde{D}} \tilde{f}(x, y)\, dxdy$$

と書き表す．領域 D 上で連続な関数 $f(x, y)$ は積分可能であることが知られている．

定義から，2重積分について次の性質が成り立つ．

（i） 領域 D を2つの領域 D_1, D_2 に分けるとき，
$$\iint_D f(x, y)\,dxdy = \iint_{D_1} f(x, y)\,dxdy + \iint_{D_2} f(x, y)\,dxdy.$$

（ii）（**比較原理**） 領域 D 上で $f \leqq g$ ならば
$$\iint_D f(x, y)\,dxdy \leqq \iint_D g(x, y)\,dxdy$$

が成り立つ．とくに，
$$\left|\iint_D f(x, y)\,dxdy\right| \leqq \iint_D |f(x, y)|\,dxdy.$$

また，1変数関数の定積分と同様に，次の計算公式が成り立つ：
$$\iint_D \{kf(x, y) + hg(x, y)\}\,dxdy = k\iint_D f(x, y)\,dxdy + h\iint_D g(x, y)\,dxdy$$
$$(h,\ k\ \text{は定数}).$$

さらに，証明は省略するが，次の定理が成り立つ．

定理 6.1（2重積分の平均値の定理）

f が D 上で連続ならば，
$$\frac{1}{\mu(D)} \iint_D f(x, y)\,dxdy = f(\mathrm{P})$$

をみたす D 上の点 P が存在する．ただし，$\mu(D)$ は領域 D の面積を表す．

6.2 累次積分

6.2.1 長方形領域の場合 2重積分を計算する方法について説明しよう．前節と同様に，曲面 $z = f(x, y)$ と不等式 $a \leqq x \leqq b, c \leqq y \leqq d$ で表される長方形の領域 D で定義される立体を考えよう．

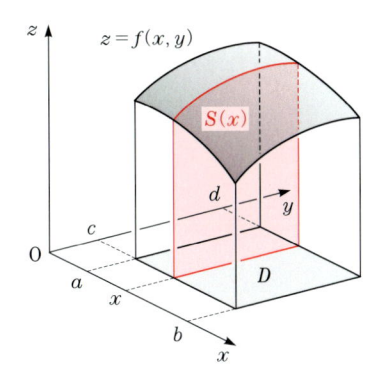

$a \leqq x \leqq b$ とし，この立体を，点 $(x, 0, 0)$ を通り yz 平面に平行な平面で切る．このときの切り口の面積は x によって定まると考えてよいから，この面積を $S(x)$ とする．$S(x)$ は，この切り口が yz 平面にあると考えたときの面積と同じであるから，

$$S(x) = \int_c^d f(x, y)\, dy$$

で与えられる．一方，立体の体積 V は $S(x)$ を用いて

$$V = \int_a^b S(x)\, dx$$

と表されるから，次の等式が得られる：

$$\iint_D f(x, y)\, dxdy = V = \int_a^b \left\{ \int_c^d f(x, y)\, dy \right\} dx.$$

上式の右辺の形の積分を**累次積分**という．これは，次のように書き表されることも多い：

$$\iint_D f(x, y)\, dxdy = \int_a^b dx \int_c^d f(x, y)\, dy.$$

▶ **注意** 上の2つの等式の右辺に現れる $\displaystyle\int_c^d f(x,y)\,dy$ は，x を定数とみて $f(x,y)$ を y について積分したものであるから，y によらない x の関数になる．それをさらに x で積分したものが，上の累次積分である．

同様に，$c \leqq y \leqq d$ とし，この立体を，点 $(0, y, 0)$ を通り xz 平面に平行な平面で切ったときの切り口の面積 $T(y)$ は

$$T(y) = \int_a^b f(x,y)\,dx$$

で与えられる．一方，立体の体積 V は $T(y)$ を用いて

$$V = \int_c^d T(y)\,dy$$

で表されるから，

$$\iint_D f(x,y)\,dxdy = \int_c^d \left\{\int_a^b f(x,y)\,dx\right\}dy$$

または

$$\iint_D f(x,y)\,dxdy = \int_c^d dy \int_a^b f(x,y)\,dx$$

である．これらも**累次積分**である．

▶ **注意** 上の2つの等式の右辺に現れる $\displaystyle\int_a^b f(x,y)\,dx$ は，y を定数とみて $f(x,y)$ を x について積分したものであるから，x によらない y の関数になる．それをさらに y で積分したものが，上の累次積分である．

2重積分と累次積分が等しいことを意味する上の4つの等式は，関数 $f(x,y)$ が領域 D で負の値をとるときにも成り立つことが知られている．

上で述べたことを公式の形でまとめておこう．

公式 6.1 [2]

$D = \{(x, y) \mid a \leq x \leq b,\ c \leq y \leq d\}$ のとき,

(2.1) $\qquad \iint_D f(x, y)\, dxdy = \int_a^b \left\{ \int_c^d f(x, y)\, dy \right\} dx = \int_a^b dx \int_c^d f(x, y)\, dy$

(先に y で積分, 次に x で積分)

または

(2.2) $\qquad \iint_D f(x, y)\, dxdy = \int_c^d \left\{ \int_a^b f(x, y)\, dx \right\} dy = \int_c^d dy \int_a^b f(x, y)\, dx$

(先に x で積分, 次に y で積分).

例題 6.1

$D = \{(x, y) \mid 0 \leq x \leq 2,\ 0 \leq y \leq 1\}$ のとき, 次の 2 重積分の値を (2.1) と (2.2) の 2 通りの方法で計算し, それらが一致することを確かめよ.

$$I = \iint_D (x^2 - xy)\, dxdy$$

【解】 (i) 先に y で積分し, 次に x で積分するという順に累次積分を行う. 等式 (2.1) を用いると

$$I = \int_0^2 \left\{ \int_0^1 (x^2 - xy)\, dy \right\} dx = \int_0^2 \left[x^2 y - \frac{xy^2}{2} \right]_{y=0}^{y=1} dx$$
$$= \int_0^2 \left(x^2 - \frac{x}{2} \right) dx = \left[\frac{x^3}{3} - \frac{x^2}{4} \right]_0^2 = \frac{5}{3}.$$

(ii) 等式 (2.2) を用いて, 先に x で積分し, 次に y で積分するという順に累次積分を行えば

---

[2] 長方形領域ではない, より一般な形の領域における累次積分は後で述べる (公式 6.2).

$$I = \int_0^1 \left\{ \int_0^2 (x^2 - xy) \, dx \right\} dy = \int_0^1 \left[\frac{x^3}{3} - \frac{x^2 y}{2} \right]_{x=0}^{x=2} dy$$

$$= \int_0^1 \left(\frac{8}{3} - 2y \right) dy = \left[\frac{8}{3}y - y^2 \right]_0^1 = \frac{5}{3}.$$

したがって，どちらで計算しても同じ結果を得る．

◆問 6.1 次の 2 重積分の値を求めよ．

(1) $\iint_D (x+y) \, dxdy$, $\quad D = \{(x, y) \mid 0 \leqq x \leqq 1, \ 1 \leqq y \leqq 2\}$

(2) $\iint_D xy^2 \, dxdy$, $\quad D = \{(x, y) \mid 1 \leqq x \leqq 2, \ 0 \leqq y \leqq 1\}$

(3) $\iint_D \sin(x+y) \, dxdy$, $\quad D = \left\{(x, y) \mid 0 \leqq x \leqq \frac{\pi}{2}, \ 0 \leqq y \leqq \frac{\pi}{2} \right\}$

6.2.2 一般の領域の場合 関数 $\varphi_1(x), \varphi_2(x)$ は，閉区間 $[a, b]$ 上で連続で，$\varphi_1(x) \leqq \varphi_2(x)$ をみたすとする．領域 D が不等式

$$a \leqq x \leqq b, \quad \varphi_1(x) \leqq y \leqq \varphi_2(x)$$

で表される場合を考える．$f(x, y) \geqq 0$ のとき，前と同様に立体を点 $(x, 0, 0)$ を通り yz 平面に平行な平面で切ったときの切り口の面積を $S(x)$ とすると

$$S(x) = \int_{\varphi_1(x)}^{\varphi_2(x)} f(x, y) \, dy, \quad V = \int_a^b S(x) \, dx$$

であるから，

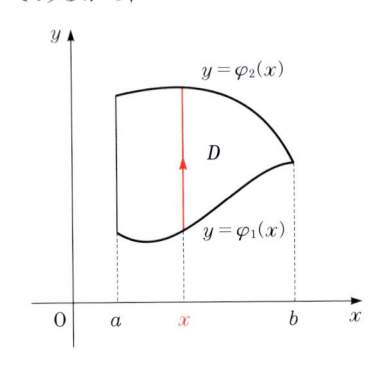

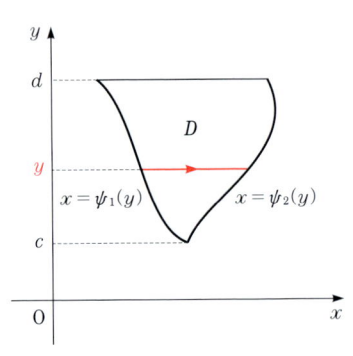

$$\iint_D f(x,y)\,dxdy = \int_a^b \left\{ \int_{\varphi_1(x)}^{\varphi_2(x)} f(x,y)\,dy \right\} dx = \int_a^b dx \int_{\varphi_1(x)}^{\varphi_2(x)} f(x,y)\,dy.$$

同様に，閉区間 $[c,d]$ 上で定義され，$\psi_1(y) \leqq \psi_2(y)$ をみたす連続な関数 $\psi_1(y), \psi_2(y)$ によって，領域 D が不等式 $c \leqq y \leqq d$, $\psi_1(y) \leqq x \leqq \psi_2(y)$ で表される場合には，次の等式が成り立つ：

$$\iint_D f(x,y)\,dxdy = \int_c^d \left\{ \int_{\psi_1(y)}^{\psi_2(y)} f(x,y)\,dx \right\} dy = \int_c^d dy \int_{\psi_1(y)}^{\psi_2(y)} f(x,y)\,dx.$$

以上をまとめて，次の累次積分の公式を得る．

公式 6.2

$D = \{(x,y) \mid a \leqq x \leqq b,\ \varphi_1(x) \leqq y \leqq \varphi_2(x)\}$ のとき，

$$\begin{aligned}
(2.3) \quad \iint_D f(x,y)\,dxdy &= \int_a^b \left\{ \int_{\varphi_1(x)}^{\varphi_2(x)} f(x,y)\,dy \right\} dx \\
&= \int_a^b dx \int_{\varphi_1(x)}^{\varphi_2(x)} f(x,y)\,dy.
\end{aligned}$$

$D = \{(x,y) \mid c \leqq y \leqq d,\ \psi_1(y) \leqq x \leqq \psi_2(y)\}$ のとき，

$$\begin{aligned}
(2.4) \quad \iint_D f(x,y)\,dxdy &= \int_c^d \left\{ \int_{\psi_1(y)}^{\psi_2(y)} f(x,y)\,dx \right\} dy \\
&= \int_c^d dy \int_{\psi_1(y)}^{\psi_2(y)} f(x,y)\,dx.
\end{aligned}$$

例題 6.2

次の 2 重積分の値を求めよ．

(1) $I_1 = \iint_D \dfrac{x}{y}\,dxdy, \quad D = \{(x,y) \mid 1 \leqq x \leqq 2,\ x \leqq y \leqq 2x\}$

(2) $I_2 = \iint_D x\,dxdy, \quad D = \{(x,y) \mid 0 \leqq y \leqq \pi,\ 0 \leqq x \leqq \sin y\}$

【解】（1）等式 (2.3) を用いると

$$I_1 = \int_1^2 \left\{ \int_x^{2x} \frac{x}{y}\,dy \right\} dx = \int_1^2 \Big[x\log|y| \Big]_{y=x}^{y=2x} dx$$

$$= \int_1^2 x(\log|2x| - \log|x|)\,dx = \int_1^2 x\log 2\,dx$$

$$= \log 2 \left[\frac{1}{2}x^2 \right]_1^2 = \frac{3}{2}\log 2.$$

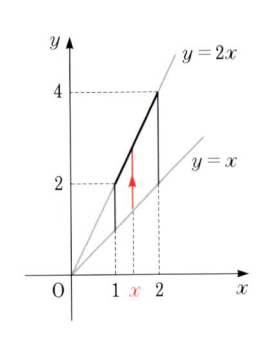

（2）等式 (2.4) を用いると

$$I_2 = \int_0^\pi \left\{ \int_0^{\sin y} x\,dx \right\} dy = \int_0^\pi \left[\frac{1}{2}x^2 \right]_{x=0}^{x=\sin y} dy$$

$$= \frac{1}{2}\int_0^\pi \sin^2 y\,dy = \frac{1}{2}\int_0^\pi \frac{1-\cos 2y}{2}\,dy$$

$$= \frac{1}{2} \cdot \frac{\pi}{2} = \frac{\pi}{4}.$$

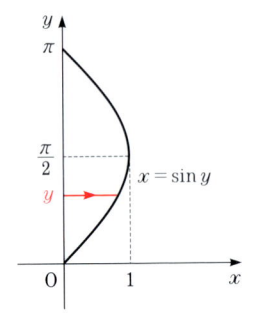

◆ **問 6.2** 領域 D を図示し，2 重積分の値を求めよ．

（1）$\displaystyle\iint_D x\,dxdy, \qquad D = \{(x,y) \mid x^2 + y^2 \leqq 1,\ x \geqq 0\}$

（2）$\displaystyle\iint_D (x+y)\,dxdy, \qquad D = \{(x,y) \mid x \geqq 0,\ y \geqq 0,\ 2x + y \leqq 2\}$

（3）$\displaystyle\iint_D \frac{\sqrt{y}}{x}\,dxdy, \qquad D = \{(x,y) \mid 1 \leqq x \leqq 2,\ x^2 \leqq y \leqq x^4\}$

（4）$\displaystyle\iint_D \sqrt{y^2 - x^2}\,dxdy, \qquad D = \{(x,y) \mid 0 \leqq y \leqq 1,\ 0 \leqq x \leqq y\}$

例題 6.3

xy 平面上の領域 D は，2 直線 $y = x$，$x = 1$ と x 軸によって囲まれた領域とする．次の 2 重積分を累次積分の順序を変えて，2 通りに計算せよ．

$$I = \iint_D x^2 y\,dxdy$$

【解】 (i) $D = \{(x, y) \mid 0 \leqq x \leqq 1,\ 0 \leqq y \leqq x\}$ と書けるから，等式 (2.3) を用いて y から先に積分すると，

$$I = \int_0^1 dx \int_0^x x^2 y\, dy = \int_0^1 x^2 \left[\frac{1}{2}y^2\right]_{y=0}^{y=x} dx$$
$$= \frac{1}{2} \int_0^1 x^4\, dx = \left[\frac{1}{10}x^5\right]_0^1 = \frac{1}{10}.$$

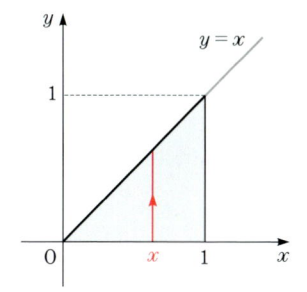

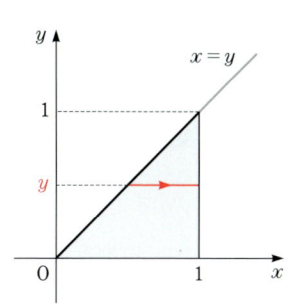

(ii) $D = \{(x, y) \mid 0 \leqq y \leqq 1,\ y \leqq x \leqq 1\}$ であるから，等式 (2.4) を用いて x から先に積分すると

$$I = \int_0^1 dy \int_y^1 x^2 y\, dx = \int_0^1 y\left[\frac{1}{3}x^3\right]_{x=y}^{x=1} dy$$
$$= \frac{1}{3}\int_0^1 (y - y^4)\, dy = \frac{1}{3}\left[\frac{1}{2}y^2 - \frac{1}{5}y^5\right]_0^1 = \frac{1}{10}.$$

上の例題では，2 つの累次積分の値が一致している．同じ関数を同一領域上で積分しているので，その値が一致することは明らかである．このように，積分する変数の順序を変えることを**積分順序を変更する**という．積分順序の変更によって，積分計算の難易度（可能性）が変わることもある．

◆ **問 6.3** 次の各問に答えよ．

(1) xy 平面上で，曲線 $y = \sqrt{x}$ と直線 $y = \dfrac{1}{2}x$ で囲まれた領域 D を図示せよ．

(2) 2 重積分 $\displaystyle\iint_D xy\, dxdy$ の値を累次積分の順序を変えて，2 通りに計算せよ．

◆問 **6.4** 次の累次積分の積分順序を変更せよ．また，xy 平面上の領域も図示せよ．

(1) $\displaystyle\int_1^2 dy \int_y^2 f(x,y)\,dx$ 　　(2) $\displaystyle\int_0^1 dy \int_{y-1}^{-y+1} f(x,y)\,dx$

(3) $\displaystyle\int_{-1}^1 dx \int_0^{2\sqrt{1-x^2}} f(x,y)\,dy$ 　　(4) $\displaystyle\int_1^e dx \int_0^{\log x} f(x,y)\,dy$

◆問 **6.5** 次の累次積分の値を，積分順序を変更して求めよ．

(1) $\displaystyle\int_0^1 dy \int_y^1 e^{x^2}\,dx$ 　　(2) $\displaystyle\int_0^{\frac{\pi}{2}} dx \int_0^x \sin x \sin^3 y\,dy$

6.3 変数変換

関数 $x = g(t)$ が t について微分可能であるとき，$\dfrac{dx}{dt} = g'(t)$ より $dx = g'(t)\,dt$ であるから，1 変数関数の置換積分法は，

$$\int f(x)\,dx = \int f(g(t))g'(t)\,dt$$

のように与えられた．

2 変数関数の場合は，次のような公式が成り立つことが知られている．

定理 6.2（2 重積分の変数変換公式）

変換：$\begin{cases} x = \varphi(u,v) \\ y = \psi(u,v) \end{cases}$ によって，uv 平面上の領域 Ω が xy 平面上の領域 D の上に 1 対 1 に写されるとする．このとき，

$$\iint_D f(x,y)\,dxdy = \iint_\Omega f(\varphi(u,v),\,\psi(u,v)) \left|\frac{\partial(\varphi,\psi)}{\partial(u,v)}\right| du\,dv$$

が成り立つ．ここで，φ,ψ は u,v について C^1 級であり，

$$\frac{\partial(\varphi,\psi)}{\partial(u,v)} = \det\begin{pmatrix} \varphi_u & \varphi_v \\ \psi_u & \psi_v \end{pmatrix} = \varphi_u \psi_v - \varphi_v \psi_u \ (\neq 0)$$

は，**関数行列式**または**ヤコビアン**とよばれる．

6.3 変数変換

▶ **注意** Ω と D の対応が 1 対 1 でなくても,また,ヤコビアン $\dfrac{\partial(\varphi, \psi)}{\partial(u, v)}$ が 0 となる点があっても,そのような点の集合の面積が 0(例えば,有限個の点)であるならば,定理 6.2 は成り立つ.

▶ **参考** 定理 6.2 の証明の概略を説明しよう.

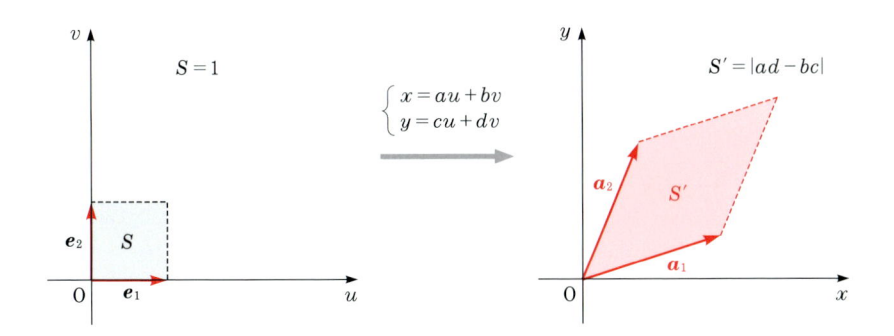

まず,最も簡単な変数変換

(3.1) $$\begin{cases} x = \varphi(u, v) = au + bv \\ y = \psi(u, v) = cu + dv \end{cases}$$

の場合を考える.このとき,uv 平面上の単位ベクトル $e_1 = \begin{pmatrix} 1 \\ 0 \end{pmatrix}$,$e_2 = \begin{pmatrix} 0 \\ 1 \end{pmatrix}$ のつくる面積 1 の正方形は,変換 (3.1) によって,ベクトル

$$a_1 = \begin{pmatrix} a & b \\ c & d \end{pmatrix} \begin{pmatrix} 1 \\ 0 \end{pmatrix} = \begin{pmatrix} a \\ c \end{pmatrix}, \quad a_2 = \begin{pmatrix} a & b \\ c & d \end{pmatrix} \begin{pmatrix} 0 \\ 1 \end{pmatrix} = \begin{pmatrix} b \\ d \end{pmatrix}$$

のつくる平行 4 辺形へ写されるから,変換 (3.1) は面積 1 の正方形を

$$|\det(a_1, a_2)| = |ad - bc|$$

倍する変換であることがわかる.したがって,uv 平面上の微小部分の面積 $dudv$ は $|\det(a_1, a_2)| = |ad - bc|$ 倍され,これが xy 平面上の微小部分の面積 $dxdy$ に対応する.すなわち,

(3.2) $$dxdy = |\det(a_1, a_2)|\, dudv = |ad - bc|\, dudv$$

が成り立つ.

ところで，変換 (3.1) に対して，$a = \varphi_u$, $b = \varphi_v$, $c = \psi_u$, $d = \psi_v$ であるから，(3.2) は

$$dxdy = |\varphi_u \psi_v - \varphi_v \psi_u|\, dudv$$

と書けることがわかる．

次に，一般の変数変換

$$\begin{cases} x = \varphi(u,\, v) \\ y = \psi(u,\, v) \end{cases}$$

の場合を考えよう．2 変数関数のテイラー展開（187 ページ）の公式を用いると，uv 平面上の任意の点 (u_0, v_0) のまわりで $\varphi(u,v)$, $\psi(u,v)$ は

$$\varphi(u,\, v) - \varphi(u_0,\, v_0) \fallingdotseq \varphi_u(u_0,\, v_0)(u - u_0) + \varphi_v(u_0,\, v_0)(v - v_0),$$

$$\psi(u,\, v) - \psi(u_0,\, v_0) \fallingdotseq \psi_u(u_0,\, v_0)(u - u_0) + \psi_v(u_0,\, v_0)(v - v_0)$$

で近似される．これは 1 次式であるから，点 (u_0, v_0) のまわりで考えると，前の結果が利用できる．すなわち，

$$u - u_0 = du, \quad v - v_0 = dv,$$

$$\varphi(u,\, v) - \varphi(u_0,\, v_0) = dx, \quad \psi(u,\, v) - \psi(u_0,\, v_0) = dy,$$

ととると

$$dx = \varphi_u(u_0,\, v_0)\, du + \varphi_v(u_0,\, v_0)\, dv,$$

$$dy = \psi_u(u_0,\, v_0)\, du + \psi_v(u_0,\, v_0)\, dv$$

としてよく，点 (u_0, v_0) のまわりで

$$dxdy = |\varphi_u(u_0,\, v_0)\psi_v(u_0,\, v_0) - \varphi_v(u_0,\, v_0)\psi_u(u_0,\, v_0)|\, dudv$$

が（形式的に）成り立つと考えてよいだろう．ここで，点 (u_0, v_0) が uv 平面上の任意の点であることに注意すると，uv 平面上で

$$dxdy = |\varphi_u \psi_v - \varphi_v \psi_u|\, dudv$$

が成り立つことがわかる．したがって，次の式が成り立つ：

$$\iint_D f(x,\, y)\, dxdy = \iint_\Omega f(\varphi(u,\, v),\, \psi(u,\, v)) \left|\frac{\partial(\varphi,\, \psi)}{\partial(u,\, v)}\right| dudv.$$

例題 6.4

次の 2 重積分を求めよ.

$$\iint_D (x-y)^2 \, dxdy, \quad D = \{(x, y) \mid |x+2y| \leqq 1, \ |x-y| \leqq 1\}$$

【解】 変数変換 $x+2y = u, \ x-y = v$ を行うと，領域 D は

$$\Omega = \{(u, v) \mid |u| \leqq 1, \ |v| \leqq 1\}$$

に対応する.

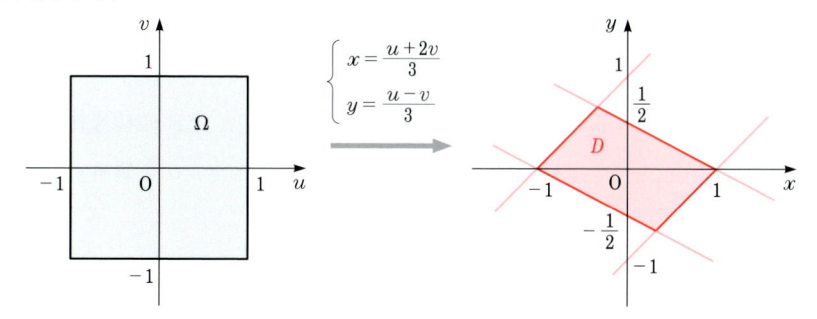

上式を x, y について解くと $x = \dfrac{u+2v}{3}, \ y = \dfrac{u-v}{3}$ となる.

$$x_u y_v - x_v y_u = \frac{1}{3}\left(-\frac{1}{3}\right) - \frac{2}{3} \cdot \frac{1}{3} = -\frac{1}{3}$$

であるから,

$$dxdy = |x_u y_v - x_v y_u| dudv = \frac{1}{3} \, dudv.$$

したがって,

$$\iint_D (x-y)^2 \, dxdy = \iint_\Omega \frac{v^2}{3} \, dudv = \int_{-1}^{1} du \int_{-1}^{1} \frac{v^2}{3} \, dv = \frac{4}{9}.$$ ∎

◆ 問 6.6 次の 2 重積分を，変数変換を用いて求めよ.

(1) $\iint_D 3x \, dxdy, \quad D = \{(x, y) \mid 0 \leqq x - y \leqq 1, \ 0 \leqq x + 2y \leqq 1\}$

(2) $\iint_D (x+y) \, dxdy, \quad D = \{(x, y) \mid 0 \leqq y + 2x \leqq 2, \ 0 \leqq y - 2x \leqq 2\}$

◆問 **6.7** 変数変換 $x+y=u$, $x-y=v$ を用いて,次の 2 重積分を求めよ.

（1） $\displaystyle\iint_D (x+y)\sin(x-y)\,dxdy$,
$$D=\{(x,y)\mid 0\leqq x+y\leqq\pi,\ 0\leqq x-y\leqq\pi\}$$

（2） $\displaystyle\iint_D e^{-(x+y)^2}\,dxdy$, $\quad D=\{(x,y)\mid 0\leqq x+y\leqq 1,\ x\geqq 0,\ y\geqq 0\}$

xy 平面上の点 $\mathrm{P}(x,y)$ が与えられたとき,$r=\overline{\mathrm{OP}}=\sqrt{x^2+y^2}$ とし,θ を x 軸とベクトル $\overrightarrow{\mathrm{OP}}$ のなす角とすると,

$$\begin{cases} x=r\cos\theta \\ y=r\sin\theta \end{cases}$$

が成り立つ.逆に,$r\,(\geqq 0)$, θ を与えると,この式により,xy 平面上に点 P が定まる.このように,P に対して r と θ を定めることを P の**極座標表示**といい,(r,θ) を P の**極座標**という.P が原点ではないとき,θ を**偏角**という.

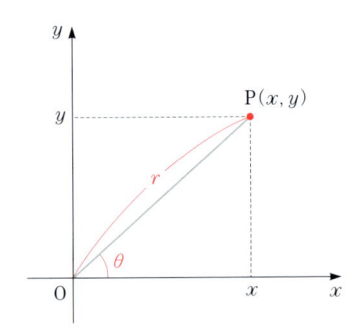

r,θ を $r>0$, $0\leqq\theta<2\pi$ に制限すると,点 P の r,θ はただ 1 通りに定まる.したがって,極座標について,2 重積分の変数変換公式を考えることができる.極座標については,

$$x_r=\cos\theta,\quad x_\theta=-r\sin\theta,\quad y_r=\sin\theta,\quad y_\theta=r\cos\theta$$

より

$$\frac{\partial(x,y)}{\partial(r,\theta)}=\det\begin{pmatrix} x_r & x_\theta \\ y_r & y_\theta \end{pmatrix}=x_r y_\theta - x_\theta y_r = r(\cos^2\theta+\sin^2\theta)=r$$

であるから

$$dxdy = r\,drd\theta.$$

すなわち，次の公式が成り立つ：

$$\iint_D f(x,y)\,dxdy = \iint_\Omega f(r\cos\theta, r\sin\theta)r\,drd\theta.$$

例題 6.5

極座標変換を用いて，次の2重積分の値を求めよ．

$$\iint_D (x^2+y^2)\,dxdy, \quad D = \{(x,y) \mid x^2+y^2 \leqq 1\}$$

【解】 極座標変換 $x = r\cos\theta$, $y = r\sin\theta$ によって，$\Omega = \{(r,\theta) \mid 0 < r \leqq 1, 0 \leqq \theta < 2\pi\}$ は，原点を除く $D = \{(x,y) \mid x^2+y^2 \leqq 1\}$ の上に1対1に写される．よって，

$$\begin{aligned}\iint_D (x^2+y^2)\,dxdy &= \iint_\Omega r^2 r\,drd\theta \\ &= \int_0^{2\pi} d\theta \int_0^1 r^3\,dr = 2\pi\left[\frac{r^4}{4}\right]_0^1 = \frac{\pi}{2}.\end{aligned}$$

◆ 問 6.8 極座標変換を利用して，次の2重積分を求めよ．

(1) $\displaystyle\iint_D \sqrt{1-x^2-y^2}\,dxdy, \quad D = \{(x,y) \mid x^2+y^2 \leqq 1\}$

(2) $\displaystyle\iint_D \log(x^2+y^2)\,dxdy, \quad D = \{(x,y) \mid 1 \leqq x^2+y^2 \leqq 4\}$

(3) $\displaystyle\iint_D y\,dxdy, \quad D = \{(x,y) \mid x^2+y^2 \leqq 2x,\ y \geqq 0\}$

6.4 広義重積分

　xy 平面上の領域 D 内に，関数 $f(x,y)$ の値の定義されない点が含まれている場合や，領域 D が無限に広がっている場合にも，$f(x,y)$ の D における 2 重積分が定義できることもある．このような積分を**広義重積分**という．

　例えば，不等式 $x^2+y^2 \leqq 1$ の表す領域を D とするとき，D における関数 $f(x,y)=(x^2+y^2)^{-\frac{3}{4}}$ の 2 重積分を考えてみよう．関数 $f(x,y)$ は D 内の点 $(0,0)$ で定義されていない．しかし，$0<\varepsilon<1$ とし，原点を中心とする半径 ε の円の内部を D から除いた領域を D_ε とすると，2 重積分

$$\iint_{D_\varepsilon}(x^2+y^2)^{-\frac{3}{4}}\,dxdy$$

は存在する．実際，極座標を用いると，領域 D_ε は，不等式 $\varepsilon \leqq r \leqq 1$, $0 \leqq \theta < 2\pi$ で表されるから，

$$\iint_{D_\varepsilon}(x^2+y^2)^{-\frac{3}{4}}\,dxdy$$
$$=\int_0^{2\pi}\left\{\int_\varepsilon^1 r^{-\frac{3}{2}}r\,dr\right\}d\theta$$
$$=\int_0^{2\pi}d\theta\cdot\int_\varepsilon^1 r^{-\frac{1}{2}}\,dr=4\pi(1-\sqrt{\varepsilon}\,)$$

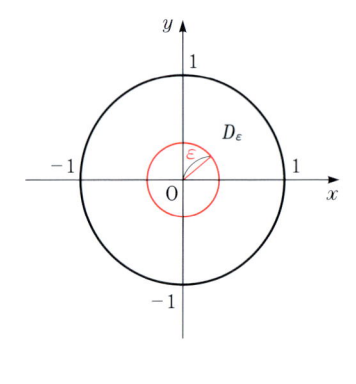

である．$\varepsilon\to +0$ のとき，領域 D_ε は D に限りなく近づくから，D における関数 $f(x,y)=(x^2+y^2)^{-\frac{3}{4}}$ の広義重積分を

$$\iint_D(x^2+y^2)^{-\frac{3}{4}}\,dxdy=\lim_{\varepsilon\to +0}\iint_{D_\varepsilon}(x^2+y^2)^{-\frac{3}{4}}\,dxdy$$
$$=\lim_{\varepsilon\to +0}4\pi(1-\sqrt{\varepsilon}\,)=4\pi$$

で定義することができる．

次に，xy 平面上の無限領域

$$D = \{(x, y) \mid x \geqq 0,\ y \geqq 0\}$$

における関数 $f(x, y) = (x + y + 1)^{-3}$ の 2 重積分を考えてみよう．

$$D_n = \{(x, y) \mid 0 \leqq x \leqq n,\ 0 \leqq y \leqq n\}$$

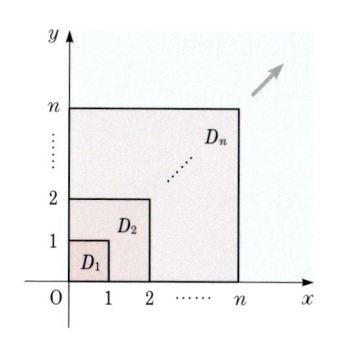

とおくと，$n \to \infty$ のとき $D_n \to D$ である．このとき

$$\iint_{D_n} (x+y+1)^{-3}\,dxdy = \int_0^n \left\{ \int_0^n (x+y+1)^{-3}\,dx \right\} dy$$

$$= \int_0^n \left[-\frac{1}{2}(x+y+1)^{-2} \right]_{x=0}^{x=n} dy = \int_0^n \left\{ \frac{1}{2}(1+y)^{-2} - \frac{1}{2}(1+n+y)^{-2} \right\} dy$$

$$= \left[-\frac{1}{2}(1+y)^{-1} + \frac{1}{2}(1+n+y)^{-1} \right]_0^n = \frac{1}{2}\left(\frac{1}{2n+1} - \frac{2}{n+1} + 1 \right)$$

であるから，D における関数 $f(x,y) = (x+y+1)^{-3}$ の広義重積分を

$$\iint_D (x+y+1)^{-3}\,dxdy = \lim_{n\to\infty} \iint_{D_n} (x+y+1)^{-3}\,dxdy$$

$$= \lim_{n\to\infty} \frac{1}{2}\left(\frac{1}{2n+1} - \frac{2}{n+1} + 1 \right) = \frac{1}{2}$$

で定義することができる．

例題 6.6

$I = \displaystyle\int_0^\infty e^{-x^2}\,dx = \dfrac{\sqrt{\pi}}{2}$ を示せ．

【解】 $I^2 = \displaystyle\int_0^\infty e^{-x^2}\,dx \cdot \int_0^\infty e^{-x^2}\,dx = \int_0^\infty e^{-x^2}\,dx \cdot \int_0^\infty e^{-y^2}\,dy$

$= \displaystyle\int_0^\infty \int_0^\infty e^{-(x^2+y^2)}\,dxdy$

としてよいことに注意しよう．極座標変換 $x = r\cos\theta,\ y = r\sin\theta$ を行うと，xy 平面上の無限領域 $\{(x, y) \mid 0 \leqq x < \infty,\ 0 \leqq y < \infty\}$ は，極座標を用いて

$$\left\{(r,\theta)\,\Big|\,0\leqq r<\infty,\ 0\leqq\theta\leqq\frac{\pi}{2}\right\}$$ のように表される．

$$dxdy=r\,drd\theta,\quad x^2+y^2=r^2$$

であるから，

$$I^2=\int_0^\infty\int_0^{\frac{\pi}{2}}e^{-r^2}r\,drd\theta=\int_0^\infty re^{-r^2}\,dr\cdot\int_0^{\frac{\pi}{2}}d\theta$$
$$=\left[-\frac{1}{2}e^{-r^2}\right]_0^\infty\cdot\frac{\pi}{2}=\frac{\pi}{4}$$

を得る．ここで，$I>0$ であることから

$$I=\frac{\sqrt{\pi}}{2}.$$

◆ 問 **6.9** 次の広義重積分の値を求めよ．

（1）$\displaystyle\iint_D(x+y)^{-\frac{3}{2}}\,dxdy,\quad D=\{(x,y)\mid 0\leqq x\leqq 1,\ 0\leqq y\leqq 1\}$

（2）$\displaystyle\iint_D(x^2+y^2+1)^{-2}\,dxdy,\quad D=\{(x,y)\mid x\geqq 0,\ y\geqq 0\}$

6.5　3 重積分

2 変数関数 $f(x,y)$ に対して，2 重積分が定義されたのと同様に，xyz 空間内の領域 V 上の 3 変数関数 $f(x,y,z)$ に対して，**3 重積分**

$$\iiint_V f(x,y,z)\,dxdydz$$

が定義される．一般には **n 重積分**

$$\iint\cdots\int_{D_n}f(x_1,x_2,\ldots,x_n)\,dx_1dx_2\cdots dx_n$$

も定義できる．3 重積分や n 重積分も 2 重積分と同様に，累次積分を行うことによって計算できる．

例題 6.7

次の 3 重積分を求めよ.

$$\iiint_V \cos(x+y+z)\,dxdydz, \quad V = \left\{(x,y,z) \,\Big|\, 0 \leqq x, y, z \leqq \frac{\pi}{2}\right\}$$

【解】
$$\iiint_V \cos(x+y+z)\,dxdydz$$
$$= \int_0^{\frac{\pi}{2}} dx \int_0^{\frac{\pi}{2}} dy \int_0^{\frac{\pi}{2}} \cos(x+y+z)\,dz$$
$$= \int_0^{\frac{\pi}{2}} dx \int_0^{\frac{\pi}{2}} \Big[\sin(x+y+z)\Big]_{z=0}^{z=\frac{\pi}{2}} dy$$
$$= \int_0^{\frac{\pi}{2}} dx \int_0^{\frac{\pi}{2}} \left\{\sin\left(x+y+\frac{\pi}{2}\right) - \sin(x+y)\right\} dy$$
$$= \int_0^{\frac{\pi}{2}} dx \int_0^{\frac{\pi}{2}} \{\cos(x+y) - \sin(x+y)\}\,dy$$
$$= \int_0^{\frac{\pi}{2}} \Big[\sin(x+y) + \cos(x+y)\Big]_{y=0}^{y=\frac{\pi}{2}} dx$$
$$= \int_0^{\frac{\pi}{2}} \left\{\sin\left(x+\frac{\pi}{2}\right) + \cos\left(x+\frac{\pi}{2}\right) - \sin x - \cos x\right\} dx$$
$$= 2\int_0^{\frac{\pi}{2}} (-\sin x)\,dx = 2\Big[\cos x\Big]_0^{\frac{\pi}{2}} = -2$$

◆問 6.10 次の 3 重積分の値を求めよ.

(1) $\iiint_V \sin(x-y+3z)\,dxdydz, \quad V = \{(x,y,z) \,|\, 0 \leqq x, y, z \leqq \pi\}$

(2) $\iiint_V xy\,dxdydz, \quad V = \{(x,y,z) \,|\, x, y, z \geqq 0, \ x+y+z \leqq 1\}$

3 重積分についても, 積分の順序変更や変数変換, 広義積分を 2 重積分の場合と同様に考えることができる. 例えば, 変数変換については, 次の公式が成り立つことが知られている.

定理 6.3 (3 重積分の変数変換公式)

変換：$\begin{cases} x = x(u, v, w) \\ y = y(u, v, w) \\ z = z(u, v, w) \end{cases}$ によって, uvw 空間上の領域 Ω が xyz 空間上の領域 V の上に 1 対 1 に写されるとする. このとき,

$$\iiint_V f(x, y, z)\, dxdydz = \iiint_\Omega f(x(u, v, w),\, y(u, v, w),\, z(u, v, w)) \left| \frac{\partial(x, y, z)}{\partial(u, v, w)} \right| dudvdw$$

が成り立つ. ここで, x, y, z は u, v, w について C^1 級であり,

$$\frac{\partial(x, y, z)}{\partial(u, v, w)} = \det \begin{pmatrix} x_u & x_v & x_w \\ y_u & y_v & y_w \\ z_u & z_v & z_w \end{pmatrix} \quad (\neq 0).$$

3 変数関数に対する変数変換のうちで, 最もよく利用される重要なものは (**空間の) 極座標変換**である. $\overrightarrow{\mathrm{OP}} = (x, y, z)$ に対して $r = |\overrightarrow{\mathrm{OP}}| = \sqrt{x^2 + y^2 + z^2}$ とおく. θ を z 軸と $\overrightarrow{\mathrm{OP}}$ のなす角, φ を x 軸と $\overrightarrow{\mathrm{OH}}$ のなす角とすると,

$$\begin{cases} x = r \sin\theta \cos\varphi, \\ y = r \sin\theta \sin\varphi, \\ z = r \cos\theta \end{cases}$$

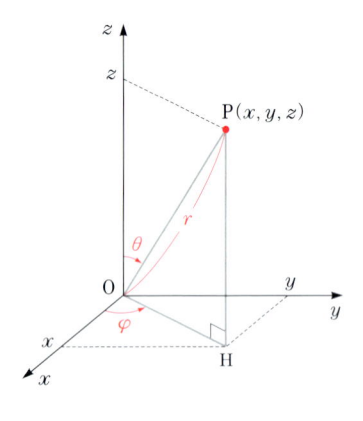

である. (r, θ, φ) を**空間の極座標**という. ここで, $r \geqq 0$, $0 \leqq \theta \leqq \pi$, $0 \leqq \varphi < 2\pi$ である. このとき,

$$\frac{\partial(x, y, z)}{\partial(r, \theta, \varphi)} = \det \begin{pmatrix} \sin\theta \cos\varphi & r \cos\theta \cos\varphi & -r \sin\theta \sin\varphi \\ \sin\theta \sin\varphi & r \cos\theta \sin\varphi & r \sin\theta \cos\varphi \\ \cos\theta & -r \sin\theta & 0 \end{pmatrix} = r^2 \sin\theta$$

であることが知られている．$0 \leqq \theta \leqq \pi$ より $\sin\theta \geqq 0$ であるから，

$$dxdydz = r^2 \sin\theta \, drd\theta d\varphi$$

であることがわかる．

例題 6.8

極座標変換を利用して，次の 3 重積分の値を求めよ．

$$I = \iiint_V (x^2+y^2+z^2)\,dxdydz, \quad V = \{(x,y,z) \mid x^2+y^2+z^2 \leqq 1\}$$

【解】 求める 3 重積分は

$$I = 2\iiint_{\tilde{V}} (x^2+y^2+z^2)\,dxdydz, \quad \tilde{V} = \{(x,y,z) \mid x^2+y^2+z^2 \leqq 1,\, z \geqq 0\}$$

に等しいことに注意しよう．極座標変換により，$\tilde{V}$ は原点を除いて

$$\Omega = \left\{ (r,\theta,\varphi) \,\middle|\, 0 < r \leqq 1,\, 0 \leqq \theta \leqq \frac{\pi}{2},\, 0 \leqq \varphi < 2\pi \right\}$$

と 1 対 1 に対応する．よって，

$$I = 2\iiint_\Omega r^2 \cdot r^2 \sin\theta \, drd\theta d\varphi = 2\int_0^1 r^4\,dr \cdot \int_0^{\frac{\pi}{2}} \sin\theta\,d\theta \cdot \int_0^{2\pi} d\varphi$$
$$= 2\left[\frac{r^5}{5}\right]_0^1 \cdot \left[-\cos\theta\right]_0^{\frac{\pi}{2}} \cdot 2\pi = \frac{4\pi}{5}.$$

◆ 問 6.11 極座標変換を利用して次の 3 重積分の値を求めよ．

(1) $\iiint_V \dfrac{dxdydz}{x^2+y^2+z^2}, \quad V = \{(x,y,z) \mid 1 \leqq x^2+y^2+z^2 \leqq 4\}$

(2) $\iiint_V y\,dxdydz, \quad V = \{(x,y,z) \mid x^2+y^2+z^2 \leqq a^2,\, y \geqq 0\}$

6.6　面積と体積

　関数 $f(x, y)$ は，2次元平面上の領域 D で定義され，その値はつねに1であるとする．すなわち，D 上のすべての点 (x, y) において $f(x, y) = 1$ が成り立つとする．このとき，

$$\iint_D f(x, y)\,dxdy = \iint_D dxdy$$

は，底面が D で高さが1の立体の体積を表すが，その値は領域 D の面積の値にも等しい．したがって，2次元平面上の領域 D の面積は

$$\iint_D dxdy$$

で表される．同様に考えると，3次元空間内の領域 V の体積は

$$\iiint_V dxdydz$$

で表される．一般に，n 次元空間内の n 次元領域 D_n の **n 次元体積**は

$$\iint \cdots \int_{D_n} dx_1 dx_2 \cdots dx_n$$

で表される．

　例えば，xy 平面上の領域 D が図のように2つの曲線 $y = f(x)$ と $y = g(x)$ （$f(x) \geqq g(x)$ とする）で囲まれている場合は，

$$\begin{aligned}\iint_D dxdy &= \int_a^b dx \int_{g(x)}^{f(x)} dy \\ &= \int_a^b \{f(x) - g(x)\}\,dx\end{aligned}$$

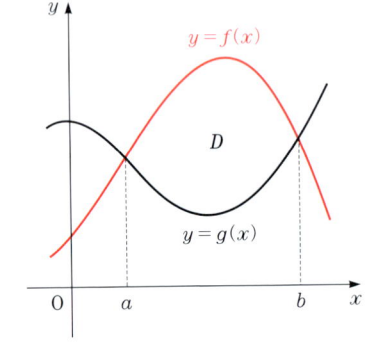

のように，領域 D の面積を求めることができる．これは第4章で述べたもの（問 4.22，139ページ）と同じである．

例題 6.9

次の 2 つの円柱の共通部分 V の体積を求めよ.

$$x^2 + y^2 \leqq a^2, \quad y^2 + z^2 \leqq a^2, \quad (a > 0)$$

【解】 $x \geqq 0,\ y \geqq 0,\ z \geqq 0$ の部分を V' とすると

$$V' = \{(x, y, z) \mid 0 \leqq z \leqq \sqrt{a^2 - y^2},\ x^2 + y^2 \leqq a^2,\ x \geqq 0,\ y \geqq 0\}$$

と表され, V の体積は V' の体積の 8 倍である. よって,

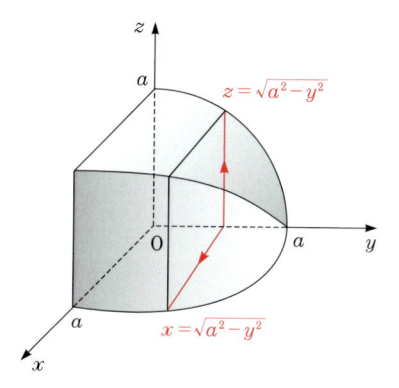

$$\begin{aligned}
V \text{ の体積} &= 8 \iiint_{V'} dx dy dz = 8 \iint_{x^2+y^2 \leqq a^2,\ x \geqq 0,\ y \geqq 0} dx dy \int_0^{\sqrt{a^2-y^2}} dz \\
&= 8 \iint_{x^2+y^2 \leqq a^2,\ x \geqq 0,\ y \geqq 0} \sqrt{a^2 - y^2}\, dx dy \\
&= 8 \int_0^a dy \int_0^{\sqrt{a^2-y^2}} \sqrt{a^2 - y^2}\, dx \\
&= 8 \int_0^a (a^2 - y^2)\, dy = 8 \left[a^2 y - \frac{y^3}{3} \right]_0^a = \frac{16 a^3}{3}.
\end{aligned}$$

◆ 問 6.12 円柱面 $x^2 + y^2 = a^2$, 平面 $z = 0$, 曲面 $z = x^2 + y^2$ で囲まれた部分の体積を求めよ.

6.7　表面積

ここでは，空間ベクトルの外積（245 ページ，付録 D）を利用して，空間上の曲面の表面積について考えよう．

縦糸と横糸の 2 つの糸で織物がつくられるように，xyz 空間上の曲面 S は，2 つのパラメータを用いて

$$\vec{p} = \vec{p}(u, v) = (x(u, v), y(u, v), z(u, v))$$

のようにベクトル表示することができる．ここで，$x(u, v)$, $y(u, v)$, $z(u, v)$ は，uv 平面上の領域 D で定義され，連続な偏導関数をもつものとする．また，2 つのベクトル $\vec{p}_u(u, v)$ と $\vec{p}_v(u, v)$ は線形独立（異なる方向をもつ）とする．次の定理は，曲面 S の表面積を与える．

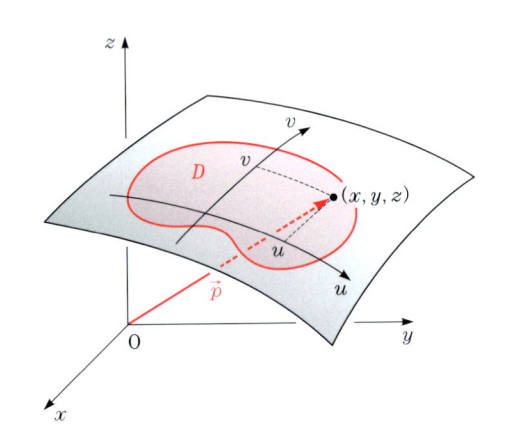

定理 6.4

xyz 空間内の曲面 S が，uv 平面上の領域 D で定義された 2 変数関数によって

$$\vec{p} = \vec{p}(u, v) = (x(u, v), y(u, v), z(u, v))$$

のように表されるとき，S の**表面積**は次の式で与えられる：

$$S = \iint_D |\vec{p}_u \times \vec{p}_v| \, dudv$$
$$= \iint_D \sqrt{(y_u z_v - y_v z_u)^2 + (z_u x_v - z_v x_u)^2 + (x_u y_v - x_v y_u)^2} \, dudv$$

▶ **注意** $\vec{p}_u \times \vec{p}_v$ は点 $\vec{p}(u, v)$ における曲面 S の法線ベクトルである.

【証明の概略】 ここでは，定理 6.4 の証明の概略のみを簡単に述べる.

(u_0, v_0) に対応する曲面 S 上の点を P_0 とする. v の値を $v = v_0$ と固定したとき, u の関数 $\vec{p} = \vec{p}(u, v_0)$ は点 P_0 を通る S 上の曲線を表す. これを P_0 における **u-曲線** という.

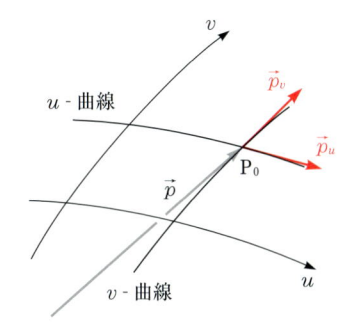

$$\vec{p}_u(u_0, v_0) = \left.\frac{\partial}{\partial u}\vec{p}(u, v_0)\right|_{u=u_0}$$

はこの u-曲線上の点 P_0 における接線ベクトルである.

同様に，P_0 における **v-曲線** が定義され

$$\vec{p}_v(u_0, v_0) = \left.\frac{\partial}{\partial v}\vec{p}(u_0, v)\right|_{v=v_0}$$

は v-曲線上の点 P_0 における接線ベクトルである.

u, v の値をそれぞれ u_0, v_0 から $\Delta u, \Delta v$ だけ変化させる. $(u_0 + \Delta u, v_0)$, $(u_0 + \Delta u, v_0 + \Delta v)$, $(u_0, v_0 + \Delta v)$ に対応する曲面 S 上の点を $\mathrm{P}_1, \mathrm{P}_2, \mathrm{P}_3$ とする. このとき, $\mathrm{P}_0, \mathrm{P}_1, \mathrm{P}_2, \mathrm{P}_3$ でつくられる図のような曲面 S 上の微小部分の表面積 ΔS は

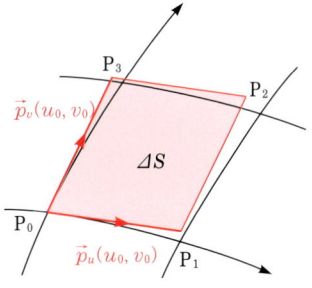

$$\overrightarrow{\mathrm{P}_0\mathrm{P}_1} \fallingdotseq \begin{pmatrix} x_u(u_0, v_0) \\ y_u(u_0, v_0) \\ z_u(u_0, v_0) \end{pmatrix} \Delta u, \quad \overrightarrow{\mathrm{P}_0\mathrm{P}_3} \fallingdotseq \begin{pmatrix} x_v(u_0, v_0) \\ y_v(u_0, v_0) \\ z_v(u_0, v_0) \end{pmatrix} \Delta v$$

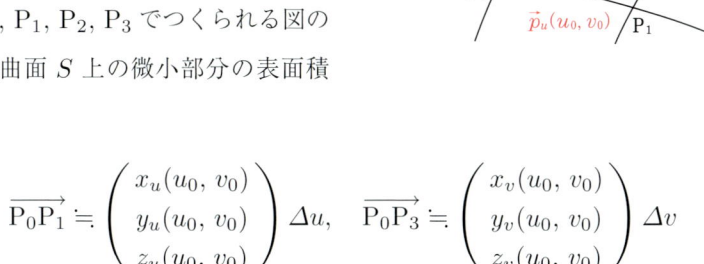

に注意すると，

$$\Delta S \fallingdotseq |\overrightarrow{P_0P_1} \times \overrightarrow{P_0P_3}| = |\overrightarrow{p}_u(u_0, v_0) \times \overrightarrow{p}_v(u_0, v_0)|\Delta u \Delta v$$

のように近似されることがわかる．したがって，求める表面積は，このような微小部分を寄せ集めて極限をとることによって，

$$S = \lim \sum \Delta S$$
$$= \int_D dS = \iint_D |\overrightarrow{p}_u(u, v) \times \overrightarrow{p}_v(u, v)|\, dudv$$

で与えられる．

定理 6.5

関数 $f(x, y)$ は領域 D で定義され，連続な偏導関数をもつものとする．xyz 空間内の曲面 S が $z = f(x, y)$ で表されているとき，その表面積は

$$\iint_D \sqrt{1 + f_x^2 + f_y^2}\, dxdy$$

で与えられる．

【証明】 曲面 S は $\overrightarrow{p}(x, y) = (x, y, f(x, y))$ で表されるから，定理 6.4 において $x = x(u, v) = u$, $y = y(u, v) = v$ ととればよい．したがって，

$$x_v = y_u = 0, \quad x_u = y_v = 1, \quad z_u = f_x, \quad z_v = f_y$$

より，

$$(y_u z_v - y_v z_u)^2 = f_x^2, \quad (z_u x_v - z_v x_u)^2 = f_y^2, \quad (x_u y_v - x_v y_u)^2 = 1$$

であるから，S の表面積は

$$\iint_D \sqrt{1 + f_x^2 + f_y^2}\, dxdy$$

となる．

例題 6.10

球面 $x^2 + y^2 + z^2 = a^2$ のうち，円柱 $x^2 + y^2 = \left(\dfrac{a}{2}\right)^2$ の内部にある部分の曲面積 A を求めよ．

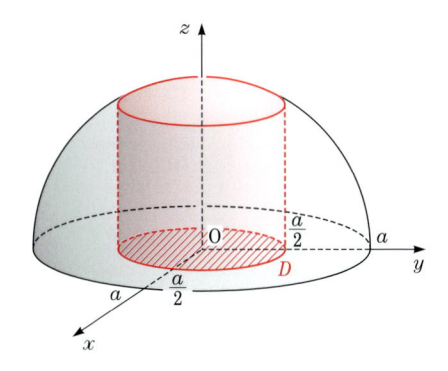

【解 1】 $z \geqq 0$ のとき，A 上の点を与えるベクトル $\overrightarrow{p}$ は，極座標 (r, θ, φ) を用いて

$$\overrightarrow{p} = (a\sin\theta\cos\varphi, \ a\sin\theta\sin\varphi, \ a\cos\theta), \quad 0 \leqq \theta \leqq \frac{\pi}{6}, \quad 0 \leqq \varphi < 2\pi$$

のように表される．これより，

$$\overrightarrow{p}_\theta = (a\cos\theta\cos\varphi, \ a\cos\theta\sin\varphi, \ -a\sin\theta),$$
$$\overrightarrow{p}_\varphi = (-a\sin\theta\sin\varphi, \ a\sin\theta\cos\varphi, \ 0)$$

であるから，

$$\overrightarrow{p}_\theta \times \overrightarrow{p}_\varphi = (a^2\sin^2\theta\cos\varphi, \ a^2\sin^2\theta\sin\varphi, \ a^2\cos\theta\sin\theta).$$

よって，

$$|\overrightarrow{p}_\theta \times \overrightarrow{p}_\varphi| = a^2\sqrt{\sin^4\theta\cos^2\varphi + \sin^4\theta\sin^2\varphi + \cos^2\theta\sin^2\theta}$$
$$= a^2\sin\theta.$$

したがって，$z \leqq 0$ の部分も考慮すると，

$$A = 2\iint_D |\overrightarrow{p}_\theta \times \overrightarrow{p}_\varphi|\, d\theta d\varphi = 2a^2 \int_0^{\frac{\pi}{6}} \sin\theta\, d\theta \cdot \int_0^{2\pi} d\varphi$$
$$= 2a^2 \Big[-\cos\theta\Big]_0^{\frac{\pi}{6}} \cdot 2\pi = 2(2-\sqrt{3})\pi a^2.$$

【解 2】 $z \geqq 0$ のとき，

$$z = \sqrt{a^2 - x^2 - y^2} = (a^2 - x^2 - y^2)^{\frac{1}{2}},$$
$$z_x = \frac{1}{2}(a^2 - x^2 - y^2)^{-\frac{1}{2}} \cdot (-2x) = -\frac{x}{z},$$
$$z_y = \frac{1}{2}(a^2 - x^2 - y^2)^{-\frac{1}{2}} \cdot (-2y) = -\frac{y}{z}$$

であるから，$x^2 + y^2 + z^2 = a^2$ に注意すると

$$\sqrt{1 + z_x^2 + z_y^2} = \sqrt{1 + \left(\frac{x}{z}\right)^2 + \left(\frac{y}{z}\right)^2} = \frac{\sqrt{z^2 + x^2 + y^2}}{z} = \frac{a}{z}.$$

よって，$z \leqq 0$ の部分も考慮すると

$$A = 2\iint_D \frac{a}{\sqrt{a^2 - x^2 - y^2}}\, dxdy, \quad D = \left\{(x,y) \,\Big|\, x^2 + y^2 \leqq \left(\frac{a}{2}\right)^2\right\}$$

である．極座標変換 $x = r\cos\theta,\ y = r\sin\theta$ を利用して上の 2 重積分を計算する．$0 < r \leqq \dfrac{a}{2},\ 0 \leqq \theta < 2\pi$ より，

$$A = 2\int_0^{2\pi} d\theta \int_0^{\frac{a}{2}} \frac{a}{\sqrt{a^2 - r^2}}\, r dr d\theta$$
$$= 2a \int_0^{2\pi} d\theta \int_0^{\frac{a}{2}} -\frac{1}{2}(a^2 - r^2)^{-\frac{1}{2}} \cdot \frac{d(a^2 - r^2)}{dr}\, dr$$
$$= 4\pi a \Big[-(a^2 - r^2)^{\frac{1}{2}}\Big]_0^{\frac{a}{2}} = 2(2-\sqrt{3})\pi a^2.$$

◆ 問 6.13 円柱 $y^2 + z^2 = a^2$ のうち，円柱 $x^2 + y^2 = a^2$ の内部にある部分の表面積を求めよ．ただし，$a > 0$ とする．

6.8 ガンマ関数とベータ関数

この節では，統計学などでも使われる，応用上重要なガンマ関数とベータ関数について説明する．それらは，広義積分を用いて次のように定義される：

ガンマ関数： $\Gamma(s) = \displaystyle\int_0^\infty e^{-x} x^{s-1}\, dx \quad (s > 0),$

ベータ関数： $B(p, q) = \displaystyle\int_0^1 x^{p-1}(1-x)^{q-1}\, dx \quad (p, q > 0).$

ガンマ関数とベータ関数は，次の性質をもつ．

定理 6.6（ガンマ関数とベータ関数の基本性質）

(8.1) $\quad \Gamma(s+1) = s\Gamma(s) \quad (s > 0)$

(8.2) $\quad \Gamma(1) = 1, \quad \Gamma(n) = (n-1)! \quad (n = 2, 3, 4, \ldots)$

(8.3) $\quad \Gamma\left(\dfrac{1}{2}\right) = \sqrt{\pi}$

(8.4) $\quad B(p, q) = \dfrac{\Gamma(p)\Gamma(q)}{\Gamma(p+q)} \quad (p, q > 0)$

【証明】 部分積分法と $\displaystyle\lim_{x \to \infty} \dfrac{x^s}{e^x} = 0$ （90 ページの注意）を用いると

$$\Gamma(s+1) = \int_0^\infty e^{-x} x^{(s+1)-1}\, dx$$
$$= \int_0^\infty e^{-x} x^s\, dx$$
$$= \left[-e^{-x} x^s\right]_0^\infty - \int_0^\infty (-e^{-x}) s x^{s-1}\, dx$$
$$= s \int_0^\infty e^{-x} x^{s-1}\, dx = s\Gamma(s)$$

であるから，(8.1) が成り立つ．この結果を繰り返し用いると

$$\varGamma(n) = (n-1)\varGamma(n-1) = (n-1)(n-2)\varGamma(n-2)$$

$$= \cdots = (n-1)!\,\varGamma(1)$$

となる．ここで，

$$\varGamma(1) = \int_0^\infty e^{-x}\,dx = \left[-e^{-x}\right]_0^\infty = 1$$

であるから，(8.2) が成り立つことがわかる．

次に，(8.3) を示そう．ガンマ関数の定義より

$$\varGamma\left(\frac{1}{2}\right) = \int_0^\infty e^{-x} x^{\frac{1}{2}-1}\,dx = \int_0^\infty e^{-x} x^{-\frac{1}{2}}\,dx.$$

ここで，$x^{\frac{1}{2}} = y$ とおくと $x = y^2$ であり，

$$\frac{dy}{dx} = \frac{1}{2}x^{-\frac{1}{2}} \qquad \therefore \quad x^{-\frac{1}{2}}\,dx = 2\,dy.$$

したがって，例題 6.6（225 ページ）の結果を用いると，

$$\varGamma\left(\frac{1}{2}\right) = 2\int_0^\infty e^{-y^2}\,dy = 2 \cdot \frac{\sqrt{\pi}}{2} = \sqrt{\pi}.$$

最後に，(8.4) を示そう．

$$\varGamma(p)\varGamma(q) = \int_0^\infty e^{-x} x^{p-1}\,dx \int_0^\infty e^{-x} x^{q-1}\,dx$$

$$= \int_0^\infty e^{-x} x^{p-1}\,dx \int_0^\infty e^{-y} y^{q-1}\,dy$$

$$= \int_0^\infty \int_0^\infty e^{-(x+y)} x^{p-1} y^{q-1}\,dxdy.$$

ここで，変数変換 $x+y = u$, $x = uv$ を行うと，$y = u - x = u(1-v)$ であり，$0 < x, y < \infty$ のとき，$0 < u < \infty$, $0 < v < 1$ であって

$$\frac{\partial(x, y)}{\partial(u, v)} = x_u y_v - x_v y_u = -uv - u(1-v) = -u.$$

よって,

$$\Gamma(p)\Gamma(q) = \int_0^\infty \int_0^1 e^{-u}(uv)^{p-1}\{u(1-v)\}^{q-1}|-u|\,dudv$$

$$= \int_0^\infty e^{-u}u^{(p+q)-1}\,du \cdot \int_0^1 v^{p-1}(1-v)^{q-1}\,dv$$

$$= \Gamma(p+q)B(p,q).$$

例題 6.11

$$\int_0^{\frac{\pi}{2}} \sin^\alpha \theta \cos^\beta \theta\, d\theta = \frac{1}{2}B\left(\frac{\alpha+1}{2}, \frac{\beta+1}{2}\right) \quad (\alpha, \beta > -1)$$

が成り立つことを示し, $\int_0^{\frac{\pi}{2}} \sin^3 \theta \cos^4 \theta\, d\theta$ を求めよ.

【解】 $x = \sin^2 \theta$ とおくと,

$$B(p,q) = \int_0^1 x^{p-1}(1-x)^{q-1}\,dx$$

$$= \int_0^{\frac{\pi}{2}} (\sin^2\theta)^{p-1}(1-\sin^2\theta)^{q-1}(2\sin\theta\cos\theta)\,d\theta$$

$$= 2\int_0^{\frac{\pi}{2}} \sin^{2p-1}\theta \cos^{2q-1}\theta\,d\theta.$$

よって, $\alpha = 2p-1$, $\beta = 2q-1$ とおけば

$$\int_0^{\frac{\pi}{2}} \sin^\alpha \theta \cos^\beta \theta\, d\theta = \frac{1}{2}B\left(\frac{\alpha+1}{2}, \frac{\beta+1}{2}\right)$$

を得る. したがって,

$$\int_0^{\frac{\pi}{2}} \sin^3\theta \cos^4\theta\, d\theta = \frac{1}{2}B\left(\frac{4}{2}, \frac{5}{2}\right)$$

$$= \frac{1}{2}\frac{\Gamma(2)\Gamma\left(\frac{5}{2}\right)}{\Gamma\left(\frac{9}{2}\right)} = \frac{1}{2}\frac{1 \cdot \frac{3}{2}\frac{1}{2}\Gamma\left(\frac{1}{2}\right)}{\frac{7}{2}\frac{5}{2}\frac{3}{2}\frac{1}{2}\Gamma\left(\frac{1}{2}\right)} = \frac{2}{35}.$$

◆問 6.14 ガンマ関数，ベータ関数を用いて，次の積分の値を求めよ．

(1) $\displaystyle\int_0^{\frac{\pi}{2}} \sin^4\theta \cos^6\theta\, d\theta$
(2) $\displaystyle\int_0^1 \frac{x^5}{\sqrt{1-x^4}}\, dx$
(3) $\displaystyle\int_0^\infty x^7 e^{-x^2}\, dx$

練 習 問 題

6.1 D を（ ）内の不等式の表す領域とするとき，次の 2 重積分の値を求めよ．

(1) $\displaystyle\iint_D \log xy\, dxdy \quad (1 \leqq x \leqq 2,\ 1 \leqq y \leqq 2)$

(2) $\displaystyle\iint_D x\, dxdy \quad (\sqrt{x}+\sqrt{y} \leqq 1,\ x \geqq 0,\ y \geqq 0)$

(3) $\displaystyle\iint_D \frac{1}{x^2+y^2}\, dxdy \quad (1 \leqq y \leqq 2,\ 0 \leqq x \leqq y)$

(4) $\displaystyle\iint_D \cos\frac{y}{x}\, dxdy \quad \left(1 \leqq x \leqq 2,\ 0 \leqq y \leqq \frac{\pi}{2}x\right)$

6.2 次の累次積分の積分順序を変更せよ．また，積分領域も図示せよ．

(1) $\displaystyle\int_{-2}^1 dx \int_{x^2}^{-x+2} f(x,y)\, dy$
(2) $\displaystyle\int_0^4 dy \int_{y-2}^{\sqrt{y}} f(x,y)\, dx$

(3) $\displaystyle\int_{-1}^1 dx \int_0^{e^x} f(x,y)\, dy$
(4) $\displaystyle\int_{-a}^a dy \int_0^{\sqrt{a^2-y^2}} f(x,y)\, dx$

6.3 適当な変数変換を用いて，次の 2 重積分を求めよ．

(1) $\displaystyle\iint_D (x^2-y^2)e^{-x-y}\, dxdy, \quad D=\{(x,y)\mid 0 \leqq x+y \leqq 1,\ 0 \leqq x-y \leqq 1\}$

(2) $\displaystyle\iint_D (x+y)^4\, dxdy, \quad D=\{(x,y)\mid x^2+2xy+2y^2 \leqq 1\}$

6.4 極座標変換を利用して，次の 2 重積分を求めよ．

(1) $\displaystyle\iint_D x^2\, dxdy, \quad D=\{(x,y)\mid x^2+y^2 \leqq 1,\ y \geqq x\}$

(2) $\displaystyle\iint_D \frac{1}{1+x^2+y^2}\, dxdy, \quad D=\{(x,y)\mid 2 \leqq x^2+y^2 \leqq 3\}$

6.5 次の広義重積分を求めよ．

(1) $\displaystyle\iint_D \frac{x}{x^2+y^2}\, dxdy, \quad D=\{(x,y)\mid 0 \leqq y \leqq x \leqq 1\}$

(2) $\displaystyle\iint_D ye^{-(x^2+y^2)}\, dxdy, \quad D=\{(x,y)\mid x \geqq 0,\ y \geqq 0\}$

6.6 次の3重積分を求めよ．

$$\iiint_V \frac{dxdydz}{(1+x+y+z)^3}, \quad V = \{(x, y, z) \mid x, y, z \geqq 0, \ x+y+z \leqq 1\}$$

6.7 空間の極座標変換を利用して，次の3重積分の値を求めよ．

$$\iiint_V \sqrt{1-x^2-y^2-z^2}\, dxdydz, \quad V = \{(x, y, z) \mid x^2+y^2+z^2 \leqq 1\}$$

6.8 a を正の定数とする．円柱面 $x^2+y^2=a^2$ と2平面 $x+z=a$, $z=0$ で囲まれた部分の体積を求めよ．

6.9 xyz 空間内の曲面 S は次のようにパラメータ表示されているとする：

$$\overrightarrow{p} = (x, y, z) = (u\cos v, \ u\sin v, \ u^2), \quad (0 \leqq u \leqq 1, \ 0 \leqq v \leqq 2\pi).$$

（1） 曲面 S の表面積を定理 6.4（232 ページ）を用いて求めよ．

（2） 曲面 S が

$$z = x^2 + y^2 \qquad (0 \leqq z \leqq 1)$$

のように表されることを確かめ，その表面積を定理 6.5（234 ページ）を用いて求めよ．

6.10 $a > b > 0$ とする．変数変換 $t = \dfrac{1}{1+x^a}$ を利用して，次の等式が成り立つことを示せ．

$$\int_0^\infty \frac{x^{b-1}}{1+x^a}\, dx = \frac{1}{a} B\left(1-\frac{b}{a}, \frac{b}{a}\right) = \frac{1}{a} \Gamma\left(1-\frac{b}{a}\right) \Gamma\left(\frac{b}{a}\right)$$

付　　録

付録 A　2 項定理

$(a+b)^n$ の展開式で，例えば，$n=1,2,3$ のとき，

$$(a+b) = a+b,$$
$$(a+b)^2 = a^2 + 2ab + b^2,$$
$$(a+b)^3 = a^3 + 3a^2b + 3ab^2 + b^3$$

であることはよく知られている．ここでは，一般の n に対する $(a+b)^n$ の展開式を組合せの考えを用いて求めよう．

例えば，$n=4$ のとき，

$$(a+b)^4 = (a+b)(a+b)(a+b)(a+b)$$

を展開するには，右辺の 4 つの因数 $(a+b)$ のおのおのから a または b のいずれか 1 つを取り出して掛け合わせたものをすべて加えればよい．

4 つの因数すべてから a を取り出せば a^4 を得る．これは，4 つの因数から b を全く取り出さなかったことと同じである．a^4 のつくり方はこれ以外にはありえないから，a^4 の係数は，組合せの記号を用いて ${}_4\mathrm{C}_0 = 1$ で与えられることがわかる．

次に，4 つの因数のうち 3 つから a を，残り 1 つの因数から b を取り出せば a^3b を得る．4 つの因数のうちのどれか 1 つから b を取り出す場合の数を考えれば，a^3b のつくり方は ${}_4\mathrm{C}_1 = 4$ 通りである．よって，a^3b の係数は 4 であることがわかる．

このように考えていけば、$(a+b)^4$ の展開式には

$$a^4, \quad a^3b, \quad a^2b^2, \quad ab^3, \quad b^4$$

の 5 つの項があり，これらの係数は

$$_4\mathrm{C}_0, \quad {}_4\mathrm{C}_1, \quad {}_4\mathrm{C}_2, \quad {}_4\mathrm{C}_3, \quad {}_4\mathrm{C}_4$$

となることがわかるだろう．したがって，

$$(a+b)^4 = {}_4\mathrm{C}_0\, a^4 + {}_4\mathrm{C}_1\, a^3b + {}_4\mathrm{C}_2\, a^2b^2 + {}_4\mathrm{C}_3\, ab^3 + {}_4\mathrm{C}_4\, b^4$$

$$= \sum_{k=0}^{4} {}_4\mathrm{C}_k\, a^{n-k}b^k$$

が成り立つ．同様に考えると，一般に

$$(a+b)^n = \sum_{k=0}^{n} {}_n\mathrm{C}_k\, a^{n-k}b^k$$

$$\left({}_n\mathrm{C}_k = \frac{n!}{k!(n-k)!} \right)$$

が成り立つことがわかる．これを **2 項定理**という．

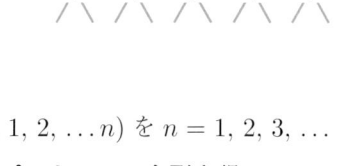

$(a+b)^n$ の展開式に現れる係数 ${}_n\mathrm{C}_k$ $(k=0, 1, 2, \ldots n)$ を $n = 1, 2, 3, \ldots$ の順に上から並べると，上の図式で与えられる**パスカルの 3 角形**を得る．${}_n\mathrm{C}_k$ を 2 項係数ともいう．

付録 B　e の定義と対数関数の微分

ネイピアの数 e は極限値

(B.1) $$e = \lim_{k \to \infty} \left(1 + \frac{1}{k}\right)^k$$

として定義される．この極限が存在することを認めた上で，底を e にもつ対数関数と指数関数の導関数を計算しよう．

まず，対数関数 $f(x) = \log_e x$ の導関数を求めよう．導関数の定義から

$$f'(x) = \lim_{h \to 0} \frac{f(x+h) - f(x)}{h} = \lim_{h \to 0} \frac{\log_e(x+h) - \log_e x}{h}$$
$$= \lim_{h \to 0} \frac{1}{h} \log_e\left(\frac{x+h}{x}\right) = \lim_{h \to 0} \frac{1}{x} \frac{x}{h} \log_e\left(\frac{x+h}{x}\right)$$
$$= \frac{1}{x} \lim_{h \to 0} \log_e\left(1 + \frac{h}{x}\right)^{\frac{x}{h}}.$$

ここで，$\frac{x}{h} = k$ とおくと，$x > 0$ より[1]$h \to +0$ のとき $k \to \infty$ であるから

$$f'(x) = \frac{1}{x} \lim_{k \to \infty} \log_e\left(1 + \frac{1}{k}\right)^k = \frac{1}{x} \log_e e = \frac{1}{x}$$

となる．$h \to -0$ のときは $k \to -\infty$ であるが，

$$\lim_{k \to -\infty} \left(1 + \frac{1}{k}\right)^k$$
$$= \lim_{\ell \to \infty} \left(1 - \frac{1}{\ell}\right)^{-\ell} = \lim_{\ell \to \infty} \left(\frac{\ell}{\ell - 1}\right)^{\ell} \quad (-k = \ell \text{ とおいた})$$
$$= \lim_{\ell \to \infty} \left(1 + \frac{1}{\ell - 1}\right)^{\ell} = \lim_{\ell \to \infty} \left(1 + \frac{1}{\ell - 1}\right) \cdot \lim_{\ell \to \infty} \left(1 + \frac{1}{\ell - 1}\right)^{\ell - 1} = e$$

に注意すれば，同様の結果を得る．

指数関数 $f(x) = e^x$ の導関数は逆関数の微分法を用いて計算される．$y = e^x$ のとき，$x = \log_e y$ より $\frac{dx}{dy} = \frac{1}{y}$ であるから，

$$\frac{dy}{dx} = \frac{1}{\frac{dx}{dy}} = y = e^x.$$

したがって，$f'(x) = e^x$ であることがわかる．

このように，ネイピアの数 e を (B.1) のように定義すると，対数関数 $\log_e x$ の導関数を求めた後に，指数関数 e^x の導関数が求まる．

---

[1] $\log_e x$ の定義域は $x > 0$ である．

付録 C　平面の方程式

図のように，空間上の点 $P_0(x_0, y_0, z_0)$ を通り，ベクトル $\boldsymbol{v} = (a, b, c)$ に対して垂直な平面の方程式を求めよう．$\boldsymbol{v}$ は平面の**法線ベクトル**とよばれる．

この平面上の点を $P(x, y, z)$ としよう．図からわかるように，$\boldsymbol{v}$ と $\overrightarrow{P_0P}$ は直交していることに注意すれば，$\langle \boldsymbol{v}, \overrightarrow{P_0P} \rangle = 0$. すなわち，

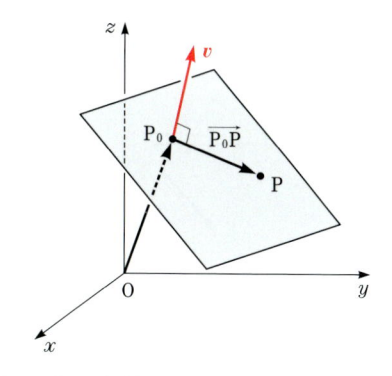

$$a(x - x_0) + b(y - y_0) + c(z - z_0) = 0$$

を得る．この式を整理すれば

$$ax + by + cz = d \qquad (d \text{ はある定数})$$

の形をしていることがわかる．逆に，x, y, z の 1 次方程式 $ax + by + cz = d$ で定義される空間上の点 (x, y, z) の集まりは，xyz 空間内の平面であり，その法線ベクトルは $\boldsymbol{v} = (a, b, c)$ で与えられる．

付録 D　ベクトルの外積

2つの空間ベクトル $\overrightarrow{a} = (a_1, a_2, a_3)$ と $\overrightarrow{b} = (b_1, b_2, b_3)$ に対し，$\overrightarrow{a}$ と $\overrightarrow{b}$ の外積を $\overrightarrow{a} \times \overrightarrow{b}$ と表し，次のように定義する：

$$\overrightarrow{a} \times \overrightarrow{b} = (a_2 b_3 - a_3 b_2,\ a_3 b_1 - a_1 b_3,\ a_1 b_2 - a_2 b_1).$$

内積を計算した結果が「数」であるのに対し，外積を計算した結果は「ベクトル」になることに注意しよう．$\overrightarrow{a} \times \overrightarrow{b}$ は右のような覚え方をしておくとよい．

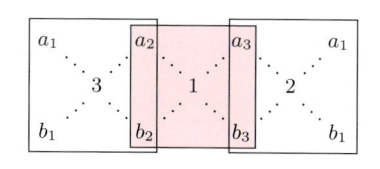

ベクトル $\overrightarrow{a} \times \overrightarrow{b}$ は次の性質をもっている．

(ⅰ) $\vec{a}\times\vec{b}$ は $\vec{a}$ と $\vec{b}$ の両方に直交するベクトルである（より正確には，$\vec{a},\vec{b},\vec{a}\times\vec{b}$ は右手系（下の左図）をなす．数学的には，3次の行列式を用いて，$\det(\vec{a},\vec{b},\vec{a}\times\vec{b})>0$ で定義される）．

(ⅱ) $\vec{a}\times\vec{b}$ の大きさは $\vec{a}$ と $\vec{b}$ の作る平行四辺形の面積に等しい．

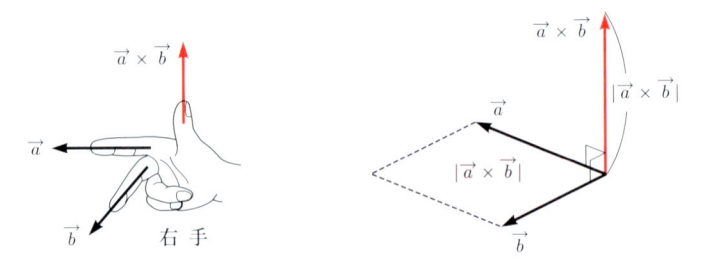

(ⅰ) が成り立つことは

$$\langle\vec{a}\times\vec{b},\vec{a}\rangle=(a_2b_3-a_3b_2)a_1+(a_3b_1-a_1b_3)a_2+(a_1b_2-a_2b_1)a_3=0,$$
$$\langle\vec{a}\times\vec{b},\vec{b}\rangle=(a_2b_3-a_3b_2)b_1+(a_3b_1-a_1b_3)b_2+(a_1b_2-a_2b_1)b_3=0$$

により確かめられる．

また，2つのベクトル $\vec{a}$ と $\vec{b}$ のなす角を θ $(0\leqq\theta\leqq\pi)$ とするとき，$\vec{a}$ と $\vec{b}$ で作られる平行四辺形の面積 S は

$$\begin{aligned}S&=|\vec{a}||\vec{b}|\sin\theta=|\vec{a}||\vec{b}|\sqrt{1-\cos^2\theta}\\&=|\vec{a}||\vec{b}|\sqrt{1-\frac{\langle\vec{a},\vec{b}\rangle^2}{|\vec{a}|^2|\vec{b}|^2}}=\sqrt{|\vec{a}|^2|\vec{b}|^2-\langle\vec{a},\vec{b}\rangle^2}\\&=\sqrt{(a_1{}^2+a_2{}^2+a_3{}^2)(b_1{}^2+b_2{}^2+b_3{}^2)-(a_1b_1+a_2b_2+a_3b_3)^2}\\&=\sqrt{(a_2b_3-a_3b_2)^2+(a_3b_1-a_1b_3)^2+(a_1b_2-a_2b_1)^2}\end{aligned}$$

であるから，(ⅱ) が成り立つことも確かめられる．

付録E　ランダウの記号

$f(x) = x^2$ と $g(x) = x$ の $x \to 0$ での極限を考えると，ともに $f(x) \to 0$, $g(x) \to 0$ であるが，x^2 のほうが x よりも速く 0 に近づく．これは，$x = 0.1$ のとき $g(0.1) = 0.1$ に対して $f(0.1) = 0.01$ であることからわかるだろう．正確には，

$$\lim_{x \to 0} \frac{f(x)}{g(x)} = \lim_{x \to 0} \frac{x^2}{x} = 0$$

が成り立つから，x^2 のほうが x よりも速く 0 に近づくと考えればよい．

一般に，点 a の近くで定義された 2 つの関数 $f(x)$, $g(x)$ に対して

(E.1)
$$\lim_{x \to a} \frac{f(x)}{g(x)} = 0$$

が成り立つとき，

$$f(x) = o(g(x)) \quad (x \to a)$$

と書く．ここで，o は**ランダウの記号**とよばれ，スモールオーと読む．これは，a の近くで $f(x)$ は $g(x)$ に比べると無視できるほど小さいことを意味する．とくに，$f(x) \to 0$, $g(x) \to 0$ $(x \to a)$ が成り立つときは，$f(x)$ は $g(x)$ よりも**高次（高位）の無限小**であるという．この記号を用いると，

$$x^2 = o(x) \quad (x \to 0)$$

と書ける．この他の例として

(E.2)
$$\cos x - 1 = o(x) \quad (x \to 0)$$

である．実際，ロピタルの定理より

$$\lim_{x \to 0} \frac{\cos x - 1}{x} = \lim_{x \to 0} \frac{-\sin x}{1} = 0.$$

(E.2) は，$\cos x = 1 + o(x) \quad (x \to 0)$ と書かれることもある．これは，$x = 0$ のまわりで $\cos x$ は 1 に近いということを意味する．一般に，

(E.3) $$f(x) = g(x) + o(h(x)) \quad (x \to a)$$

は $f(x) - g(x) = o(h(x)) \ (x \to a)$ を意味する．

また，点 a の近くで定義された 2 つの関数 $f(x)$, $g(x)$ に対して

(E.4) $$|f(x)| \leqq C |g(x)| \quad (C \text{ はある正の定数})$$

が成り立つとき，

$$f(x) = O(g(x)) \quad (x \to a)$$

と書き，a の近くで $f(x)$ は $g(x)$ で押さえられるという．ここで，O は**ランダウの記号**とよばれ，ラージオーと読む．とくに，(E.4) がすべての x で成り立つときは，単に $f(x) = O(g(x))$ と書くこともある．例えば，$|\cos x|$, $|\sin x| \leqq 1$ であるから，$\cos x = O(1)$, $\sin x = O(1)$ である．

(E.3) と同様に，

$$f(x) = g(x) + O(h(x)) \quad (x \to a)$$

は $f(x) - g(x) = O(h(x)) \ (x \to a)$ を意味する．

ランダウの記号を用いると，$x = a$ のまわりの関数 $f(x)$ のテイラー展開の式（100 ページ）は次のように書くことができる：

(E.5) $$f(x) = \sum_{k=0}^{n-1} \frac{f^{(k)}(a)}{k!}(x-a)^k + o((x-a)^{n-1}) \quad (x \to a)$$
$$= \sum_{k=0}^{n-1} \frac{f^{(k)}(a)}{k!}(x-a)^k + O((x-a)^n) \quad (x \to a).$$

例えば，指数関数 e^x は $x = 0$ のまわりで

$$e^x = 1 + x + \frac{1}{2}x^2 + o(x^2) = 1 + x + \frac{1}{2}x^2 + O(x^3) \quad (x \to 0)$$

のように表される．

問題解答

第 1 章

問 1.1 （1） $y = 3x + 7$　　（2） $y = -x^2 + 7x - 8$

問 1.2 $(g \circ f)(x) = 2x^2 + 1$,　$(f \circ g)(x) = 4x^2 - 4x + 2$

問 1.3 （1） 定義できない
（2） $(g \circ f)(x) = -3x + 3 \ (0 \leqq x \leqq 1)$
（3） 定義できない

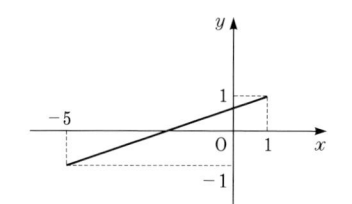

問 1.4 $f^{-1}(x) = -3x + 6 \ \left(\dfrac{5}{3} \leqq x \leqq 2\right)$

問 1.5 $f^{-1}(x) = \dfrac{1}{3}x + \dfrac{2}{3} \ (-5 \leqq x \leqq 1)$
（右上図）

問 1.6 $y = -\dfrac{\frac{5}{4}}{x + \frac{1}{2}} + \dfrac{1}{2}$　（右下図）

問 1.7 $a > 0$ のとき，定義域 $\{x \mid x \geqq 0\}$，値域 $\{y \mid y \leqq 0\}$，x の値が増加すると y の値は減少．$a < 0$ のとき，定義域 $\{x \mid x \leqq 0\}$，値域 $\{y \mid y \leqq 0\}$，x の値が増加すると y の値は増加．

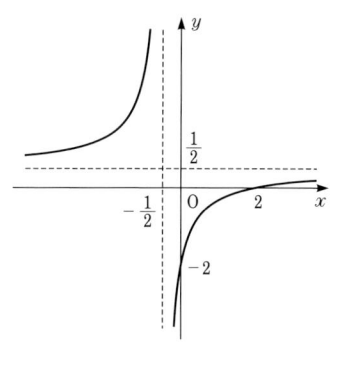

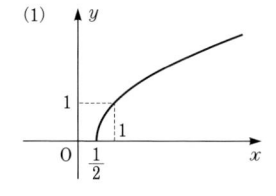

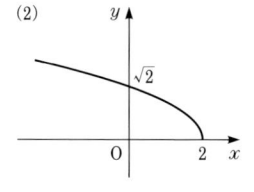

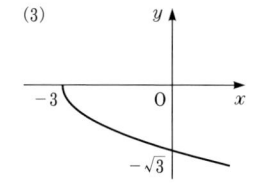

問 1.8　図は前ページ　（1）定義域 $\left\{x \mid x \geqq \dfrac{1}{2}\right\}$, 値域 $\{y \mid y \geqq 0\}$　（2）定義域 $\{x \mid x \leqq 2\}$, 値域 $\{y \mid y \geqq 0\}$　（3）定義域 $\{x \mid x \geqq -3\}$, 値域 $\{y \mid y \leqq 0\}$

問 1.9　（1）$\dfrac{\pi}{12}$　（2）$\dfrac{3}{4}\pi$　（3）$36°$　（4）$300°$

問 1.10　略

問 1.11　（1）$-\dfrac{\sqrt{3}}{2},\ \dfrac{1}{2},\ -\dfrac{1}{\sqrt{3}}$　（2）$-\dfrac{1}{\sqrt{2}},\ \dfrac{1}{\sqrt{2}},\ -1$　（3）$-1,\ 0,\ 0$　（4）$0,\ 1,\ $なし

問 1.12　（1）$\dfrac{\pi}{3},\ \dfrac{5}{3}\pi$　（2）$\dfrac{\pi}{3},\ \dfrac{2}{3}\pi$　（3）$\dfrac{\pi}{4},\ \dfrac{5}{4}\pi$

問 1.13～1.15　略

問 1.16　（1）$\sqrt{2}\sin\left(\theta+\dfrac{\pi}{4}\right)$　（2）$2\sin\left(\theta+\dfrac{5}{3}\pi\right)$

問 1.17　$\dfrac{5}{12}\pi,\ \dfrac{23}{12}\pi$

問 1.18　（1）0　（2）π　（3）$-\dfrac{\pi}{4}$　（4）$\dfrac{\pi}{4}$　（5）$\dfrac{\pi}{6}$　（6）$\dfrac{\pi}{6}$

問 1.19　（1）2　（2）25　（3）$\dfrac{1}{125}$　（4）8

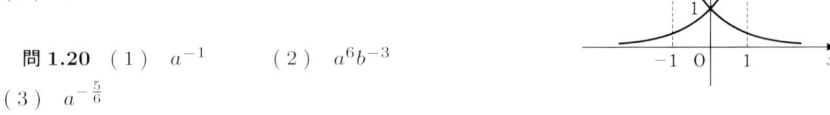

問 1.20　（1）a^{-1}　（2）$a^6 b^{-3}$　（3）$a^{-\frac{5}{6}}$

問 1.21　右上図

問 1.22　（1）3　（2）$\dfrac{1}{2}$　（3）-3　（4）-3

問 1.23　（1）2　（2）3　（3）$-\dfrac{1}{2}$

問 1.24　略

問 1.25　右図

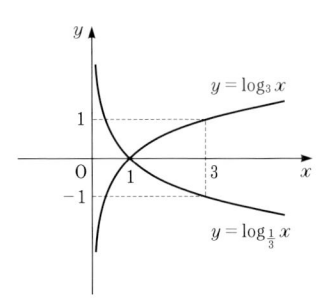

練習問題

1.1 $S = \dfrac{1}{2}(r+a)\ell_2 - \dfrac{1}{2}r\ell_1 = \dfrac{1}{2}(r+a)^2\theta - \dfrac{1}{2}r^2\theta = \dfrac{1}{2}a(2r\theta + a\theta) = \dfrac{1}{2}a(\ell_1 + \ell_2)$

1.2 $-\dfrac{\pi}{6} \leqq x \leqq \dfrac{\pi}{2}$

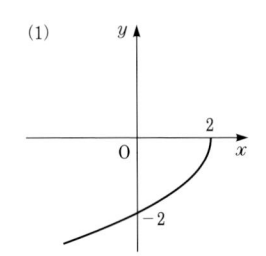

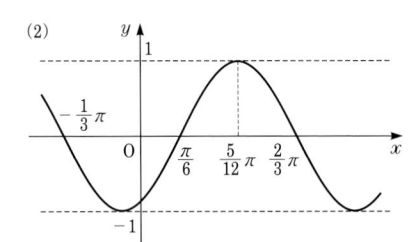

1.3 (1) (2) (3)

1.4 略

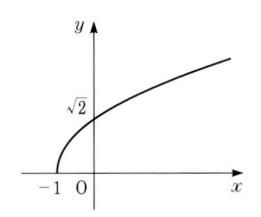

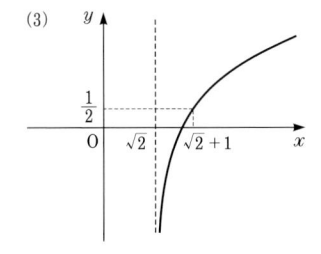

1.5 $y = \sqrt{2(x+1)}$ $(x \geqq -1)$ (下図)

1.6 $k = -1$

1.7 定義域は実数全体，値域は $\left\{ y \,\middle|\, 0 < y \leqq \dfrac{1}{2} \right\}$

1.8 (1) $\left\{ y \,\middle|\, 0 \leqq y \leqq \dfrac{\pi}{2} \right\}$ (2) 略

1.9 (1) 2 (2) $\dfrac{6}{5}$ (3) $x \geqq 1$ (4) $x < 3$

1.10 $(x, y) = \left(\dfrac{1}{64}, 8\right), \left(4, \dfrac{1}{2}\right)$

第 2 章

問 2.1 (1) $6n - 9$ (2) $(-1)^n$ (3) $\left(\dfrac{1}{2}\right)^{n-3}$ (4) $-3n + 5$

問 2.2 （1） $-\dfrac{3}{2}$　　（2） 0　　（3） 1　　（4） 0

問 2.3 $\dfrac{n+1}{n+4}$, 1

問 2.4 （1） ∞ に発散　　（2） 0 に収束　　（3） 発散（振動）　　（4） $-\infty$ に発散　　（5） 発散（振動）

問 2.5 （1） ∞ に発散　　（2） 0 に収束　　（3） ∞ に発散　　（4） 0 に収束

問 2.6 $\dfrac{3}{4}$　　問 2.7 ～ 2.8　略

問 2.9 （1） $\dfrac{3}{4}$ に収束　　（2） ∞ に発散

問 2.10　略

問 2.11 （1） 2 に収束　　（2） ∞ に発散　　（3） 発散（振動）

問 2.12　正しくない．反例は $a_n = \sqrt{n+1} - \sqrt{n}$．

問 2.13　発散（振動）　　問 2.14　-2

練習問題

2.1 （1） $-\dfrac{1}{2}$ に収束　　（2） ∞ に発散　　（3） 発散（振動）

2.2 （1） 2　　（2） 存在しない

2.3 （1） $\dfrac{1+\sqrt{5}}{2}$　　（2） $c \neq -\sqrt{2}$ のとき $\sqrt{2}$, $c = -\sqrt{2}$ のとき $-\sqrt{2}$.

2.4 （1） $n = 1$ のときは明らか．$n \geqq 2$ のときは 2 項定理より
$$\left(1+\sqrt{\dfrac{2}{n}}\right)^n \geqq 1 + n\sqrt{\dfrac{2}{n}} + \dfrac{n(n-1)}{2} \cdot \dfrac{2}{n} > n$$
（2） 1

2.5 （1） 略　　（2） （ i ） $\dfrac{1}{3}$　　（ ii ） $\dfrac{1}{4}$

2.6 収束．和は 1　　2.7 $\dfrac{2}{5}$

2.8 $0 < x < 2$ のとき，和 1．$x = 0$ のとき，和 0．　　2.9 $(2+\sqrt{2})\pi$

第 3 章

問 3.1 5, 2　　**問 3.2**　略

問 3.3　（1）1　　（2）4　　（3）$\dfrac{1}{4}$

問 3.4　（1）-2　　（2）$-\dfrac{3}{2}$　　（3）3

問 3.5　（1）2　　（2）$\dfrac{3}{4}$　　（3）1　　（4）$\dfrac{1}{2}$

問 3.6　（1）0　　（2）$\dfrac{\sqrt{2}}{3}$　　（3）2

問 3.7　x が限りなく大きくなるとき，関数 $f(x)$ の値が限りなく大きくなる．$f(x) = x$ のとき $\lim_{x \to \infty} f(x) = \infty$．他の場合も同様．

問 3.8　（1）$+\infty$　　（2）$-\infty$　　（3）-1　　（4）1　　（5）なし　（6）0

問 3.9　（1）0　　（2）0　　**問 3.10**　$\alpha = 1$　　**問 3.11**　略

問 3.12　$f(x) = \log_3 x - \dfrac{1}{4}x$ とおくと，$f(1) = -\dfrac{1}{4} < 0$, $f(3) = \dfrac{1}{4} > 0$.

問 3.13　略

問 3.14　（1）$f'(a) = 2a - 2$, $f'(-1) = -4$, $f'(0) = -2$, $f'(1) = 0$
（2）$f'(a) = 3a^2$, $f'(-1) = 3$, $f'(0) = 0$, $f'(1) = 3$

問 3.15 〜 3.17　略

問 3.18　（1）$y' = 16x^3$　　（2）$y' = -5x^4 + 6x^2 + 3$
（3）$y' = 5x^4 + 6x^2 - 8x$　　（4）$y' = -\dfrac{6}{x^5}$　　（5）$y' = -\dfrac{5}{(2x-3)^2}$

問 3.19　（1）$y' = 6(1 - 2x)^2$　　（2）$y' = 5(x^2 + x + 1)^4(2x + 1)$
（3）$y' = -60(3x - 2)^{-6}$　　（4）$y' = 6\left(x + \dfrac{1}{x}\right)^5\left(1 - \dfrac{1}{x^2}\right)$
（5）$y' = -\dfrac{3(x+1)^2}{x^4}$

問 3.20〜3.21 略 **問 3.22** $y' = \dfrac{1}{4}x^{-\frac{3}{4}}$

問 3.23 （1） $y' = -\dfrac{x}{\sqrt{5-x^2}}$ （2） $y' = \dfrac{3}{2\sqrt[4]{2x+3}}$
（3） $y' = \dfrac{1}{2\sqrt{x+1}} - \dfrac{1}{2\sqrt{x-1}}$

問 3.24 （1） 3   （2） 2

問 3.25 （1） $y' = 3\cos(3x-2)$ （2） $y' = -3x^2 \sin(x^3)$
（3） $y' = 6\sin^2 2x \cos 2x$ （4） $y' = -\dfrac{\cos x}{(1+\sin x)^2}$

問 3.26 （1） $y' = -\dfrac{1}{\sqrt{x-x^2}}$ （2） $y' = -\dfrac{1}{x\sqrt{x^2-1}}$
（3） $y' = \dfrac{6x}{9+x^4}$

問 3.27 底の変換公式より，$(\log_a x)' = \left(\dfrac{\log_e x}{\log_e a}\right)' = \dfrac{1}{x\log_e a}$

問 3.28 （1） $y' = -e^{-x}$ （2） $y' = \dfrac{2\log x}{x}$ （3） $y' = \dfrac{1-\log x}{x^2}$

問 3.29 略   **問 3.30** （1） $y' = x^{\frac{1}{x}-2}(1-\log x)$ （2） $y' = \dfrac{6(x-2)}{(x-1)^4}$

問 3.31 $y = 2x-2,\ y = 2x+2$

問 3.32 （1） 接線 $y = 3x-2$，法線 $y = -\dfrac{1}{3}x + \dfrac{4}{3}$
（2） 接線 $y = 1$，法線 $x = \dfrac{\pi}{2}$

問 3.33 （1） $\sqrt{\dfrac{7}{3}}$ （2） 1

問 3.34 （1） $x < \dfrac{3}{2}$ で減少，$x > \dfrac{3}{2}$ で増加   （2） $x < -3,\ 2 < x$ で増加，$-3 < x < 2$ で減少

問 3.35 $x = \pm\dfrac{\pi}{2}$ で極大値 $\dfrac{\pi}{2}$，$x = 0$ で極小値 1．

x	$-\pi$	$\cdots$	$-\dfrac{\pi}{2}$	$\cdots$	0	$\cdots$	$\dfrac{\pi}{2}$	$\cdots$	π
f'		$+$	0	$-$	0	$+$	0	$-$	
f		↗	$\dfrac{\pi}{2}$	↘	1	↗	$\dfrac{\pi}{2}$	↘	

第 3 章　　　　　　　　　　　　　255

問 3.36　極値をもたない（常に増加）

問 3.37　（ 1 ）　$\dfrac{1}{2}$　　（ 2 ）　0　　（ 3 ）　0

問 3.38　（ 1 ）　$y'' = -12x^2 + 2$　　（ 2 ）　$y'' = -9\sin 3x$

問 3.39　（ 1 ）　$y^{(n)} = (-1)^n e^{-x}$　　（ 2 ）　$y^{(n)} = n!$　　（ 3 ）　$y^{(n)} = -\dfrac{(n-1)!}{(1-x)^n}$

問 3.40　（ 1 ）　$x < 1$ で上に凸，$x > 1$ で下に凸，変曲点は $x = 1$.
（ 2 ）　$x < 2 - \sqrt{2},\ 2 + \sqrt{2} < x$ で下に凸，$2 - \sqrt{2} < x < 2 + \sqrt{2}$ で上に凸，変曲点は $x = 2 \pm \sqrt{2}$.

問 3.41

x	$\cdots$	0	$\cdots$	1	$\cdots$	2	$\cdots$
y'	$-$	0	$+$	/	$+$	0	$-$
y''	$+$	$+$	$+$	/	$-$	$-$	$-$
y	↘	0	↗	/	↗	-4	↘

問 3.42～3.43　略

問 3.44　（ 1 ）　$-\pi(x+1) + \dfrac{\pi^3}{6}(x+1)^3$
（ 2 ）　$-1 + (x-2) - (x-2)^2 + (x-2)^3 - (x-2)^4$

問 3.45　（ 1 ）　$y = 2x - 4$　　（ 2 ）　$y = -x + \dfrac{1}{\sqrt{2}}$

問 3.46　（ 1 ）　$v(t) = -9.8t + 19.6$ m/s, $a(t) = -9.8$ m/s^2　　（ 2 ）　2 秒後，高さ 21.1 m

問 3.47　$|\vec{v}| = \sqrt{2(1 - \cos t)},\ |\vec{a}| = 1$

練習問題

3.1　（ 1 ）　$x^4(x-1)^3(9x-5)$　　（ 2 ）　$\dfrac{1}{(x+1)\sqrt{(x+1)(x-1)}}$
（ 3 ）　$2^x \log 2$　　（ 4 ）　$\dfrac{1}{x \log x}$　　（ 5 ）　$2x \cos \dfrac{1}{x} + \sin \dfrac{1}{x}$
（ 6 ）　$-2xe^{-x^2} \cos(e^{-x^2})$

3.2 $P'(1) = 2$, $P'(2) = -1$, $P'(3) = 2$ **3.3** 略 **3.4** 略

3.5 （1） $y' = 2x^{\log x - 1} \log x$ （2） $y' = 2x^2 \sqrt{\dfrac{1-x^2}{1+x^2}} \left(\dfrac{1}{x} - \dfrac{x}{1-x^4} \right)$

3.6 $y = ex$

3.7 （1） $x = \dfrac{1}{4}\pi$ で極大値 $\dfrac{1}{\sqrt{2}} e^{\frac{1}{4}\pi}$, $x = \dfrac{\pi}{2}$ で変曲点をもつ．

x	0	$\cdots$	$\dfrac{\pi}{4}$	$\cdots$	$\dfrac{\pi}{2}$	$\cdots$	π
f'		$+$	0	$-$	$-$	$-$	
f''		$-$	$-$	$-$	0	$+$	
f	0	↗	極大	↘	変曲点	↘	0

（2） $x = -\sqrt{3}$ で極大値 $-\dfrac{3\sqrt{3}}{2}$, $x = \sqrt{3}$ で極小値 $\dfrac{3\sqrt{3}}{2}$, $x = 0$ で変曲点．漸近線は $y = x$．

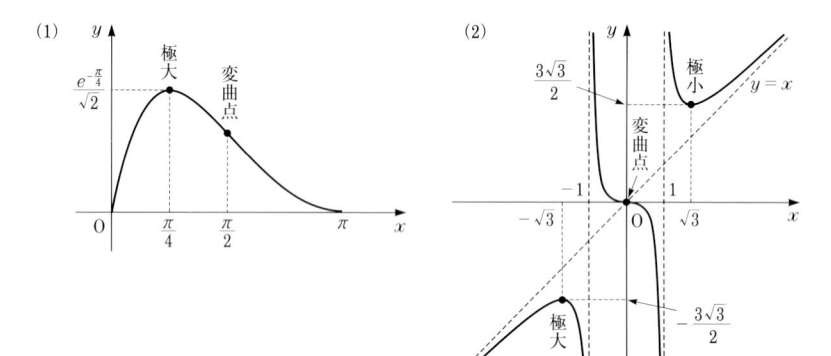

x	$\cdots$	$-\sqrt{3}$	$\cdots$	-1	$\cdots$	0	$\cdots$	1	$\cdots$	$\sqrt{3}$	$\cdots$
y'	$+$	0	$-$		$-$	0	$-$		$-$	0	$+$
y''	$-$	$-$	$-$		$+$	0	$-$		$+$	$+$	$+$
y	↗	極大	↘		↘	変曲点	↘		↘	極小	↗

3.8 （1） $y = -x^3 + 3x^2 + 9x$ のグラフと $y = k$ の交点の個数を調べる．$k < -5$, $27 < k$ のとき 1 個，$k = -5$, 27 のとき 2 個，$-5 < k < 27$ のとき 3 個．

（2） 同様に，$k > 128$ のとき 0 個，$k = 128$ のとき 1 個，$k < 0$, $3 < k < 128$ のとき 2 個，$k = 0$, 3 のとき 3 個，$0 < k < 3$ のとき 4 個．

3.9 （1） $0<x<2$ における $f(x)$ の極大値，極小値と $f(0)$, $f(2)$ の値を調べる．$x=2$ のとき最大値 $2-\sqrt{2}$, $x=\dfrac{1}{4}$ のとき最小値 $-\dfrac{1}{4}$

（2） 同様に，$x=\pm 1$ のとき最大値 0, $x=-1+\sqrt{2}$ のとき最小値 $2(1-\sqrt{2})e^{-1+\sqrt{2}}$

3.10 （1） 平均値の定理より $\log(x+1)-\log x=\dfrac{1}{c}$ をみたす $x<c<x+1$ がある．

（2） $f(x)=\log(1+x)-x+\dfrac{1}{2}x^2$ は $x>0$ で増加，$f(0)=0$ より $f(x)>0$. $g(x)=x-\log(1+x)$ は $x>0$ で増加，$g(0)=0$ より $g(x)>0$.

3.11 （1） $\dfrac{1}{2}$ （2） $\dfrac{1}{6}$

3.12 （1） $\sqrt{1+x}=1+\dfrac{1}{2}x-\dfrac{1}{8}x^2+\dfrac{1}{16}x^3$ に $x=0.1$ を代入して $\sqrt{1.1}=1.0488125$.

（2） $\sin x=x-\dfrac{1}{6}x^3$ に $x=0.2$ を代入して $\sin 0.2=0.1986666\ldots$

3.13 （1） $2+\dfrac{1}{4}(x-2)-\dfrac{1}{64}(x-2)^2$

（2） $-1-(x-1)+\dfrac{\pi^2}{2}(x-1)^2+\dfrac{\pi^2}{2}(x-1)^3$

（3） $-\dfrac{1}{2}\left(x-\dfrac{\pi}{2}\right)^2-\dfrac{1}{12}\left(x-\dfrac{\pi}{2}\right)^4$

（4） $-\dfrac{\pi}{4}+\dfrac{1}{2}(x+1)+\dfrac{1}{4}(x+1)^2+\dfrac{1}{12}(x+1)^3$

3.14 （1） $\overrightarrow{v}=(-3\cos^2 t\sin t, 3\sin^2 t\cos t)$, $\overrightarrow{a}=(6\cos t\sin^2 t-3\cos^3 t, 6\sin t\cos^2 t-3\sin^3 t)$, $t=\dfrac{\pi}{4}$ のとき $|\overrightarrow{v}|=|\overrightarrow{a}|=\dfrac{3}{2}$.

（2） 長さは常に 1 に等しい．

3.15 （1），（2） 略　　（3） 下図

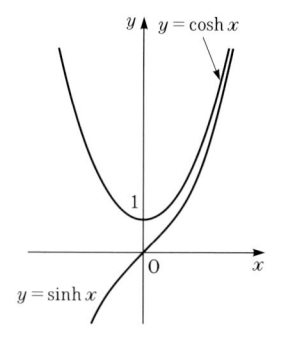

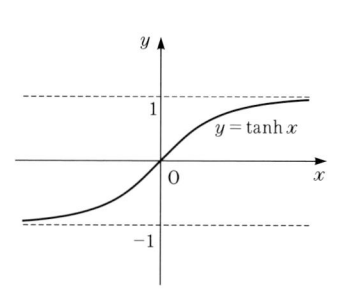

3.16 $y^{(n)}=x^2 e^x+2nxe^x+n(n-1)e^x$　　**3.17** 略

第4章

問 4.1 ～ 4.2 略

問 4.3 （1） $\dfrac{1}{2}x^2 + 4e^x + 3\cos x$ （2） $x + \log|x| + 4\sqrt{x}$ （3） $\tan x - x$ （4） $x - \mathrm{Tan}^{-1} x$

問 4.4 略

問 4.5 $-|f(x)| \leqq f(x) \leqq |f(x)|$ より $-\displaystyle\int_a^b |f(x)|\,dx \leqq \int_a^b f(x)\,dx \leqq \int_a^b |f(x)|\,dx.$

問 4.6 （1） 2 （2） $2 - \dfrac{3}{2}\sqrt{2}$ （3） $-2 + e + \dfrac{3}{e}$ （4） $-\dfrac{5}{3} + e$

問 4.7 （1） $\dfrac{4}{3}$ （2） $\sqrt{2}$

問 4.8 （1） $\dfrac{1}{4}\sin^4 x$ （2） $\dfrac{2}{3}\sqrt{x-1}(x+2)$ （3） $\dfrac{1}{2}e^{x^2}$

問 4.9 （1） $\dfrac{1}{25}(5x-3)^5$ （2） $-\dfrac{1}{6}(3x+2)^{-2}$ （3） $-\dfrac{1}{3}(1-2x)^{\frac{3}{2}}$ （4） $-e^{-x}$ （5） $-\dfrac{1}{2}\cos(2x-4)$

問 4.10 （1） $\dfrac{1}{3}\log\left|x^3 + 1\right|$ （2） $\log(e^x + e^{-x})$ （3） $\log|\log x|$

問 4.11 （1） $\dfrac{1}{10}$ （2） $\dfrac{4 - 2\sqrt{2}}{3}$ （3） $\dfrac{1}{2}$

問 4.12 π 問 4.13 （1） $-x\cos x + \sin x$ （2） $xe^x - e^x$

問 4.14 （1） π （2） $\dfrac{1+e^2}{4}$ （3） $2\log 2 - 1$

問 4.15 （1） $\dfrac{1}{4}$ （2） $\pi^2 - 4$ （3） $2 - 5e^{-1}$

問 4.16 （1） $\log\left|\dfrac{x+1}{x+2}\right|$ （2） $\dfrac{1}{3}\log\left|\dfrac{x-2}{2x-1}\right|$

問 4.17 （1） $a = 1,\ b = -1,\ c = 1$ （2） $\log\left|\dfrac{x}{x-1}\right| - \dfrac{1}{x-1}$

第 4 章

問 4.18 （1） $\dfrac{\pi}{2}$　　（2） $\dfrac{1}{2}$　　（3） $\dfrac{10}{9}$

問 4.19 （1） $-\dfrac{1}{5}\cos^5 x + \dfrac{2}{3}\cos^3 x - \cos x$　　（2） $\dfrac{1}{2}e^x(\sin x - \cos x)$
（3） $\dfrac{1}{5}e^{-x}(2\sin 2x - \cos 2x)$

問 4.20 いずれも $\dfrac{1}{3}$　　**問 4.21** $\dfrac{1}{4}$　　**問 4.22** $\dfrac{2}{3}$

問 4.23 （1） $\dfrac{53}{6}$　　（2） $\dfrac{14}{3}$　　**問 4.24** 略　　**問 4.25** $\dfrac{4}{3}\pi ab^2$

問 4.26 略　　**問 4.27** （1） 4　　（2） $\dfrac{24}{5}$　　（3） $\dfrac{33}{4}\pi$　　（4） 11π

問 4.28 （1） $\dfrac{3}{2}$　　（2） $2\sqrt{2}$

問 4.29 （1） $\dfrac{1}{2}$　　（2） $\dfrac{1}{3}$

問 4.30 （1） $\dfrac{\pi}{2}$　　（2） $\dfrac{\pi}{4}$　　（3） ない

問 4.31 （1） $y = \dfrac{C}{x}$　　（2） $y = \dfrac{1}{x + C}$　　（3） $y = Ce^{-\frac{1}{2}x^2} + 1$

問 4.32 $x^2 + y^2 = 5$

問 4.33 （1） $y = \dfrac{1}{3}x^2 + \dfrac{1}{2}x + \dfrac{C}{x}$　　（2） $y = xe^{-x} + Ce^{-x}$

問 4.34 （1） $y = -\dfrac{1}{4}e^{-3t} + \dfrac{5}{4}e^t$　　（2） $y = -e^{-3t} - 2te^{-3t}$
（3） $y = e^{-2t}\sin t$

問 4.35 $y = x^2$

問 4.36 t 時間後の温度を $u(t)$ とすると $\dfrac{du}{dt} = -k(u - 20)$, $u(0) = 50$, $u(1) = 40$. これより $u(t)$ を求め, $u(2) = 30\left(\dfrac{2}{3}\right)^2 + 20 = 33.3$ 度.

練習問題

4.1 $f(x)$ の原始関数の 1 つを $F(x)$ とすると,

$$\dfrac{d}{dx}\int_{\alpha(x)}^{\beta(x)} f(t)\,dt = \dfrac{d}{dx}\{F(\beta(x)) - F(\alpha(x))\} = f(\beta(x))\beta'(x) - f(\alpha(x))\alpha'(x).$$

4.2 （1） $\dfrac{2}{15}(x+1)^{\frac{3}{2}}(3x-2)$

（2） $-\dfrac{2}{3}x^{\frac{3}{2}}+\dfrac{2}{3}(x+1)^{\frac{3}{2}}$ （3） $-\dfrac{1}{20}\cos 5x-\dfrac{1}{4}\cos x-\dfrac{1}{6}\cos 3x$

（4） $\dfrac{1}{2}\log|x+2|-\dfrac{2}{3}\log|x+3|+\dfrac{1}{6}\log|x|$

（5） $x(\log x)^2-2x\log x+2x$ （6） $\dfrac{1}{2}\log\left(\dfrac{1-\cos x}{1+\cos x}\right)$

4.3 （1） $-\dfrac{2}{13}(1+e^{2\pi})$ （2） $-2+\dfrac{5}{2}\log 5$ （3） $\dfrac{1}{4}+\dfrac{\pi}{8}$

（4） $\dfrac{\sqrt{3}}{2}+\dfrac{\pi}{3}$ （5） $\dfrac{1}{2}-e^{-1}$ （6） $2-\sqrt{2}$

4.4 $I_4=\dfrac{3}{16}\pi,\ I_5=\dfrac{8}{15}$

4.5 （1） $0<k<1$ のとき $\dfrac{1}{1-k}$. $k\geqq 1$ のとき存在しない.

（2） $0<k\leqq 1$ のとき存在しない. $k>1$ のとき $\dfrac{1}{k-1}$.

4.6 $a=\sqrt{e}$ のとき最小値 $e-2\sqrt{e}+1$.

4.7 右図を使う.

4.8 （1） $\log 3-\dfrac{1}{2}$ （2） 6

4.9 （1） $1+\sinh^2 t=\cosh^2 t,\ (\sinh t)'=\cosh t,\ \cosh t=\dfrac{e^t+e^{-t}}{2}$ を用いる. $\dfrac{a^2}{2}(\sqrt{2}+\log(1+\sqrt{2}))$.

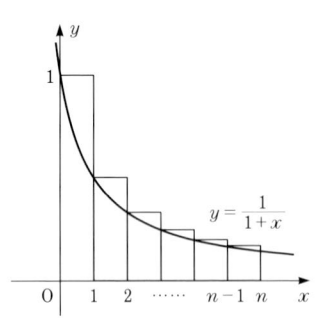

（2） $2\pi(\sqrt{2}+\log(1+\sqrt{2}))$

4.10 t 秒後の水の深さを x とおくと, $\dfrac{dx}{dt}=t^{-\frac{2}{3}}$. T 秒後に水の深さが h になるとすると, $h=\displaystyle\int_0^T \dfrac{dx}{dt}\,dt$. これより, $T=\dfrac{h^3}{27}$ であり, 求める体積は $V=aT=\dfrac{ah^3}{27}$.

4.11 （1） $y=\dfrac{1}{1+Ce^{-x}}$ （2） $y=\dfrac{C}{x^2+1}-1$

（3） $y=\dfrac{1}{2}e^{-x}(\cos x+\sin x)+Ce^{-2x}$ （4） $y=\dfrac{1}{4}x^2+\dfrac{C}{x^2}$

4.12 与式の両辺を x で微分して $f'(x) = f(x) + 1$. これと $f(1) = 1$ より $f(x) = 2e^{x-1} - 1$.

4.13 $x = \sqrt{\dfrac{m}{k}}\, v_0 \sin\left(\sqrt{\dfrac{k}{m}}\, t\right)$

第 5 章

問 5.1 （1） 存在しない　　（2） 0

問 5.2 （1） 連続　　（2） 連続でない

問 5.3 （1） $z_x = 12x^2 y - 12xy^4,\ z_y = 4x^3 - 24x^2 y^3$

（2） $z_x = \dfrac{2}{2x - 5y},\ z_y = -\dfrac{5}{2x - 5y}$

（3） $z_x = \dfrac{7y}{(x+2y)^2},\ z_y = -\dfrac{7x}{(x+2y)^2}$

（4） $z_x = \cos x \cos 3y,\ z_y = -3 \sin x \sin 3y$

（5） $z_x = -4e^{-4x} \sin 2y,\ z_y = 2e^{-4x} \cos 2y$

問 5.4 （1） $f_x(1,0) = 1,\ f_y(1,0) = \dfrac{1}{2}$　　（2） $f_x(1,0) = 2e,\ f_y(1,0) = 0$
（3） $f_x(1,0) = 0,\ f_y(1,0) = 1$

問 5.5 （1） $dz = (2x+y)\,dx + (x-2y)\,dy$　　（2） $dz = \cos(x+y)\,dx + \cos(x+y)\,dy$
（3） $dz = \dfrac{(1 - x^2 + y^2)y}{(1 + x^2 + y^2)^2} dx + \dfrac{(1 + x^2 - y^2)x}{(1 + x^2 + y^2)^2} dy$　　（4） $dz = e^{-y}\,dx - xe^{-y}\,dy$

問 5.6 （1） $3x + 2y - z = 6$　　（2） $3x + 4y - 5z = 0$

問 5.7 $\dfrac{14}{(e^t + 2e^{-t})^2}$

問 5.8 $\mathrm{grad}\, f(1,1) = (2,2)$, $\dfrac{\partial f}{\partial \vec{n}}(1,1) = 2(\cos\theta + \sin\theta)$ の値は $\theta = \dfrac{\pi}{4}$ のとき最大.

問 5.9 $z_u = z_x e^u \cos v + z_y e^u \sin v,\ z_v = -z_x e^u \sin v + z_y e^u \cos v$,
${z_x}^2 + {z_y}^2 = e^{-2u}({z_u}^2 + {z_v}^2)$

問 **5.10** （1） $z_{xx} = -24x^2y^3$, $z_{xy} = -24x^3y^2$, $z_{yy} = -12x^4y + 10$

（2） $z_{xx} = (2+4x^2)e^{x^2-y^2}$, $z_{xy} = -4xye^{x^2-y^2}$, $z_{yy} = (-2+4y^2)e^{x^2-y^2}$

（3） $z_{xx} = -4\cos 2x \sin 3y$, $z_{xy} = -6\sin 2x \cos 3y$, $z_{yy} = -9\cos 2x \sin 3y$

問 **5.11** $f_{xxx} = 6y^2$, $f_{xyy} = 6x^2$, $f_{xxxy} = 12y$, $f_{xyyy} = 0$, $f_{xxxyy} = 12$

問 **5.12** $f(x,y) = e + e(x-1) - ey + \dfrac{1}{2}e(x-1)^2 - e(x-1)y + \dfrac{1}{2}ey^2 + \cdots$

問 **5.13** 略　　問 **5.14** （1） $(1, 2)$　（2） $(0, 0), (1, 2), (-1, -2)$

問 **5.15** （1） $(x, y) = (1, -2)$ で極大値 5　　（2） $(x, y) = (2, 0)$ で極大値 $2e^{-1}$

（3） $(x, y) = \left(\dfrac{3}{2}\pi, \pi\right)$ で極小値 -2

問 **5.16** $x - 9y + 17 = 0$

問 **5.17** $x = \sqrt{2}$ で極大値 $2\sqrt{2}$, $x = -\sqrt{2}$ で極小値 $-2\sqrt{2}$

問 **5.18** $x + y + z = \sqrt{3}$

問 **5.19** $(x, y) = \left(\pm\dfrac{1}{\sqrt{2}}, \pm\dfrac{1}{\sqrt{2}}\right)$ で最小値 $\dfrac{3}{2}$. $(x, y) = \left(\pm\dfrac{1}{\sqrt{2}}, \mp\dfrac{1}{\sqrt{2}}\right)$ で最大値 $\dfrac{5}{2}$　（どちらも複号同順）.

問 **5.20** $1 : 2$

練習問題

5.1 不連続. 偏微分可能. 全微分不可能

5.2 （1） $z_x = 2xy + 3y^4 + 3x^2$, $z_y = x^2 + 12xy^3$

（2） $z_x = \dfrac{y^2}{(x+y)^2}$, $z_y = \dfrac{x^2}{(x+y)^2}$

（3） $z_x = -2\cos(x-y)\sin(x-y)$, $z_y = 2\cos(x-y)\sin(x-y)$

（4） $z_x = \dfrac{x}{1+x^2+y^2}$, $z_y = \dfrac{y}{1+x^2+y^2}$

（5） $w_x = 2xy^3z^2$, $w_y = 3x^2y^2z^2$, $w_z = 2x^2y^3z$

（6） $w_x = \dfrac{1}{\sqrt{1-(x+yz)^2}}$, $w_y = \dfrac{z}{\sqrt{1-(x+yz)^2}}$, $w_z = \dfrac{y}{\sqrt{1-(x+yz)^2}}$

第 5 章   263

5.3 （1） $dz = \{y\sin(x-y) + xy\cos(x-y)\}\,dx + \{x\sin(x-y) - xy\cos(x-y)\}\,dy$

（2） $dz = \left(-\dfrac{y}{x^2} - \dfrac{1}{y}\right)dx + \left(\dfrac{1}{x} + \dfrac{x}{y^2}\right)dy$

（3） $dw = -e^{-x}(\cos(y+z)\,dx + \sin(y+z)\,dy + \sin(y+z)\,dz)$

（4） $dw = -\dfrac{1}{\sqrt{1-x^2y^2z^2}}(yz\,dx + zx\,dy + xy\,dz)$

5.4 （1） $x+y+z=3$　　（2） $2x-y+z=2$　　（3） $x-y-z=1-\pi$

5.5 （1） $z_{xx}=6xy$, $z_{xy}=3x^2+2y$, $z_{yy}=2x$

（2） $z_{xx}=2y\cos xy - xy^2\sin xy$, $z_{xy}=2x\cos xy - x^2y\sin xy$, $z_{yy}=-x^3\sin xy$

（3） $z_{xx}=y(y-1)x^{y-2}$, $z_{xy}=x^{y-1}+(\log x)yx^{y-1}$, $z_{yy}=(\log x)^2 x^y$

（4） $z_{xx}=-\dfrac{2xy^3}{(1+x^2y^2)^2}$, $z_{xy}=-\dfrac{x^2y^2-1}{(1+x^2y^2)^2}$, $z_{yy}=-\dfrac{2x^3y}{(1+x^2y^2)^2}$

（5） $w_{xx}=6xyz^2$, $w_{xy}=3x^2z^2$, $w_{xz}=6x^2yz$, $w_{yy}=0$, $w_{yz}=2x^3z$, $w_{zz}=2x^3y$

（6） $w_{xx}=w_{xz}=w_{yy}=w_{zz}=-\dfrac{1}{(x-y+z)^2}$, $w_{xy}=w_{yz}=\dfrac{1}{(x-y+z)^2}$

5.6 （1） $-e^t(t^4+4t^3)+2e^{2t}(t^2+t)$　　（2） $e^{\cos t + t^2}(2t-\sin t)$

（3） $-f_x(\cos t,\sin t)\sin t + f_y(\cos t,\sin t)\cos t$

5.7 （1） $z_u=6u^2-2v^2$, $z_v=-4uv$

（2） $z_u=2(u-v)\cos(u-v)^2$, $z_v=2(v-u)\cos(u-v)^2$

（3） $z_u=-f_x(\cos(u+v),\ \sin(u-v))\sin(u+v)+f_y(\cos(u+v),\ \sin(u-v))\cos(u-v)$,
$z_v=-f_x(\cos(u+v),\ \sin(u-v))\sin(u+v)-f_y(\cos(u+v),\ \sin(u-v))\cos(u-v)$

5.8〜5.9　略

5.10 （1） xy, $\log 2 + \dfrac{1}{2}(x-1) + \dfrac{1}{2}(y-1) - \dfrac{1}{8}(x-1)^2 + \dfrac{1}{4}(x-1)(y-1) - \dfrac{1}{8}(y-1)^2$

（2） xy, $1+2(x-1)+\dfrac{3}{2}(x-1)^2 - \dfrac{1}{2}(y-1)^2$

（3） $x-\dfrac{\pi^2}{2}xy^2$, $-1-(x-1)+\dfrac{\pi^2}{2}(y-1)^2+\dfrac{\pi^2}{2}(x-1)(y-1)$

（4） $1-\dfrac{1}{2}x-\dfrac{1}{8}x^2+\dfrac{1}{2}y^2+\dfrac{1}{4}xy^2-\dfrac{1}{16}x^3$,

$1 - \frac{1}{2}(x-1) + (y-1) - \frac{1}{8}(x-1)^2 + \frac{1}{2}(x-1)(y-1) - \frac{1}{16}(x-1)^3$
$+ \frac{3}{8}(x-1)^2(y-1) - \frac{1}{2}(x-1)(y-1)^2$

5.11 （1） $(x, y) = (2, 2)$ で極小値 12.
（2） $(x, y) = (0, 0)$ で極小値 0, $(x, y) = (0, \pm 1)$ で極大値 $\dfrac{2}{e}$.
（3） $(x, y) = \left(\dfrac{\pi}{2}, \dfrac{\pi}{2}\right)$, $\left(\dfrac{\pi}{2}, \dfrac{3}{2}\pi\right)$, $\left(\dfrac{3}{2}\pi, \dfrac{\pi}{2}\right)$, $\left(\dfrac{3}{2}\pi, \dfrac{3}{2}\pi\right)$ で極小値 -1,
$(x, y) = (\pi, \pi)$ で極大値 1.

5.12 $a \geqq 0$ のとき, $(x, y) = (0, 0)$ で極小値 0. $a < 0$ のとき, $(x, y) = (\pm\sqrt{-a}, \pm\sqrt{-a})$ で極小値 $-2a^2$.

5.13 D 上で $0 \leqq f(x, y) \leqq 1$ でなければならないことに注意せよ. $x = 0$ または $y = 0$ または $x + y = 1$ のとき最小値 0. $x = y = \dfrac{1}{3}$ のとき最大値 $\dfrac{1}{27}$.

5.14 （1） $\dfrac{x_0 x}{a^2} + \dfrac{y_0 y}{b^2} = 1$ （2） $\dfrac{x_0 x}{a^2} - \dfrac{y_0 y}{b^2} = 1$ （3） $y_0 y = 2p(x + x_0)$

5.15 （1） $x = \sqrt[3]{2}$ のとき極大値 $y = \sqrt[3]{4}$. （2） 極値なし

5.16 （1） $(x, y) = \left(\sqrt{2}, \dfrac{1}{\sqrt{2}}\right)$ のとき最大値 $2\sqrt{2}$. $(x, y) = \left(-\sqrt{2}, -\dfrac{1}{\sqrt{2}}\right)$ のとき最小値 $-2\sqrt{2}$.
（2） $(x, y) = \left(\pm\sqrt{2}, \pm\dfrac{1}{\sqrt{2}}\right)$ のとき最大値 1. $(x, y) = \left(\pm\sqrt{2}, \mp\dfrac{1}{\sqrt{2}}\right)$ のとき最小値 -1.

5.17 $1 : 2$　　**5.18** 略

第 6 章

問 6.1 （1） 2　　（2） $\dfrac{1}{2}$　　（3） 2

問 6.2 図は次ページ　（1） $\dfrac{2}{3}$　　（2） 1　　（3） $\dfrac{49}{9}$　　（4） $\dfrac{\pi}{12}$

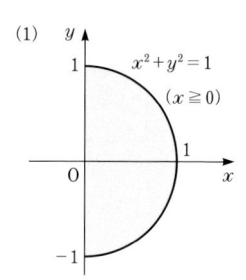

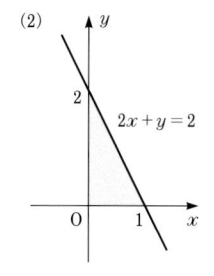

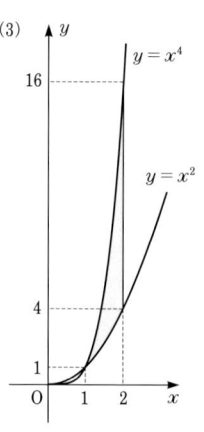

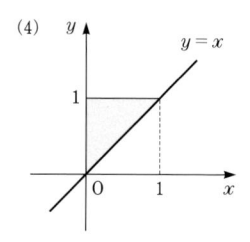

(1) グラフ: 半円 $x^2+y^2=1$ $(x\geqq 0)$

(2) グラフ: $2x+y=2$

(3) グラフ: $y=x^4$, $y=x^2$

(4) グラフ: $y=x$

問 6.3 （1） 右図　　（2） $\dfrac{8}{3}$

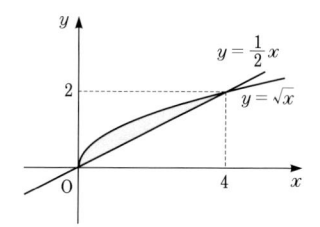

右図: $y=\dfrac{1}{2}x$, $y=\sqrt{x}$

問 6.4 （1） $\displaystyle\int_1^2 dx \int_1^x f(x,\,y)\,dy$

（2） $\displaystyle\int_{-1}^0 dx \int_0^{x+1} f(x,\,y)\,dy + \int_0^1 dx \int_0^{-x+1} f(x,\,y)\,dy$

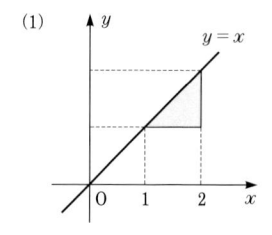

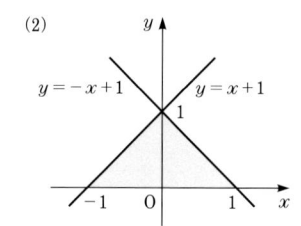

(1) グラフ: $y=x$

(2) グラフ: $y=-x+1$, $y=x+1$

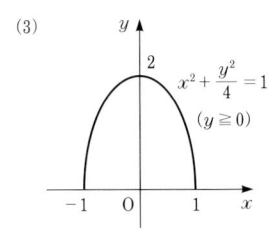

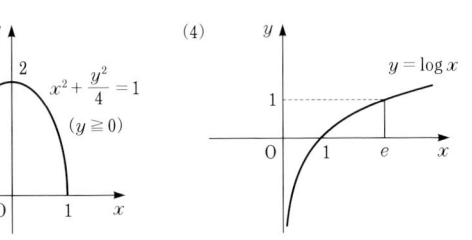

(3) $\displaystyle\int_0^2 dy \int_{-\frac{\sqrt{4-y^2}}{2}}^{\frac{\sqrt{4-y^2}}{2}} f(x,y)\,dx$ (4) $\displaystyle\int_0^1 dy \int_{e^y}^{e} f(x,y)\,dx$

問 6.5 （1） $\dfrac{e-1}{2}$ （2） $\dfrac{1}{4}$ **問 6.6** （1） $\dfrac{1}{2}$ （2） 1

問 6.7 （1） $\dfrac{\pi^2}{2}$ （2） $\dfrac{1}{2}\left(1-\dfrac{1}{e}\right)$

問 6.8 （1） $\dfrac{2}{3}\pi$ （2） $(8\log 2 - 3)\pi$ （3） $\dfrac{2}{3}$

問 6.9 （1） $4(2-\sqrt{2})$ （2） $\dfrac{\pi}{4}$

問 6.10 （1） $\dfrac{8}{3}$

（2） $\displaystyle\iiint_V xy\,dxdydz = \int_0^1 dx \int_0^{1-x} dy \int_0^{1-x-y} xy\,dxdydz = \dfrac{1}{120}$

問 6.11 （1） 4π （2） $\dfrac{\pi a^4}{4}$ **問 6.12** $\dfrac{\pi a^4}{2}$

問 6.13 $z = \sqrt{a^2 - y^2}$ とすると，

$$S = 2\iint_{x^2+y^2 \leqq a^2} \sqrt{1 + z_x{}^2 + z_y{}^2}\,dxdy = 2a\int_{-a}^{a} dy \int_{-\sqrt{a^2-y^2}}^{\sqrt{a^2-y^2}} \frac{dx}{\sqrt{a^2-y^2}} = 8a^2$$

問 6.14 （1） $\dfrac{3}{512}\pi$ （2） $\dfrac{\pi}{8}$ （3） 3

練習問題

6.1 （1） $4\log 2 - 2$ （2） $\dfrac{1}{30}$ （3） $\dfrac{\pi}{4}\log 2$ （4） $\dfrac{3}{2}$

第 6 章 267

6.2 （1） $\int_0^1 dy \int_{-\sqrt{y}}^{\sqrt{y}} f(x,y)\,dx + \int_1^4 dy \int_{-\sqrt{y}}^{2-y} f(x,y)\,dx$

（2） $\int_{-2}^0 dx \int_0^{x+2} f(x,y)\,dy + \int_0^2 dx \int_{x^2}^{x+2} f(x,y)\,dy$

（3） $\int_0^{e-1} dy \int_{-1}^1 f(x,y)\,dx + \int_{e-1}^e dy \int_{\log y}^1 f(x,y)\,dx$

（4） $\int_0^a dx \int_{-\sqrt{a^2-x^2}}^{\sqrt{a^2-x^2}} f(x,y)\,dy$

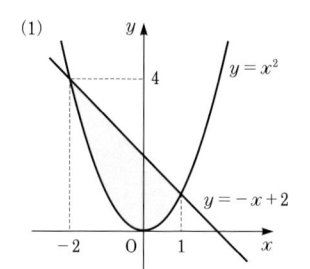

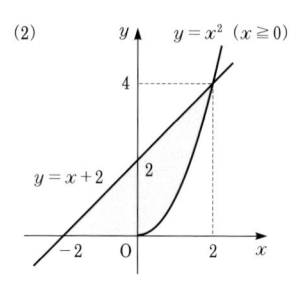

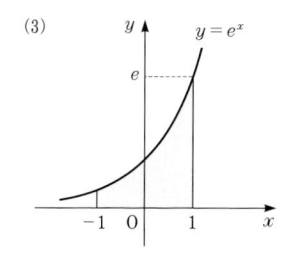

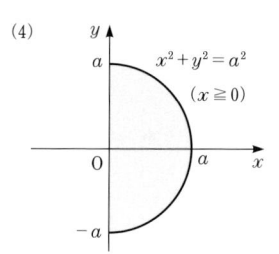

6.3 （1） $\dfrac{1}{4}\left(1-\dfrac{2}{e}\right)$ （2） $\dfrac{\pi}{8}$ **6.4** （1） $\dfrac{\pi}{8}$ （2） $\pi \log \dfrac{4}{3}$

6.5 （1） $\dfrac{\pi}{4}$ （2） $\dfrac{\sqrt{\pi}}{4}$ **6.6** $\log \sqrt{2} - \dfrac{5}{16}$

6.7 $\dfrac{\pi^2}{4}$ **6.8** πa^3 **6.9** （1） $\dfrac{\pi}{6}(5\sqrt{5}-1)$ （2） 略

6.10 略

索　　引

ア

アークコサイン	21
アークサイン	21
アークタンジェント	21
一般解	150
陰関数	195
──── 定理	195
上に凸	92
n 回連続微分可能	185
n 重積分	226
オイラーの公式	100

カ

開区間	2
開集合	162
外積	245
開領域	162
下限	3
加速度	105
下端	115
カテナリー	139
関数行列式	218
ガンマ関数	237
奇関数	5
逆関数	9
──── の微分法	68
逆 3 角関数	22
逆正弦	21
──── 関数	22
逆正接	21
──── 関数	22
逆余弦	21
──── 関数	22
級数	37
境界点	161
極限値	31, 47, 164
極座標	222
極小	86, 189
──── 値	86, 189
極大	86, 189
──── 値	86, 189
極値	86, 189
近傍	161
ε ────	161
偶関数	5
空間の極座標	228
グラジエント	181
原始関数	111
減少	84
広義重積分	224
広義積分	147
高次の無限小	247
合成関数	7
──── の微分法	66
勾配	181
コーシーの平均値の定理	88

サ

サイクロイド曲線	104
最小値・最大値の存在定理	56
3 重積分	226
C^n 級関数	185
自然対数	76
下に凸	92
収束	31, 38, 47
上限	3
上端	115
剰余項	97, 100
初期条件	150
積分可能	135
積分定数	113
積分の順序変更	217
接線	
──── の方程式	79
接平面の方程式	176
漸近線	94
全微分	174
──── 可能	172
増加	84
双曲線関数	109
増減表	85
増分	60
速度	105

索引

タ

第 n 次導関数	90
第 n 次偏導関数	185
対数微分法	78
第 2 次導関数	90
第 2 次偏導関数	183
単調に減少	84
単調に増加	84
値域	4, 163
置換積分法の公式	123
中間値の定理	56
定義域	4, 163
定数係数線形微分方程式	155
定数変化法	154
定積分	115
——の置換積分法	126
——の部分積分法	130
テイラー展開	100, 187
導関数	59
等比級数	39
特殊解	150
特性方程式	155

ナ

内点	161
2 項定理	242

ハ

2 重積分	209
ネイピアの数	75
発散	33, 38, 51
パラメータ表示	103
左側極限	52
微分可能	58
微分係数	45, 58
微分方程式	150
表面積	232
不定積分	112
部分積分法の公式	128
部分分数分解	132
平均値の定理	81
閉区間	2
閉集合	162
平面の方程式	245
閉領域	162
ベータ関数	237
ヘッセ行列	191
偏角	222
変化率	45, 58
変曲点	93
変数分離法	152
偏導関数	169

偏微分可能ほか

偏微分可能	168
偏微分係数	168
法線の方程式	80
法線ベクトル	245

マ

マクローリン展開	97, 186
右側極限	52
無限級数	37
無限大	33, 51

ヤ

ヤコビアン	218
有界集合	3, 162

ラ

ライプニッツの公式	110
ラグランジュの未定係数法	201
ラプラシアン	205
ランダウの記号	247, 248
リーマン積分	135
領域	162
累次積分	211
連続	55, 167
ロピタルの定理	89
ロルの定理	82

ギリシア文字

大文字	小文字	読み方	大文字	小文字	読み方
A	α	アルファ	N	ν	ニュー
B	β	ベータ	Ξ	ξ	クシー（グザイ）
Γ	γ	ガンマ	O	o	オミクロン
Δ	δ	デルタ	Π	π	パイ
E	ϵ, ε	イプシロン	P	ρ	ロー
Z	ζ	ゼータ（ツェータ）	Σ	σ	シグマ
H	η	イータ	T	τ	タウ
Θ	θ, ϑ	シータ	Υ	υ	ウプシロン
I	ι	イオタ	Φ	ϕ, φ	ファイ
K	κ	カッパ	X	χ	カイ
Λ	λ	ラムダ	Ψ	ψ	プサイ（プシー）
M	μ	ミュー	Ω	ω	オメガ

著者略歴

桑村雅隆（くわむらまさたか）

  1964 年　山口県に生まれる
  1988 年　広島大学理学部卒業
  1994 年　広島大学大学院理学研究科博士課程修了（博士（理学））
  　　　　 広島商船高等専門学校講師
  1995 年　和歌山大学システム工学部講師
  2002 年　神戸大学発達科学部助教授
  2007 年　神戸大学大学院人間発達環境学研究科准教授
  2013 年　神戸大学大学院人間発達環境学研究科教授
  　　　　 現在に至る

微分積分入門

検印省略	2008 年 11 月 20 日　第 1 版 発行
	2021 年 1 月 30 日　第 3 版 1 刷発行
	2022 年 1 月 30 日　第 3 版 2 刷発行

定価はカバーに表示してあります．

増刷表示について
2009 年 4 月より「増刷」表示を『版』から『刷』に変更いたしました．詳しい表示基準は弊社ホームページ
http://www.shokabo.co.jp/
をご覧ください．

　著作者　　桑　村　雅　隆
　発行者　　吉　野　和　浩
　発行所　　東京都千代田区四番町 8-1
　　　　　　電　話　(03)3262-9166
　　　　　　株式会社　裳　華　房
　印刷製本　壮光舎印刷株式会社

一般社団法人
自然科学書協会会員

JCOPY 〈出版者著作権管理機構　委託出版物〉
本書の無断複製は著作権法上での例外を除き禁じられています．複製される場合は，そのつど事前に，出版者著作権管理機構（電話03-5244-5088，FAX 03-5244-5089，e-mail: info@jcopy.or.jp）の許諾を得てください．

ISBN 978-4-7853-1550-4

ⓒ 桑村雅隆, 2008　　Printed in Japan

微分積分読本 −1変数−

小林昭七 著　A5判／234頁／定価 2530円（税込）

　微積分は大学の1年で学ぶ科目であるが決して易しい内容ではない．もし，ここで手を抜いてしまったら，続いて学ぶ多くの科目をきちんと理解することはできない．この悩みや不安を解消してくれるのが本書である．
　微積分をすでに一通り学んだ読者を含めて，基本的定理をきちんと理解する必要がでてきた人や，数学的には厳密な本で学んでいるが理解に苦しんでいる人を対象に「微積分を厳密にしかも読みやすく」解説した．
【主要目次】1. 実数と収束　2. 関数　3. 微分　4. 積分

続 微分積分読本 −多変数−

小林昭七 著　A5判／226頁／定価 2530円（税込）

　姉妹書『微分積分読本 −1変数−』と同じ執筆方針をとって，自習書として使えるように，証明はできるだけ丁寧に説明した．教育的な立場と物理への応用を考慮して，n 変数による一般論を避け，2変数と3変数の場合で解説した．
【主要目次】1. 偏微分　2. 重積分　3. 曲面　4. 線積分，面積分，体積分の関係

微分積分リアル入門 −イメージから理論へ−

髙橋秀慈 著　A5判／256頁／定価 2970円（税込）

　本書では微分積分学について「どうしてそのようなことを考えるのか」という動機から始め，数式や定理のもつ意味合いや具体例までを述べ，一方，今日完成された理論のなかでは必ずしも必要とならないような事柄も説明することによって，ひとつの数学理論が出来上がっていく過程や背景を追跡した．
　ε-δ 論法のような難解とされる数学表現も「言葉」で解説し，直観的イメージを伝えながら，数式や定理の意義，重要性を述べた．
【主要目次】
第Ⅰ部 基礎と準備（不定形と無限小／微積分での論理／ε-δ 論法）
第Ⅱ部 本論（実数／連続関数／微分／リーマン積分／連続関数の定積分／広義積分／級数／テーラー展開）

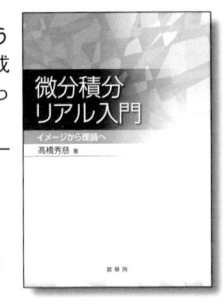

本質から理解する 数学的手法

荒木　修・齋藤智彦 共著　A5判／210頁／定価 2530円（税込）

　大学理工系の初学年で学ぶ基礎数学について，「学ぶことにどんな意味があるのか」「何が重要か」「本質は何か」「何の役に立つのか」という問題意識を常に持って考えるためのヒントや解答を記した．話の流れを重視した「読み物」風のスタイルで，直感に訴えるような図や絵を多用した．
【主要目次】1. 基本の「き」　2. テイラー展開　3. 多変数・ベクトル関数の微分　4. 線積分・面積分・体積積分　5. ベクトル場の発散と回転　6. フーリエ級数・変換とラプラス変換　7. 微分方程式　8. 行列と線形代数　9. 群論の初歩

裳華房ホームページ　**https://www.shokabo.co.jp/**